Jiddu
Krishnamurti

The
Awakening
of
Intelligence

智慧的觉醒

[印] 吉杜·克里希那穆提 著 宋颜 译

重庆出版集团 重庆出版社

The Awakening of Intelligence
Copyright © 1973 Krishnamurti Foundation of America
Krishnamurti Foundation of America
P.O.Box 1560, Ojai, California 93024 USA
E-mail: kfa@kfa.org. Website: www.kfa.org
Simplified Chinese edition copyright © BEIJING ALPHA BOOKS CO.,INC.,2024
All rights reserved including the rights of reproduction in whole or in part in any form.

版贸核渝字（2024）第160号

图书在版编目（CIP）数据

智慧的觉醒 /（印）吉杜·克里希那穆提著 ； 宋颜译. -- 重庆 ： 重庆出版社, 2025. 3. -- ISBN 978-7-229-19178-8

Ⅰ．B821-49

中国国家版本馆CIP数据核字第20244LH836号

智慧的觉醒
ZHIHUI DE JUEXING
[印] 吉杜·克里希那穆提 著　宋颜 译

出　　品：	华章同人
出版监制：	徐宪江　连果
责任编辑：	彭圆琦
责任校对：	王昌凤
营销编辑：	史青苗　冯思佳
责任印制：	梁善池
书籍设计：	潘振宇 774038217@qq.com

重庆出版集团
重庆出版社　出版

（重庆市南岸区南滨路162号1幢）
北京博海升彩色印刷有限公司　印刷
重庆出版集团图书发行公司　发行
邮购电话：010-85869375
全国新华书店经销
开本：710mm×1000mm　1/32　印张：18.5　字数：372千
2025年3月第1版　2025年3月第1次印刷
定价：69.80元

如有印装问题，请致电023-68706683
版权所有　侵权必究

我认为我们必须从仿佛自己一无所知开始。

I think one has to start as though one knew absolutely nothing.

目录

美国

第一章
不知道的状态/016
与雅各布·尼德尔曼教授的两次谈话
老师的角色/017
内在的空间、传统和依赖/037

第二章
思想的荒谬/058
纽约的三次演讲
内在革命/059
关系/077
宗教经验和冥想/095

第三章
人类的挣扎/110
与艾伦·诺德的两次谈话
人类的挣扎/111
善与恶/131

CONTENTS

AMERICA

PART I

THE STATE OF NOT KNOWING /016

Two conversations: J. Krishnamurti and professor Jacob Needleman

The role of the teacher /017

On inner space, on tradition and dependence /037

PART II

THE IRRATIONALITY OF THOUGHT /058

Three talks in New York City

Inner revolution /059

Relationship /077

Religious experience. Meditation /095

PART III

THE CIRCUS OF MAN'S STRUGGLE /110

Two conversations: J. Krishnamurti and Alain Naudé

The circus of man's struggle /111

On good and evil /131

印度

第四章

圣人与箴言 /148

与斯瓦米·凡卡特桑那达的两次谈话

古鲁和寻道 /149

《奥义书》中的四条箴言 /177

第五章

心的品质 /202

马德拉斯的三次演讲

看的艺术 /203

自由 /214

神圣 /227

第六章

活跃的当下 /240

马德拉斯的四次对话

冲突 /241

追求快乐 /261

时间、空间和中心 /283

根本问题 /300

INDIA

PART IV

THE SAGE AND THE MAHAVAKYA /148

Two conversations: Krishnamurti and Swami Venkatesananda

The guru and search /149

Four "mahavakyas" from the Upanishads discussed /177

PART V

THE QUALITY OF MIND /202

Three talks in Madras

The art of seeing /203

Freedom /214

The sacred /227

PART VI

THE ACTIVE PRESENT /240

Four dialogues in Madras

Conflict /241

The pursuit of pleasure /261

Time, space and the centre /283

A fundamental question /300

欧洲

第七章

不可衡量的境界 /324

瑞士萨能的七次演讲

什么是你最高的志趣 /325

秩序 /338

我们能了解自己吗 /351

孤独 /367

思想和不可衡量的境界 /381

意志的行动和彻底转变所需的能量 /392

思想、智慧和不可衡量的境界 /406

第八章

智慧的种子 /422

瑞士萨能的五次对话

意识的分裂 /423

智慧觉醒了吗 /443

恐惧 /458

恐惧、时间和意象 /474

智慧和宗教生活 /490

EUROPE

PART VII

THE IMMEASURABLE /324

Seven talks in Saanen, Switzerland

What is your overriding interest? /325

Order /338

Can we understand ourselves? /351

Loneliness /367

Thought and the immeasurable /381

The action of will and the energy needed for radical change /392

Thought, intelligence, and the immeasurable /406

PART VIII

THE SEED OF INTELLIGENCE /422

Five dialogues in Saanen

The fragmentation of consciousness /423

Is intelligence awake? /443

Fear /458

Fear, time and the image /474

Intelligence and the religious life /490

英国

第九章
冥想的心 /506
布洛克伍德的两次演讲
认识思想和意象的关系 /507
冥想的心和无解的问题 /520

第十章
"我"是暴力的 /536
布洛克伍德的一次小组讨论
暴力和"我" /537

第十一章
智慧的觉醒 /560
与大卫·博姆教授的谈话
论智慧 /561

ENGLAND

PART IX

THE MEDITATIVE MIND /506

Two talks at Brockwood

The relationship to awareness of thought and the image /507

The meditative mind and the impossible question /520

PART X

I AM VIOLENT /536

A discussion with a small group at Brockwood

Violence and the "me" /537

PART XI

THE AWAKENING OF INTELLIGENCE /560

Conversation: J. Krishnamurti and professor David Bohm

On intelligence /561

美国

AMERICA

第一章

不知道的状态

与雅各布·尼德尔曼教授[1]的两次谈话

---

1 雅各布·尼德尔曼,旧金山州立大学哲学教授,著有《新宗教》一书,并任《企鹅玄学丛书》编辑。

老师的角色

> 那种"不知道"的状态就是智慧。智慧可以在已知的领域中运作，也可以去它想去的其他地方活动。

雅各布·尼德尔曼：年轻人对灵性革命做了不少探讨，特别是在加利福尼亚这边。这个现象非常复杂，你从中看到现代文明重新绽放的丝毫希望了吗？可能有新的成长吗？

克里希那穆提：先生，你不认为要有新的成长，我们必须相当认真，而不是仅仅从一个精彩的消遣突然转向另一个吗？如果我们纵观世上所有的宗教，看到它们组织化的徒劳无益，并从中看到真实而清晰的东西，也许那时候，加利福尼亚或者全世界就能有些新东西了。但依我看，恐怕那些探讨都谈不上认真。我可能错了，因为我只是在远处看这些所谓年轻人，他们坐在听众中间，偶尔会来这里面对面地交谈。他们的问题、他们的笑声、他们的掌声并没有给我一种非常认真、非常成熟、心怀不凡抱负的感觉。当然，我可能错了。

尼：我了解你的意思。我唯一质疑的就是：我们期待年轻人认真起来也许不太合适。

克：这就是为什么我认为"认真"不适合年轻人。不知道我们为什么那么器重年轻人，为什么年轻人的认真变得那么重要。若干年后，就轮到他们做老一辈了。

尼： 作为现象，抛开隐藏在它后面的东西不谈，对超觉经验的这种兴趣——或随便你怎么叫——似乎是某种孕育种子的沃土，除去所有的冒牌货、所有的骗子，某些不平凡的人，也许还有某些大师，可能会从中脱颖而出。

克： 可我不确定，先生，我不确定所有的骗子和剥削者没有在葬送这些种子。"克里希那意识"、超觉静坐，诸如此类的胡说八道还在继续——他们被困于其中。这是一种表现欲、一种消遣和娱乐。要有新东西产生，必须有一群真正投入、认真以对的核心人士，他们会一路走到最后。经历这一切之后，他们说："这就是我要奉行到底的东西。"

尼： 认真的人得是那种对一切不再抱幻想的人吧？

克： 我不说"不抱幻想"，而是一种认真。

尼： 但这有先决条件吧？

克： 不，我绝不会说"不抱幻想"，那会导致绝望和愤世嫉俗。我的意思是检查一切所谓宗教的、灵性的东西：去检查，去搞清楚其中的真相是什么，搞清楚其中是否有任何真相。或者抛弃全部，重新开始，不去经历那些陷阱、那些混乱。

尼： 我想说的也是这个意思，但这样表达更好。人们尝试了一些东西，最后失败了。

克： 不是"其他人"。我指的是我们必须放弃所有的承诺、所有的经验、所有的神秘主张。我认为我们必须从仿佛自己一无所知开始。

尼：那非常难。

克：不难，先生，我认为那不难。我认为只有那些满脑子都是别人的知识的人才会觉得难。

尼：我们大部分人不就是那样吗？昨天我在旧金山州立大学给学生讲课，我说我要去采访克里希那穆提，你们想让我问他什么。他们有不少问题，但最触动我的是一个男孩的话："他的书我读了一遍又一遍，可我就是做不到。"那句话中有些东西是那么清晰，好像在哪里听过。在某种微妙的意义上，似乎要这样开始：做一个初学者、一个新手！

克：我认为我们质疑得还不够。明白我的意思吗？

尼：明白。

克：我们接受，我们很容易上当，我们贪求新经验。我们轻信任何长着胡子、满口承诺的人，那些人宣称你要是做某些事就会有不可思议的体验！我想我们必须说："我一无所知。"显然，我不能依靠其他人。如果没有书本，没有古鲁（上师），你会怎么办？

尼：但人是如此容易受骗。

克：当你心有所求就会受骗。

尼：是的，这个我明白。

克：于是你说"我要搞清楚真相，我要一步步质疑，我不想骗自己"。当我想要，当我贪婪，当我说"所有的经验都是肤浅的，我想要些神秘的"，欺骗就冒出来了——然后我就被困住了。

尼：在我看来，你所说的是一种状态、一种态度、一种途径，它本身让人很难理解。我觉得自己离那种状态非常远，我知道我的学生也是。所以不论对错，他们觉得需要帮助。他们很可能误解了帮助的含义，但是有帮助这回事吗？

克：你会不会问："为什么你需要帮助？"

尼：我这么来说吧，你隐约感到自己在骗自己，但你不确定……

克：很简单。我不想骗自己——是吧？那我就搞清楚是什么事情、什么活动导致了欺骗。显然，在我贪婪、在我想要什么、在我不满足的时候就产生了欺骗。因此我不抨击贪婪、欲望、不满足，我想了解更多。

尼：嗯。

克：那么我必须了解我的贪婪。我在贪求什么？是因为我厌倦了这个世界吗？女人我有了，车子我有了，钱我有了，我就想要更多东西？

尼：我认为我们贪婪是因为渴望刺激，渴望忘却自己的烦恼，那就看不到自己的贫乏了。不过我想问的是——我知道你在以前的演讲中已经多次回答了这个问题，但它一再出现，几乎无法回避——世界上的伟大传统，那些已经面目全非的除外（它们已经被歪曲、误读，变得具有欺骗性），总是直接或间接地谈及帮助。他们说"古鲁也是你自己"，但同时又存在帮助。

克： 先生，你知道古鲁那个词是什么意思吗？

尼： 不太清楚。

克： 指出方向的人，那是一个意思。另一个意思是让你开悟的人，卸掉你的负担的人。但他们并没有卸掉你的负担，反而增加了他们的负担。

尼： 恐怕是这样。

克： 古鲁也指帮你到达彼岸的人，等等，有各种各样的意思。一旦古鲁说他知道，那你差不多就可以确定他并不知道。因为很显然，他知道的都是过去的东西，知识就是过去。当他说他知道，他就是在回想他曾有过的某些经验，某些他已经能识别的了不起的东西。那种识别源自他以前的知识，否则他就识别不了，他的经验是根植于过去的，因此并不真实。

尼： 这么说的话，我认为大多数知识都属于那种。

克： 那我们为什么还需要所有古老或现代的传统？注意，先生，我不读任何宗教、哲学、心理学书籍，我们可以无比深入地探究自己并搞清楚一切问题。探究自己就涉及一个怎么探究的问题。因为不会探究，我们就提出请求："你能帮我吗？"

尼： 是这样的。

克： 而另一个人就说："我会帮你的。"结果却把你推向了另外的地方。

尼： 好，这差不多解答了我的疑问。前几天我在读一本书，是讲所谓"Sat-san"的。

克： 你知道那是什么意思吗？

尼： 结交智者。

克： 不，结交好人。

尼： 结交好人，啊哈！

克： 因为善良所以智慧，而不是因为智慧所以善良。

尼： 我明白了。

克： 因为你善良，所以你智慧。

尼： 我并不想拿这个说明什么，不过我发现我的学生和我自己，我就代表我自己发言吧，当我们读你的书，听你的演讲，我们说："啊！我不需要任何人，不需要跟任何人在一起。"——但当中也有极大的欺骗。

克： 当然，因为你们正在被那个演讲者影响。

尼： 是的，没错儿。(笑)

克： 先生，注意，让我们更简单些。假如，假如没有书，没有古鲁，没有老师，你会怎么办？处于混乱、困惑、痛苦当中，你会怎么办？没有人帮你，没有毒品，没有止痛药，没有组织化的宗教，你会怎么办？

尼： 我想象不出我会怎么办。

克： 这就对了。

尼： 也许那种情况下会产生一种紧急状态。

克： 正是如此。我们没有危机感，因为我们说："好吧，反正有人会来帮我。"

尼： 但是大多数人会被那种情况逼疯的。

克： 我不确定，先生。

尼： 我也不确定。

克： 不，我是完全不确定。因为到目前为止我们做了些什么呢？我们所依靠的人、宗教、教会、教育，已经把我们带到如此可怕的混乱局面当中。我们没有从悲伤中解脱，我们没有从野蛮、丑陋和空虚中解脱。

尼： 可以说他们全都那样吗？有些人是不一样的。因为每一千个骗子里会有一个佛。

克： 但那不是我关心的，先生，如果我们那么说，就会促成这种欺骗。不，不能那么说。

尼： 那我就来请教这个问题。我们知道，身体不勤劳就可能得病，而勤劳就是我们的所谓努力。有另一种努力吗，也许可称之为灵性的努力？你反对努力，然而人类的成长以及多方面的幸福难道不需要种种类似勤劳的东西吗？

克： 我想知道你所谓勤劳是什么意思！身体的勤劳？

尼： 那是我们通常所指的勤劳，也指对抗欲望。

克： 你看，我们又来了。我们所受的制约、我们的文化就是围绕着这个"对抗"建立的，并树起一道抗拒的墙。那么我们提到"勤劳"的时候，指的是什么意思？相对于懒惰而言？为什么任何事我都得努力？为什么？

尼： 因为我渴望某些东西。

克： 不是的。为什么有这道努力的鸿沟？为什么我必须努力以臻上帝、开悟、真理之境？

尼： 有很多种可能的答案，但我只能回答自己的。

克： 原因可能就在那里，只是我不知道怎样看。

尼： 那就一定存在障碍。

克： 怎样看！它可能就在角落，就在花朵下面，它可能在任何地方。所以首先我得学会看，而不是努力去看。我必须搞清楚看是什么意思。

尼： 是的，但你不认为要那样看可能会有抗拒吗？

克： 那就别费心看了！如果有个人过来说"我不想看"，你要怎么强迫他看呢？

尼： 不是这个意思，我现在说的是我自己，我想看。

克： 如果你想看，你说的看是什么意思？在你努力去看之前，你必须清楚看是什么意思。对吧，先生？

尼： 在我看来，那就是一种努力。

克： 不是努力。

尼： 用那种细致的、不易察觉的方式"搞清楚"看的意思，就是一种努力。我想看，但我不想搞清楚看是什么意思。我同意对我来说这是更基本的事情，但这种速战速决的愿望，难道不就是一种抗拒？

克： 解决问题的速效药。

尼： 有什么我必须探究的心结吗？它在抵制你所说的这个不易察觉的、细致得多的东西。你所说的东西不就是用功吗？如此平静、如此细致地提问难道不是用功吗？在我看来，不去听从内心想要……的那部分就是一种用功。

克： 想要速战速决的那部分。

尼： 特别对我们这些西方人来说，或许对全人类都是如此。

克： 恐怕全世界都一样："告诉我怎样可以快点儿到达。"

尼： 而你说马上就可以。

克： 是的，很显然。

尼： 嗯，我明白。

克： 先生，怎样算努力？如果你不想起床，那么一大早爬下床就是努力。什么导致了那种懒惰？因为缺乏睡眠、吃得过多、纵欲过度，诸如此类的事。第二天早上你就说："哦，真烦人，我不得不起床！"稍等一下，先生，听好了。懒惰是怎么回事？是身体懒惰，还是思想本身懒惰？

尼： 我不明白，我需要另一个词。"思想是懒惰的？"我发觉思想始终都一样。

克： 不是这个意思，先生。我懒惰，我不想起床，所以我强迫自己起来。那样子就是所谓努力。

尼： 是的。

克： 我想要那个，但我不可以，我抗拒。那种抗拒就是努力。我生气了，但我又绝不能生气：抗拒就是努力。把我变懒惰的是什么？

尼： 我必须得起床的想法。

克： 对了。

尼： 没错。

克： 所以我真的必须探究这个想法的来龙去脉。不要得出身体懒惰的结论，不要强迫身体起床，因为身体有它自己的智慧，累了该休息的时候它知道。今天早晨我有点儿累，我已经准备了垫子和所需的一切，打算练习瑜伽，但身体说："抱歉，不要。"我就说："好吧。"那并不是懒惰。身体说："让我单独待会儿，因为你昨天演讲了，见了很多人，你累了。"然后思想说："你必须起床练习，那对你有好处，你每天都做，已经成了习惯，不要松懈，你会变懒的，要坚持。"这就说明，把我变懒的是思想，而不是身体。

尼： 我明白。所以有一种跟思想有关的努力。

克： 所以不要努力！为什么思想如此机械？所有的思想都机械吗？

尼： 好吧，那就说说这个问题。

克： 难道不是吗？

尼： 我不能说我已经证明了这一点。

克： 但我们可以证明，先生。理解这一点相当简单。所有的思想不都机械吗？不机械的状态就是没有思想的状态，不是忽视思想而是没有思想。

尼： 我如何找到那种状态？

克： 现在就做，够简单的。你想的话现在就可以做。思想是机械的。

尼： 我们先假定如此吧。

克： 不是假定，不要假定任何东西。

尼： 好吧。

克： 思想是机械的，不是吗？因为它总是在重复、遵从、比较。

尼：比较的那部分我看到了。但我的经验告诉我有些思想是不一样的。思想有不同的品质。

克：有吗？

尼：在我的经验里有。

克：我们来一起搞清楚。什么是思想、思考？

尼：似乎有一种思想非常肤浅、非常重复、非常机械，有某种味道。似乎有另一种思想，它跟我的身体、跟我的整个自我有更多的联系，它以另一种方式与我共鸣。

克：那是什么意思，先生？思想就是记忆的反应。

尼：这是一种定义。

克：不，不是定义，我能在头脑中看到这一点。今晚我必须回到那所房子——记忆、距离、形状，这一切都是记忆，不是吗？

尼：是的，那是记忆。

克：我以前住在那里，所以对那里有完好的记忆，那份记忆在当时或过一小会儿就形成了思想。所以我问自己：是不是所有的思想都是类似的、机械的，还是存在不机械、不含语言的思想？

尼：嗯，这个问题不错。

克：如果没有语言还存在思想吗？

尼：存在了解。

克：等等，先生。了解是怎样产生的？它是思想快速运转的时候产生的吗？还是思想安静的时候产生的？

尼： 思想安静的时候，是那样的。

克： 了解跟思想无关。推理，即思考的过程、逻辑，你可能一直会推理到你说"我不了解"，于是你就安静下来，最后你说"啊！我明白了，我了解了"。那种了解并不是思想的结果。

尼： 你谈到一种似乎没有动因的能量。我们经验到的是有动机和结果的能量，它塑造了我们的生活，但这另一种能量跟我们熟悉的能量有什么关系呢？能量是什么？

克： 首先，能量可分吗？

尼： 我不知道，请接着说。

克： 它是可分的。身体的能量、愤怒的能量、宇宙的能量、人类的能量，它完全可分，但都是同一种能量，不是吗？

尼： 逻辑上是的，我不懂能量，有时候我会体验到我称为能量的东西。

克： 我们到底为什么分裂能量？那就是我想要了解的事。接下来，我们就可以用不同的方式探究它。性能量、生理能量、精神能量、心理能量、宇宙能量、去办公室的生意人的能量，等等——为什么我们分裂能量？什么原因造成了这种分裂？

尼： 人似乎有很多互相脱离的部分。在我看来，那就是我们割裂生活的原因所在。

克： 为什么？我们把世界分为共产主义、社会主义、帝国主义，分为天主教徒、基督教徒、印度教徒、佛教徒，还有民族之分、语言之分，整个都是四分五裂的。为什么头脑打破了生活的完整?

尼: 我不知道答案。我看到海洋、看到树木:它们之间就存在分别。

克: 不是的。大海与树木之间存在差别——但愿如此!但那不是分别。

尼: 是的。那是差别,不是分别。

克: 但我们现在问的是为什么存在分别,不但外部世界有,我们内心也有。

尼: 我们内心存在分别,这个问题很有意思。

克: 正因为我们内心有分别,所以我们把它拓展到了外界。那为什么我内心有分别,有"我"和"非我"之分?理解吗?高级和低级之分,高级自我和低级自我之分。为什么有这样的分别?

尼: 可能是为了,至少当初,是为了帮助人类质疑他们自己。为了使他们质疑自己是否真的知道他们自以为知道的。

克: 通过分别他们会搞清楚吗?

尼: 可能是通过一个观念,即存在我不了解的东西。

克: 人类心中有分别——为什么?理由是什么,这种分别是什么结构?我看到有思考者和思想之分——对吧?

尼: 我没看到。

克: 有一个思考者,他说:"我必须控制那个思想,我决不能想这个,我一定要想那个。"所以有一个思考者在说"我一定要"或"我决不能"。

尼： 没错。

克： 存在"我该这样"和"我不该那样"的分别。如果我能了解我内心为什么存在这样的分别——哦，看！看！看那些山！美极了，不是吗？

尼： 很美！

克： 那么，先生，你看它时在分别吗？

尼： 没有。

克： 为什么没有？

尼： "我"不想把它怎么样。

克： 对了，你拿它没办法。不过，有思想的时候，我就以为我能有所作为。

尼： 是的。

克： 于是我就想改变"实然"。我不能改变山的"实然"，但我想我能改变内心的"实然"。因为不知道怎样改变，我就变得绝望、迷失。我说"我改变不了"，因此就没有了改变的能量。

尼： 人们就是这么说的。

克： 所以首先，在我改变"实然"之前，我必须知道谁是实施改变者，谁是发生改变者。

尼： 有些时候我们知道，暂时知道。那些时刻错过了。有些时候，我们知道谁看到了内心的"实然"。

克： 不是的，先生，恕我不能同意。看到"实然"就够了，不要改变它。

尼： 我同意，我同意这一点。

克： 我不是观察者的时候才能看到"实然"，你看那些山的时候就不是观察者。

尼： 我同意，是这样的。

克： 只有你想改变"实然"的时候，观察者才会出现。你说：我不喜欢"实然"，必须改变它，于是立即就出现了二元对立。头脑观察"实然"的时候可以没有观察者吗？你看那些光辉笼罩的群山时就是没有的。

尼： 这是绝对的真相，人一旦体验到，就会说："太棒了！"但我们还是会忘记这一点。

克： 忘掉吧！

尼： 我那句话的意思是我们老是想改变"实然"。

克： 忘掉它，然后再记起。

尼： 但这次讨论，无论你的本意如何——对我产生了帮助。我知道得很清楚，没有你的帮助，它不会发生。我可能看着那些山，可能也会有不作判断的状态，但我意识不到它的重要性，我不会知道为了得救我必须那样看。我想，那就是我们一直的疑问。可能这又是想抓住什么、保留什么的心在作祟。不管怎么说，人类的条件似乎……

克： 先生，我们看那些山，你无法改变它们，你只是看而已；然而你看内心时，战争却开始了。有那么一会儿，你看的时候没有战争、没有奋力及其他东西。你记住了那一刻的美，你想再次抓住那种美。等等，先生！我接着说。那么，发生了什么？它引发了另一场冲突：你曾拥有那样东西，你想再次拥有,然而你不知道怎样可以再得到。要知道,如果你惦记着它,它就不一样了,再不是原来的那一个。于是你挣扎、交战,"我一定要控制,我决不能想"——是这样吧?然而只要你说:"好吧,结束了,告终!"那一刻就结束了。

尼: 我得学学。

克: 不,不要学。

尼: 我得学着做,不是吗?

克: 要学什么?

尼: 我得明白这种冲突的无益啊。

克: 不是这样的。要学什么?你自己看到那一刻的美已成记忆,那记忆就说:"太美了,我一定要再拥有它。"你关心的不是美,你关心的是追求快乐。快乐和美无法共存。如果你看到这一点,它就结束了。就如看到一条危险的蛇,你不会再靠近它。

尼: (笑)也许我还没看到,所以我说不准。

克: 那就是问题所在。

尼: 是的,我想一定是那样的,因为人总是再三回味过去。

克: 不要回味。那是真实的东西。如果我看到了那光辉的美,它真的美极了,我只是看就好了。我想用同样的关注看清我自己。有那么一刻,对自我的了解产生了同样的美。于是就怎样了?

尼: 于是我渴望得到它。

克: 于是我就想要抓住那种感觉,我想培养它,我想追求它。

尼：怎样看到这一点？

克：知道有这回事在发生就足够了。

尼：那正是我所忘记的。

克：这不是遗忘的问题。

尼：嗯，那是因为我理解得还不够深刻，看到就足够。

克：注意，先生，你看到蛇的时候会怎样？

尼：我会害怕。

克：不是。会怎样？你会逃跑，会杀了它，会有所行动。为什么？因为你知道它是危险的，你了解它的危险。悬崖，举悬崖、深渊的例子更好，你知道它的危险，不必别人告诉你，你马上就明白了状况。

尼：是的。

克：那么，如果你马上就看到：那一刻心领神会的美无法被重复，它就结束了。但思想说："不，它没结束，记忆还在。"那么你现在在干什么？你在追求那僵死的记忆，而不是鲜活的美，是吧？如果你看到了其中的真相——不是嘴上说说，而是真的看到——它就结束了。

尼：那种看比我们想的更稀有。

克：如果我看到那一刻的美，它就结束了。我不想追求它。如果我追求，它就成了快乐。如果我得不到，绝望、痛苦之类的东西就来了。所以我说："好吧，结束！"接着会怎样？

尼：根据我的经验，恐怕那怪物会再次出现。它有一千

条命。(笑)

克： 不是的，先生，那美是什么时候出现的？

尼： 我没有改变的企图的时候。

克： 当头脑完全安静的时候。

尼： 是的。

克： 不是吗？对不对？

尼： 对。

克： 你看它时，头脑是安静的。头脑没有说"我想我可以改变它，复制它，把它照下来"，这个那个，或是其他什么。你只是看，头脑没有运转。更准确地说，思想没有运转，但思想很快就开动了起来。所以我们问："思想怎样能安静下来？怎样在必要时运用思想，没必要时不用思想呢？"

尼： 嗯，这个问题我很感兴趣，先生。

克： 换句话说，为什么我们崇拜思想？为什么思想如此重要？

尼： 似乎是因为它能满足我们的欲望，我们相信可以通过思想获得满足。

克： 不，不是因为满足。为什么在所有的文明中、在大多数人眼里，思想成了至关重要的东西？

尼： 我们经常把自己跟思想、跟自己的思想等同起来。如果我想到自己，我想到的是我的思想、我的观点、我的信仰。这是你的意思吗？

克： 不完全是。除了对"我"或"非我"的认同，为什么思想总是那么活跃？

尼： 啊，我明白了。

克： 思想总是在知识中运作，不是吗？如果没有知识，也就不存在思想了。思想总是在已知的领域运作。不管是不是机械化、非语言化，等等，它总是在过去中活动。所以我的生活就是过去，因为它建立在过去的知识、过去的经验、过去的记忆，以及过去的快乐、痛苦、恐惧等之上——全是过去。我从过去投射未来，而思想投射来自过去。所以思想在过去和未来之间摇摆不定。它总是说："我该做这个，我不该做那个，我本该这么做。"为什么它会这样？

尼： 我不知道。是习惯问题？

克： 习惯问题。好，继续，我们来搞清楚，是习惯问题吗？

尼： 习惯引起我所说的快乐。

克： 习惯、快乐、痛苦。

尼： 为了保护自己。痛苦，是痛苦。

克： 它总是在那个领域里活动，为什么？

尼： 因为它不知道还有更好的地方。

克： 不，不是的。除了已知的领域，思想还能在其他领域活动吗？

尼： 那种思想，它不能在其他领域活动。

克： 不能，任何思想都不能。思想除了已知的领域还能在其他任何领域活动吗？

尼： 不能。

克： 显然不能。它不能在我不知道的东西中活动，它只能在这个领域活动。为什么它在这个领域活动？情况就是这样，先生——为什么？思想是我唯一知道的东西。在那当中有安全、有保护、有平安。那是我知道的一切。所以思想只能在已知的事物中运作。当它厌倦了，它确实会厌倦，它就向外寻求，但它寻求的依然是已知之物。它的上帝、它的前景、它的精神境界——全是用已知的过去投射已知的未来，所以思想总是在这个领域活动。

尼：是的，我明白了。

克：因此思想总是在一个牢笼里活动，你可以称之为自由，可以称之为美丽，可以随便怎么叫！但它永远都在围栏的限制内。我想搞清楚，思想除了那里还有其他地盘吗？如果我说"我不知道，我真的不知道"，思想就没有立足之地了，对吗？

尼：暂时没有。

克：我真的不知道。我只知道这个领域，我真的不知道除了这个领域，思想到底能不能在别的什么领域运作。我真的不知道。当我说"我不知道"，并不表示我期待知道，当我说"我真的不知道"时会怎样？我走下了阶梯。我的心变得彻底谦卑。

那种"不知道"的状态就是智慧。智慧可以在已知的领域中运作，也可以去它想去的其他地方活动。

加利福尼亚，马利布
1971年3月26日

内在的空间、传统和依赖

> 不依赖任何东西,外在的或内在的。别依赖任何东西。这不表示连邮差也不要依赖,而是指内心不依赖。

雅各布·尼德尔曼: 人要成为自己的权威,你在谈话中赋予了这一点以新的意义。然而,尽管我们生活在地球之上,而地球运行于这个浩瀚智慧的宇宙之中,这个主张难道不能简单地转变成一种人本心理学,而不涉及人类生命神圣、超越的维度吗?我们除了努力看清当下的自己,还非得视自己为宇宙的生物吗?我想问的就是这个宇宙维度的问题。

克里希那穆提: 我们一使用"维度"这个词,指的就是空间,否则就不存在维度,不存在空间。我们要谈论的是空间、外在空间、无边无际的空间吗?

尼: 不是的。

克: 还是要谈我们内心的空间维度?

尼: 我想,应该是后者,但并不是完全不涉及前者。

克: 无限的外在空间和我们内心的空间有差别吗?还是我们内心根本就没有空间,我们只知道外在空间?我们所知的内心空间就是一个中心及其四周。那个中心及其半径所覆盖的范围就是我们通常所指的空间。

尼：是的，内在空间。

克：没错，内在空间。如果存在中心，这个空间就一定是受限的，因此我们划分了内在空间和外在空间。

尼：是的。

克：我们只知道这个非常有限的空间，可我们想接触另外的空间，想拥有巨大的空间。这个房子存在于空间中，否则就不可能有房子，四面墙壁制造了它的空间。我内在的空间则是那个中心围绕自身营造的，像那个麦克风……

尼：是的，关注的中心。

克：不仅是关注的中心，它有自己的空间，否则就无法存在。

尼：是的，没错。

克：同样，人类可能有一个中心，他们从那个中心出发营造了一个空间，那个中心营造了围绕自身的空间。那个空间总是受限的，必然如此。就因为有中心，空间就受限了。

尼：它被界定了，是的，它是一个被界定的空间。

克：当你用"宇宙的空间"(cosmic space)这个词……

尼：我没有用"宇宙的空间"这个词，我说的是宇宙的维度 (the dimension of the cosmos)。我的问题不是关于外太空和星际旅行的。

克：那么我们在谈的空间即中心围绕自身营造的空间，还有两个念头之间的空间。两个念头之间也存在空间，存在间隙。

尼： 是的。

克： 中心营造了围绕自身的空间，那么在这局限之外也存在着空间。在思考的间隙、在两个念头的间隙，存在空间；所以存在围绕中心自身的空间，也存在围栏之外的空间。那么你的问题是什么，先生？怎样拓展空间？怎样进入另一维度的空间？

尼： 不是怎样而是……

克： ……不是怎样。那么你是想问除了围绕中心的空间，是否还存在不同维度的空间吗？

尼： 或者是否存在不同维度的真实？

克： 空间，我们现在谈的是空间，我们可以使用这个词。首先我必须非常清晰地看到两个念头之间的空间。

尼： 间隙。

克： 两个念头之间的这个间隙——间隙就指空间——其中发生了什么？

尼： 嗯，我承认我不知道，因为我的念头一直都此起彼伏地交叠在一起。我知道存在间隙，存在间隙出现的瞬间，我看到了，在其中有片刻的自由。

克： 我们来探究一下这个，好吗？两个念头之间存在空间。接着还有中心围绕自身营造的空间，那是个隔绝的空间。

尼： 好啊，那就探究一下。"隔绝"是个冷冰冰的词。

克： 它切断了自己跟外界的联系。我把自己看得很重要，加上我的野心、我的挫折、我的愤怒、我的性欲、我的成长、我的冥想、我的涅槃。

尼： 是的,那就是隔绝。

克： 它就是隔绝。我跟你的关系就是那种隔绝的样子。营造了那个空间后,就有了围栏之外的空间。那么,是否有一种完全不同维度的空间呢?那就是问题。

尼： 是的,这个问题包括在内。

克： 我们要怎样搞清楚围绕我、围绕那个中心的空间是否存在?然后,怎样能搞清楚另一个?我可以猜测另一个空间的存在,我可以任意发明一个——但那太抽象、太傻了。

尼： 是的。

克： 可以摆脱那个中心吗?那样的话,它就不会营造围绕自身的空间,就不会竖起围墙、制造隔绝、建立牢笼,并将此称作空间。那个中心可以去除吗?否则我就无法超越,头脑就无法超越局限。

尼： 嗯,我明白你的意思。其中逻辑清晰合理。

克： 换个问法就是,那个中心是什么?是"我"和"非我",是观察者、思考者、体验者,其中还存在被观察者。中心说:"被观察者就是我在自己周围建立起来的围栏。"

尼： 所以中心在此意义上也是受限的。

克： 是的,因此它把自己跟围栏区分开。所以围栏变成被观察者,中心则是观察者。所以在观察者和被观察者之间存在空间——对吗,先生?

尼： 是的,我明白了。

克： 这个空间，它试图跨越自身的鸿沟——我们也正在这样做。

尼： 它试图超越自己。

克： 它说："必须改变，绝不能这样，这样很狭隘，那样很宽阔，我必须比那更好。"所有这一切都是观察者与被观察者之间的那个空间中发生的思想活动。

尼： 我懂了，没错。

克： 于是观察者与被观察者之间就产生了冲突。因为被观察者就是围栏，它必须被跨越，于是战争就开始了。那么，观察者，也就是中心、思考者、知者、体验者、知识，能够静止吗？

尼： 它为什么希望静止？

克： 如果它不静止，空间就永远受限。

尼： 但这个中心、这个观察者，并不知道它是如此受限的啊。

克： 但你能看到，注意，这个中心就是观察者，我们暂时叫它观察者或思考者、知者、挣扎者、寻觅者、那个说"我知道，而你不知道"的人，是吧？只要存在中心，就一定存在围绕这个中心的空间。

尼： 嗯，我明白。

克： 它观察时，就是通过空间观察的。当我观察那些高山时，在我和高山之间就存在空间；而当我观察自己时，在我和我在内心所观察的东西之间就存在空间；当我观察我的妻子时，我从我对她的意象这个中心出发来观察她,她也是带着对我抱有的意象来观察我,所以总是存在这种分裂和空间。

尼: 完全改变解决问题的方式,就会有所谓神圣,神圣的教诲、神圣的观点以及神圣本身,有那么一刻,那些东西似乎向我表明你所说的这个中心、这个空间是一种错觉。

克: 等一下,这是我们从别人那里学来的。那么,我们现在要搞清楚什么是神圣了?我们寻求神圣是因为别人告诉我们"那是神圣的"或存在神圣之物吗?还是因为自己的想象,因为自己想要某些神圣的东西?

尼: 常常是因为自己想要神圣的东西,但是也存在……

克: 是哪个原因?想要神圣之物的欲望?那些说"这神圣"的人强加到我们头脑中的要求?还是我自己的欲望,因为一切都不神圣,我就想要些神圣的、圣洁的东西?所有这一切都是那个中心制造的。

尼: 是的,尽管如此……

克: 等等,关于什么神圣,我们会把它搞清楚的,但我不想接受传统,或接受某些人关于神圣的说法。先生,不知道你有没有做过实验?几年前,为了好玩,我从花园捡了一块石头,把它放在壁炉台上,我跟它闹着玩,天天奉上鲜花。一个月快结束时,它就变得极其神圣了!

尼: 我知道你的意思。

克: 我不想要那种假神圣。

尼：那是一种癖好！

克：神圣是一种癖好。

尼：显然如此，大部分神圣都是癖好。

克：所以，我不接受任何人关于神圣的说法。传统！身为婆罗门，我成长的那个传统比任何人的传统都强大，我保证！

我的意思是：我想要搞清楚什么是圣洁的，我不要人为的圣洁。只有头脑拥有巨大的空间时，我才能搞清楚这个问题。如果存在一个中心的话，头脑就无法拥有巨大的空间。当那个中心不运作时，才会有巨大的空间。那个空间，即冥想的一部分，其中就存在真正神圣的东西，那不是我愚蠢渺小的中心所发明的神圣。有一种不可衡量的神圣，如果存在中心，你就永远找不到它。想象那神圣是愚蠢的——你懂我的意思吗？

头脑能摆脱这个中心吗？连同它极其受限的空间——它可以被衡量、可以被扩大、可以被缩小，如此等等——能被摆脱吗？人类曾说不能，于是上帝就变成另一个中心。我真正关心的是这个：中心是否能彻底清空？那个中心就是意识，就是意识的内容，内容就是意识，没有内容就没有意识。你必须把这个搞清楚……

尼：当然我们通常指的就是这个意思，请往下说。

克：如果没有墙壁、没有屋顶，就没有房子。内容就是意识，但我们喜欢割裂它们，把意识理论化，我们喜欢衡量意识的大小。然而那个中心就是意识，就是意识的内容，而内容就是意识。没有内容，意识又在哪里？这就是那个空间。

尼： 你说的，我只懂一点点。我发觉自己想说：好吧，你说这些有什么意义？这些到底有什么重要的？

克： 等我搞清楚头脑是否能清空内容，我会提那个问题的。

尼： 好吧。

克： 然后就会有其他东西来运作，它会在已知的范围内运作。不过还没搞清楚，只是这么说说……

尼： 没关系，这样说就可以。

克： 我们继续。空间在两个念头之间、在两个时间因素之间、在两段时间之间，因为念头就是时间。是吗？

尼： 是的。

克： 你可以有很多时间片段，但那仍然是念头，存在着空间。接下来还有围绕那个中心的空间，以及自身之外、围栏之外、那个中心的围墙之外的空间。观察者和被观察者之间的空间是念头造成的，就是我对妻子抱有的意象和妻子对我抱有的意象之间的空间。明白吗，先生？

尼： 明白。

克： 这一切都是那个中心制造的。去猜测有什么东西是超越这一切的，对我个人来说没有意义，那是哲学家的消遣。

尼： 哲学家的消遣……

克： 我不感兴趣。

尼： 我同意。我有时候也不感兴趣，在我状态好的时候。尽管如此……

克： 对不起，我忘了你是个哲学家！

尼： 没事，没事，你不需要记得这个，请继续。

克： 所以我的问题就是："那个中心能静止吗，或那个中心能消失吗？"因为如果它不消失或不能安静地待着，意识的内容就会在意识中营造空间并称之为巨大的空间。那当中就有欺骗，但我不想自欺。我如果是棕色人种，不会说自己不是棕色人种。所以那个中心能被吞没吗？我的意思是，可以没有意象吗？因为正是意象导致了区分。

尼： 是的，那就是空间。

克： 意象谈论爱，但爱的意象并不是爱。因此我必须找出那个中心是否能被完全吞没、完全消除，或者像远处模糊的残片一样存在着。如果没有这种可能，我就必须接受牢笼。

尼： 我同意。

克： 我必须接受没有自由的事实，那我就可以永远装饰我的牢笼了。

尼： 但是你所说的这种可能性，不用意识寻找……

克： 不，不要寻找它！

尼： 我说，不用意识寻找，而是生活或其他什么忽然向我展示那是可能的。

克： 它就在那里！生活没有向我展示。它向我展示的是，当我看着那座山，我的心中有一个意象；当我看着妻子，我看到心中有一个意象，这是事实。我不必等十年才发现那个意象。我知道它就在那里，因此我说："看的时候可以没有意象吗？"意象就是中心、观察者、思考者，如此等等。

尼： 我开始明白我的问题的答案了。我开始明白——我在跟自己说——我开始明白人本主义和神圣教诲之间没有区别。就只有真理和非真理。

克： 就是这样，就只有假的和真的。

尼： 折腾了那么久。(笑)

克： 我们问："意识可以清空它自己的内容吗？"不是其他人去清空。

尼： 这是个问题，请往下说。

克： 不是由神的恩宠、超我或某些虚构的外在力量来清空。意识能清空它自身的所有内容吗？首先要看到其中的美，先生。

尼： 我看到了。

克： 因为它必须毫不费力地清空自己。一旦努力，就有观察者在努力改变内容，而观察者即是意识的一部分。不知道你是否明白这一点？

尼： 我明白，这种清空必须是不费力的、即刻发生的。

克： 必须没有任何力量作用于它，不管是外在还是内在的媒介。可以不作任何努力、任何指示地完成这件事吗——不表示"我决心改变内容"？这意味着要清空意识中的一切意志，清空"生存"还是"毁灭"的抉择。先生，看看会怎样。

尼： 我在留心看。

克： 那个问题是我向自己提出来的，没人问过我。因为这关系到生活，关系到在这个世界的生存。这是我的头脑必须解决的问题。塞满内容的头脑，可以清空自己却仍然保持头脑，而不是就此无所事事吗？

尼： 不是自杀。

克： 不是。

尼： 有某种微妙的……

克： 不，先生，那么想太不成熟了。我已经提出问题。我的回答是：我确实不知道。

尼： 那是真相。

克： 我确实不知道，但我会去搞清楚，意思就是不坐等答案。我意识里的内容就是我的不幸福，我的痛苦，我的挣扎，我的悲伤，我累积了一生的意象，我的神灵、挫折、快乐、恐惧、愤怒、仇恨——那就是我的意识。那一切能全部清空吗？不只是在表层，而是在彻底的——所谓潜意识层面？如果不可能，那我必然会过着悲惨的生活，活在无休无止、没有终点的悲伤中。既没有希望，也没有绝望，我身陷牢笼。所以头脑必须搞清楚怎样清空自身的所有内容，却又活在这个世界上，不是变成白痴，而是拥有一个高效运作的头脑。要怎样做到？可以做到吗？

还是人类在劫难逃?

尼: 我理解你的意思。

克: 因为我不懂得怎样超越这个困境,于是就发明了所有的神灵、寺庙、哲学、仪式——明白吗?

尼: 明白。

克: 这就是冥想,真正的冥想,而不是那些冒牌货。去弄明白头脑是否——带着在时间中逐渐演化的脑子,它是无数经验累积的结果,只有在彻底的安全中才能高效运作——头脑是否能清空自己,却又拥有一个运作如完美机器的脑子。另外,它还明白爱不是快乐,爱不是欲望,有爱就没有头脑的意象。然而我不知道那种爱,我想要的爱只是快乐、性以及诸如此类的东西。意识的清空和那个叫作爱的东西之间一定有关系,未知和已知即意识的内容之间一定有关系。

尼: 我在听你说,一定有这关系。

克: 这两者一定是和谐的。清空的状态和爱一定是和谐的。或许只有爱才是必要的,其他都不需要。

尼: 这种清空状态就是爱的另一种说法,你说的是这个意思吗?

克: 我只是在问什么是爱,爱在意识的领域内吗?

尼: 不,不可能。

克: 不要这么确定,不要说是或不是。搞清楚!意识里的爱就是快乐、野心,诸如此类的东西。那什么是爱?我真的不知道。我不会再假装知道任何东西,我不知道。

当中有某个因素我必须搞清楚。清空意识的内容是否就是爱，就是那个未知之物？未知——不是指神秘的未知之物、上帝或不管称之为什么——和已知之间有什么关系？我们会谈到上帝的，如果我们仔细考察这个问题的话。未知之物（我一无所知的东西、可能叫作爱的东西）和意识的内容（我知道的东西——可能没有意识到，但我可以打开它、搞清楚它），也就是未知和已知之间有什么关系呢？在未知和已知之间运行的，就是和谐，就是智慧，不是吗？

尼： 绝对是。

克： 所以我必须搞清楚，头脑必须搞清楚，怎样清空自己的内容。换句话说就是要没有意象，因而没有观察者。意象指的是过去，或指现在产生的意象，或我向未来投射的意象。那么，没有意象就是没有模式、意见、理想、原则等所有包含意象的东西。可以完全不形成意象吗？你伤害我或带给我快乐，我就对你抱有意象。所以，当你伤害我或带给我快乐时，都不要形成意象。

尼： 这可能吗？

克： 当然可能，否则我就在劫难逃。

尼： 你在劫难逃，也就是说我在劫难逃。

克： 我们在劫难逃。当你侮辱我时，我彻底留心、关注，因而没有留下伤痕，这可能吗？

尼： 我知道你的意思。

克： 你奉承我时，没有留下痕迹，那就没有意象。所以我做到了，我的头脑做到了，即完全不形成意象。如果你现在就不形成意象,过去的意象也就没有立足之地了。

尼: 这我不明白。"如果我现在不形成意象……"

克: 过去的意象就没有立足之地了。如果你形成意象,你就会跟它联系起来。

尼: 会跟过去的意象联系起来,没错。

克: 但要是你不形成任何意象呢?

尼: 那就从过去中解脱了。

克: 看清它!看清它!

尼: 非常清楚。

克: 所以头脑可以通过当下不形成意象来清空自己。如果我现在形成一个意象,我就会把它跟过去的意象联系起来。所以意识、头脑,可以通过现在不形成意象来清空自己的所有意象。那时就会有空间——不是围绕那个中心的空间。如果你探究得更深入,就会找到某些神圣的、不是思想虚构的东西,它跟任何宗教都没有关系。

尼: 谢谢!我还想请教另一个问题。我们看到了人们今日奉若天条的许多传统的愚蠢之处,但有些传统一代一代传下来岂不是必要而有价值的?要是没有它们,我们岂不是会失去我们现在仅有的一些人性?有些传统岂不是建立在某些真实的事物上被传承下来的?

克: 被传承下来……

尼: 种种生活方式,即使只从外在意义上说。

克: 如果小时候没人教我不要跑到汽车前……

尼： 那是最简单的例子。

克： 或者小心火；小心别激怒狗，它会咬人，等等。那也是传统。

尼： 是的，当然。

克： 另一种传统就是你一定要爱人。

尼： 那是另一个极端。

克： 还有印度及其他地方的织布工人的传统。你知道，他们可以不按样品织布，而是按传统织布，那种传统深植于他们的内心，甚至不必去想，就从他们的手中表现出来。不知你看到过没有？在印度，他们有了不起的传统，他们制造了不可思议的作品。还有科学家、物理学家、人类学家的传统，那是积累知识的传统，靠学习，由一个科学家传递给另一个科学家，由一个医生传递给另一个医生。显然那种传统是必要的。我甚至不称其为传统，你会吗？

尼： 不会，那不是我想说的传统。我说的传统指的是生活方式。

克： 我不会称其为传统。我们所说的传统难道不是指其他因素吗？善 (goodness) 是传统的一个因素吗？

尼： 不是，但也许存在好 (good) 传统。

克： 好传统受到人们所处的文化的制约。婆罗门的好传统是不杀任何人或动物，他们接受并遵行这一传统。我们现在问的是："善有传统吗？善能在传统中开花结果吗？"

尼： 另外，我问的是：是否存在智慧形成的传统，不管是个体智慧还是集体智慧，它了解人类的本质。

克： 智慧有传统吗？

尼： 没有。但智慧能形成一种帮他人更快地发现自己的生活方式吗？我知道这是你说的要从自身出发的事。但不是也有一些具有大智慧的人，他们可以为我营造外部条件，因此我就不必那么艰难才能明白你已明白的东西了吗？

克： 那是什么意思，先生？你说你知道。

尼： 我没有说我知道。

克： 我认为你说了。假设你就是那个具有大智慧的伟人，你说："我亲爱的孩子，你该这样生活。"

尼： 我不必说出来。

克： 你流露出你的气场、你的气质，于是我就说："我会试试看——他已经得到了，我还没得到。"善可以在你营造的氛围中绽放吗？善可以在你影子下成长吗？

尼： 不是的，我要是制造了那些状态，就算不上智慧了。

克： 那么你是说善不能在任何环境下运转、运作、绽放。

尼： 不是的，我没那么说。我是问，存在能导向自由的环境吗？

克： 我们会探究这个问题。一个人每天去工厂，天天如此，然后在酒精等东西中发现了放松的感觉……

尼： 这个例子讲的是贫穷的环境、糟糕的传统。

克： 那么智慧的人、关心改变环境的人会为那个人做些什么？

尼： 也许他在为他自己改变环境，但他了解普通大众的一些东西。我现在谈的是一个伟大的老师，不管称之为什么。他帮助我们，为我们指出一条生活之路，那条路我们不了解，我们自己尚未验证，但它以某种方式作用于我们内心中的某些东西，把我们稍稍团结在了一起。

克： 那就是satsun，好人一族。跟好人在一起很不错，因为我们不会争吵，不会打架，不会暴力。那很不错。

尼： 是的。但跟好人在一起或许意味着：我会争吵，但我会看到更多，经受更多，懂得更多。

克： 所以你需要好人是为了把自己看得更清楚？

尼： 是的。

克： 这意味着你依赖外界环境来看清自己。

尼： 也许只是一开始依赖。

克： 开始是第一步也是最后一步。

尼： 我不认为如此。

克： 让我们来探究一下，看看发生了什么。我跟好人在一起，因为在那个环境、那种气氛中，我可以把自己看得更清楚，因为他们很好，我就看到了自己的愚蠢。

尼： 有些时候确实如此。

克： 我是假设。

尼： 那是一个例子，是吧？

克： 或者我也很好，于是我就跟他们一起生活。那时我并不需要他们。

尼： 是的，那时我并不需要他们。没错。

克： 如果我很好，我就不需要他们。但如果我不好，跑到他们中间，那我就能看清楚自己，那么我要看清楚自己就必须通过他们。通常就会这样——他们变得重要，而我的善微不足道。这种事常常发生。

尼： 但不是有那种事吗，比如，要给孩子断奶就把胸部涂黑？我们确实需要这些人，虽然可能只是一开始需要。

克： 我质疑这个说法，我想要搞清楚。首先，如果我很好就不需要他们。我就像那些山丘和鸟儿，没有任何需要。

尼： 没错。我们可以排除那种情况。

克： 如果我不好，我需要他们的陪伴，因为在他们的陪伴中我可以看清楚自己，感受到新鲜的气息。

尼： 或发觉自己是多么糟糕。

克： 一旦我强烈地厌恶自己，从"厌恶"这个词最广泛的意义上说，那我就只是在拿自己跟他们作比较。

尼： 不，并不总是在比较。我可以揭露我对自己抱有的意象其实是个谎言。

克： 我怀疑你是否需要他们去揭露你自己是个说谎者。

尼： 原则上，不需要。

克： 不，不是什么原则上。要么需要，要么不需要。

尼：这就是问题。

克：意思就是如果我需要他们，那我就是迷失的，就会永远抓住他们不放。先生，这种事情在人类关系开始的时候就已经有了。

尼：是的。但也有这种情况，我抓一小会儿，然后就放手了。

克：那为何你，好人，为何不告诉我："听着，开始吧，你不需要我，你现在就可以观察自己。"

尼：我要是这样跟你说，可能你会完全理解错，完全误解我。

克：那我该怎么做？继续抓紧你、追随你？

尼：不是你该怎么做，而是你会做什么？

克：他们通常就会追随他。

尼：他们通常如此，没错。

克：抓住他的衣服。

尼：但那也许是因为老师没有智慧。

克：不，他说了："听着，我不能教你什么，我的朋友，我没什么可教的。如果我真的好，我就没什么可教的。我只能示现。"

尼：可他没说出来，他做出来了。

克：我说："听着，我不想教你，你可以从自己身上学。"

尼：好吧，假定他那么说了。

克：对，他说从你自己身上学，不要依赖。依赖就意味着：你很好，你正在帮我观察我自己。

尼: 在吸引你。

克: 不是。你在把我放到一个角落,我逃不了。

尼: 我明白你在说什么了。但这是世上最容易逃脱的事啊。

克: 我不想逃。先生,你告诉我:"不要依赖,因为善就是不依赖。"如果你想要善就不能依赖任何东西。

尼: 任何外在事物,没错。

克: 不依赖任何东西,外在的或内在的。别依赖任何东西,这不表示连邮差也不要依赖,而是指内心不依赖。

尼: 是的。

克: 那意味着什么?我依赖。他告诉我一件事:"不要依赖我或者任何人,妻子、丈夫、女儿、警察,统统不要依赖。"就这么多,然后他就走了,留给我那句话,我该怎么办?

尼: 搞清楚他说得对不对。

克： 但我确实依赖他人。

尼： 这也是我的意思。

克： 我确实依赖妻子、神父、某些心理分析师——我确实依赖他们。于是我就开始自己的探索。因为他告诉了我一个真理——懂吗，先生？它就在那里，我得把它弄明白。因此我得搞清楚那是真相还是谎言。这意味着我必须运用我的推理能力、我的才干、我的智慧，我必须用功。我不能只是说"好吧，他已经走了"。我依赖我的厨师！所以我得去搞清楚，我得看清真假。我已经看到了，那不需要依赖任何人。

尼： 没错。

克： 甚至好人也不能教我什么是善的以及什么是假的或真的。我得去看清楚。

尼： 当然。

克： 所以我不依赖任何人辨明什么是真什么是假。

加利福尼亚，马利布

1971年3月26日

第二章

思想的荒谬

纽约的三次演讲

内在革命

> 恐惧现在,恐惧未来,恐惧死亡,恐惧未知,恐惧无法满足,恐惧不被人爱,想要被爱——有这么多的恐惧,全都是思想机制造成的。所以思想既有合理性,也有荒谬性。

克里希那穆提: 隐藏在意识中、隐藏在头脑深处的东西——通常被称为无意识,我们将一起考察这个问题。我们关注实现自身和社会的彻底革命。当前在全世界倡导的物质革命,并没有实现人类的根本改变。

一个腐败的社会,比如这里,比如欧洲、印度和其他地方,在社会结构上必须有根本的变革。而如果人类的内心及行为继续腐败下去,就会败坏任何社会结构,不管其有多完美。因此,人类的改变迫在眉睫、势在必行。

这样的改变要借助时间实现吗?要一点一点完成吗?要逐渐变化得来吗?还是只能立即产生改变?这就是我们要一起仔细考虑的问题。

我们看到我们内心必须改变——我们越敏感、越机警、越智慧,就越明白必须有深刻、持久、强烈的改变。意识的内容就是意识,这两者无二无别,深植在意识深处的东西形成意识。要在意识的表层和深层都实现改变,取决于分析、时间以及环境的压力吗?还是改变的发生跟任何压力、任何强迫完全无关？

要知道，这个问题会很难探究，因为它太复杂了，希望我们能分享正在讲的内容。除非很认真地探究这个问题，真的不怕麻烦，怀着强烈的兴趣，怀着热情，否则，恐怕我们走不了太远——不是时间或空间意义上的远，而是指非常深地进入内心。这需要极大的热情、极大的能量，而我们大部分人却把能量浪费在冲突中了。如果要探究整个存在，我们需要能量。有改变的可能就有能量；如果没有改变的可能，能量就日渐消散了。

我们认为我们决不会改变了。我们接受了现状，因而变得相当低迷、沮丧、不安并且困惑。彻底改变是可能的，这就是我们要考察一番的事。如果愿意——不要亦步亦趋地听从讲者，而是把他的话当作一面镜子，观察自己并带着热情、兴趣、活力以及巨大的能量探究问题。也许那时候我们就能说到重点，你们就能理解不做任何努力、没有任何动机而产生的彻底改变了。

我们的内心不但有肤浅的知识，还有意识深处隐秘的内容。要怎样检查、怎样揭露意识的所有内容？是一点一点、慢慢地逐渐揭露，还是一下子完全揭露并立即领悟，从而使整个分析过程随即告终？

我们要探究这个关于分析的问题。在讲者看来，分析就是拒绝行动，行动总在活跃的当下。行动不是指"已经做的"或"将要做的"，而是指正在做的。分析阻碍了当下的行动，因为分析的过程涉及时间，可以说就是一层一层逐步剥开，并检查每一层、分析每一层的内容。如果分析不完美、不完全、不真实,那不完整的分析必然造成不完整的认识。下一次分析就从那个不完整的结论中展开。

注意,我检查自己、分析自己,我的分析不完整,而我已经分析的内容就成为继续分析下一层时所依据的知识。所以在那个过程中,每一次分析都变得不完整并导致进一步的冲突,从而导致不行动。分析时,存在分析者和被分析对象,不管分析者是专业的分析师,还是外行的你,都有这样的二元对立,即一个分析者分析着他认为跟自己不同的东西。但分析者是什么?他就是过去,就是他所分析的一切知识的总和。他用那个知识,即过去,分析当下的状况。

所以在那个过程当中有冲突、有挣扎,挣扎着遵从或牵强附会所分析的东西,还有做梦的整个过程。我不知道你是否自己探究过这一切,或者很可能你读过别人写的书,这是最不幸的了。因为那样一来,你就只会重复别人说过的东西,不管他们多么著名,重复都是不幸的。如果你完全不读那些书——就像讲者一样——那你就得探究自己,这会变得更吸引人、更富创造性、更直接、更真实。

在分析的过程当中还有这个梦的世界。我们相信做梦是必要的,因为专家们都这么说:"你必须做梦,否则就会发疯。"这说法有点儿道理。我们会探究这一切,世界有这么多的困惑、这么多的悲伤、这么多的仇恨和残忍,无情无义,我们想要搞清楚是否有彻底改变的可能。如果我们确实认真的话,就必须探究这一切。我们的探究绝不是智力游戏,而是真正想搞清楚是否有改变的可能。如果看到了改变的可能，不管我们是怎样的，不管多么浅薄、多么肤浅、多么人云亦云，甚至模仿他人，如果我们看到彻底转变是可能的，我们就会有行动的能量。如果我们说不可能，那么能量也就耗散了。

所以我们要探究这个问题，探究"分析是否确实能引起彻底的改变"，还是它只是智力游戏，只是逃避行动。如我们所说，分析意味着进入梦的世界。梦是什么，它们是怎么形成的？不知道你是否探究过这一点；如果探究过，你会发现梦就是我们白天生活的延续。你白天做的事情，所有的伤害、腐败、仇恨、逝去的快乐、野心、内疚，等等，所有这一切都在梦境中延续，只是以符号、图像及意象的形式再现罢了。这些图像和意象需要诠释出来，于是所有的小题大做、所有不真实的东西就产生了。

我们从来不问到底为什么要做梦。我们已相信梦是必需，是生活的一部分。现在问问我们自己(如果你跟我在一起思考的话)到底为什么要做梦。你上床睡觉时，心可以彻底安静吗？因为心只有在那种安静的状态下才能更新自己、清空一切，变得新鲜、年轻、明确而没有困惑。

如果梦是白天生活的延续，是白天的混乱、焦虑、对安全的渴望以及执着的延续，那么，以符号形式出现的梦境就不可避免会产生。这很容易理解，不是吗？那么我们要问："到底为什么要做梦？"脑细胞能安静吗？可以不要继续白天的所有事情吗？

我们必须以实验的方式找到答案，而不是接受讲者的话——看在老天的分上,任何时候都不要这么做!因为我们是在一起分享、一起探究。白天的时候,你可以借助充分的觉察来一查究竟,观察你的念头、动机、讲话、走路及谈话的方式。如果觉察得充分,就会出现一些深层的、无意识的暗示,因为你是在揭露,在诱出隐秘的动机、焦虑,在诱发无意识打开它的内容。于是,等到上床睡觉时,你会发现你的心,包括脑子,变得极其安静。这是真正的休息,因为你已经结束了白天所做的一切。

晚上躺下睡觉时,如果你反思白天的事——你不就是这么做的吗?你会说:"我本该这样,我本不该那样。那样会更好,真希望我没那么说。"——如果你反思白天发生的事,那就是试图在睡前理出头绪。如果睡前没理出头绪,睡着时脑子就会开工。因为只有事事井然有序,脑子才能完美运作,一乱就不行了。如果秩序井然,它就能最高效运作,不管是神经质的秩序,还是理性的秩序。因为,在神经质中、在不平衡中,也存在着秩序,脑子认同那种秩序。

所以,如果你在睡前反思白天发生的一切,你就是在试图理出头绪,因此脑子就不必在你睡着时做这项工作了——因为你在白天已经做好了。白天时,每分每秒你都可以实现那种秩序,就是说,如果你能觉察内外发生的一切的话。外在的觉察就是觉察你的混乱、残忍、冷漠、麻木、肮脏、卑劣、争吵,觉察政客以及他们的欺诈——觉察发生的一切,觉察你和丈夫或妻子的关系、你和女友或男友的关系,觉察白天关系中的麻烦,不必纠正,只是觉察就好。你一旦想要纠正，就会导致混乱。但如果你只是如实观察，"实然"就是秩序。

只有你试图改变"实然"的时候，才会出现混乱，因为你想根据你获得的知识来改变。那知识是过去，你试图根据所学的那一套来改变"实然"，但"实然"并不是过去。因此就会有矛盾，因此就会有扭曲，因此就会有混乱。

所以白天的时候，如果你觉察你的思考方式、你的动机、你的虚伪、你的言行不一（说一套做一套），以及你戴的面具、各种各样随时准备出手的骗局，如果觉察白天发生的一切，晚上睡觉时你就根本不必反思，因为每一刻你都在建立秩序。等到上床睡觉时，你会发现你的脑细胞——记录和保留了过去的脑细胞——彻底静了下来，而你的睡眠就会具有截然不同的品质。我们使用"心"这个词的时候，包括了智力、整个神经感官机制、感情，全部的人类结构，我们指的是那一切，而不是指单独的部分。等你去睡觉时，整个过程就完全结束了，醒来后，你就原原本本地看待事物，而不是解读它们或企图改变它们。

所以讲者认为，分析阻碍了行动，要彻底改变，行动是绝对必需的。所以分析不是解决问题的方法。请你们不要接受，不要接受讲者的话，要自己观察、自己学习，不是从我身上学，而是通过关注分析的这一切含义来学：分析意味着时间、分析者及被分析对象（分析者就是被分析对象），并且每一次分析都必须彻底充分，否则就会扭曲下一次分析。所以要看到，不管是内省还是理性分析，整个分析的过程是完全错误的！

它不是解决问题的方法——或许对有些不太平衡或非常不平衡的人来说，分析是必要的。也许我们大部分人都不平衡。

我们必须找到一个抛开分析者观察整体意识内容的方法。你要是探究这个问题，会觉得非常有意思。因为那样一来，你就完全拒绝了人类说过的一切；那样一来你就遗世而独立了。如果你亲自搞清楚了，它就将是可靠的、货真价实的，不仰赖任何教授、任何心理学家、任何分析师，等等。

所以，我们必须找到不作分析的观察方法。我会探究这个问题——希望你们不介意我这么做，你们介意吗？这不是集体治疗！(听众笑)这不是公开忏悔，也不是讲者在分析你们，或促使你们改变，促使你们变成完美的人类！你必须自己来做这件事。由于我们大部分人都是二手货或三手货，所以要把专家们强加到我们头脑里的东西完全放到一边会非常困难，不管是宗教专家还是科学专家。但我们必须自己找出答案。

如果分析不是正确的方法——就讲者而言，就他所解释的而言，它的确不是——那么要怎样检查或观察整体的意识内容呢？意识的内容是什么？请不要重复别人的话。你的全部内容是什么？你察看过、思考过吗？如果察看过、思考过，你的全部内容不就是种种铭记的前尘往事，快乐的、不快乐的，种种信仰和传统，种种个人的回想和记忆，民族和家族的记忆，你生于斯长于斯的文化——这一切都是内容，不是吗？每天发生的事情、记忆、种种痛苦、不幸福、侮辱，这一切都被记录下来。那些内容就是你的意识——你，身为天主教徒或新教徒，生活在这个欲求无度的西方世界，这个尽情享乐的世界，充斥着娱乐、财富、电视无休止的喧嚣和残忍的世界——这一切都是你，都是你的内容。

怎样揭露这一切？揭露是逐一检查每个变故、每件往事、每种传统、每个伤痕、每处痛楚的过程吗？还是整体察看？如果是一点一点逐一检查，你就是在进入分析的世界，这可没完没了。分析来分析去，如果乐意，还要付一大笔钱给那些分析师——你会被折腾死的。

我们会搞清楚要怎样观察各种片段，即意识的内容，完整地看，而不是条分缕析。我们会搞清楚怎样不作任何分析地观察。带着分析观察，就是我们以前看万事万物的方式——看树，看云，看妻子和丈夫，看女朋友和男朋友——我们是观察者，而对方是被观察者。请务必稍稍注意这一点。你曾以观察者的身份观察你的愤怒、贪婪或嫉妒，不管什么。观察者就是贪婪，但你把观察者抽离出来，因为你的心被分析的过程制约了。因此你看树，看云，看你生活中的一切，彼此总是观察者和被观察者的关系。你注意过吗？你透过自己对妻子抱有的意象看她，那个意象就是观察者，就是过去，它是在日复一日中拼凑而成的。观察者就是时间，就是过去，就是种种变故、事故、往事、经历等累积下来的知识。观察者就是过去，他看着被观察的东西，仿佛自己跟它无关，他把自己抽离了出来。

你能抛开观察者观看吗？你能抛开充当观察者的过去看树吗？换句话说，如果有观察者，就会有观察者和被观察者即那棵树之间的空间。那空间就是时间，因为其中存在间隔。

那时间就是观察者，即过去，即累积的知识，即那个说"那是树"或"那是我妻子的意象"的人。

你看的时候——不但看树，而且看妻子或丈夫的时候——可以没有意象吗？要知道，这需要严格的纪律。我要给你们看些东西：纪律一般意味着遵从、训练、模仿，意味着实然和应然之间的冲突。所以，纪律之中存在冲突、压制、克服、意志训练等，这一切都包含在那个词当中。然而那个词的意思是学习——不是服从，不是压制，而是学习。一颗学习的心，有它自己的秩序，即纪律。现在我们就在学着抛开观察者、抛开过去、抛开意象来观察。你这样观察的时候，现实的"实然"就是鲜活的东西，而不是一般人们所认为的可以从过去的事情、过去的知识中识别的僵死之物。

听好，先生们，我们来换个比这更简单的说法。你说话伤了我，那个伤痛铭记在心。那份记忆继续着，等到又有伤痛，就再记下。所以从童年起，那个伤害就一直在被强化。然而，你说话刺痛我时，如果我能彻底观察自己的反应，就不会把它当成伤害记在心上。你一旦把它当成伤害铭记在心，那个记录就会继续，你的一生都将被伤害，因为你一直在往那个伤害上添柴加料。相反，彻底观察痛苦而不去记录它，就是在痛苦的当下给予全然的关注。你们会这样做吗？

如果你出门，走到那些大街上，街上有各种各样的噪声、各种各样的喊叫声、种种粗俗、种种野蛮，统统倾灌入耳。那是非常具有破坏性的——你越敏感，它就越具破坏性，它会伤害你的有机体。你抗拒那样的伤害，于是就竖起一堵墙。

如果你竖起一堵墙,你就是在隔绝自己。你日益加深隔绝,因此就会遭到越来越多的伤害。然而,如果你观察那些噪声,留意那些噪声,你会看到你的有机体永不会受伤。

如果你了解了这个根本原则,你就会了解一个伟大的真理,即只要有观察者在区分他自己跟他观察的东西,就必然有冲突。不管你怎么做,只要存在观察者和被观察者之分,就必然有冲突。只要有穆斯林和印度教徒之分、有天主教徒和新教徒之分、有黑人和白人之分,就必然有冲突;他们可能会包容彼此,但那只是对狭隘的聪明掩饰。

只要你和妻子之间有分别,就必然有冲突。只要观察者跟被观察的东西是区分开的,这种分别的存在就是根本性的。只要我说"生气有别于我,我要控制生气,我必须改变,我必须控制我的思想",那当中就有分别,因此就有冲突。冲突意味着压制、遵从、模仿,这一切都包含其中。如果你看到观察者就是被观察者,看到这两者无二无别,如果你真的看到其中的美,你就能观察意识的全貌而不作分析,然后你一眼就看到了它的全部内容。

观察者就是思考者。我们极其重视思考者,不是吗?我们靠思想存活,我们靠思想做事,我们靠思想计划生活,我们靠思想驱使行动。思想被全世界崇拜,它是最重要的东西,它是智力的一部分。

思想把自己抽离出来当作思考者。那个思考者说:"这些思想不好。这些好一点。"他说:"这个理想比那个理想好。这个信仰比那个信仰好。"这都是思想的产物——那个把它自己抽离,分化为思考者、体验者的思想。思想把它自己分为高级自我和低级自我——在印度,那个高级自我被称为阿特曼[1],你们这里称之为灵魂,或别的什么,但那仍然是思想在造作。这很清楚,不是吗?我的意思是,这么说是符合逻辑的,并不荒谬。

现在我要让你们看看其中的荒谬。我们所有的书籍、我们所有的文学,都是思想。我们的关系就建立在思想之上——好好想想这一点!我的妻子就是我想出来的一个意象,每天的唠叨、夫妻之间发生的种种——快乐、性、生气、排斥,所有造成区分的本能,这一切拼凑成所思所想。我们的思想就是我们的关系的结果。那什么是思想?问你"什么是思想",请不要重复别人说过的,自己去搞清楚。显然,思想是记忆的反应,不是吗?记忆即知识,记忆即经验,它们被累积起来,储藏在脑细胞中,所以脑细胞本身就是记忆的细胞。如果你根本不思考,就会处于失忆的状态,就会找不到回家的路。

思想是累积的记忆的反应,即知识、经验的反应——不管是你自己的,还是遗传的、社会的经验,等等。所以思想就是过去的反应,它可能会把自己投射到未来,经历现在,像未来一样调整现在,但它仍然是过去。所以思想永不自由——它怎么能自由?它可以想象什么是自由,它可以设想

---

[1] Atman,印度教中的概念,即更高的自我,宇宙的大我。——译者注。

自由应该怎样，它可以创造自由的乌托邦。但思想本身，它本身，是跟过去有关的，因此它并不自由，它永远是陈旧的。请千万注意，这不是你同不同意讲者的问题，它就是事实。思想组织了我们的生活，它就建立在过去之上。那个思想，建立在过去之上，却计划明天应该怎样，所以就存在冲突。

这里就出现一个问题：对我们大部分人来说，思想给了我们巨大的快乐。快乐是我们生活的指导性原则，我们不是在说快乐是对还是错，我们在审视它。快乐是我们最想要的东西。在这个世俗社会以及精神世界，在天堂——如果你们有一个天堂的话——我们想要形形色色的快乐：宗教性的娱乐，参加弥撒、加入一切打着宗教幌子的团体，还有万事万物中的快乐，不管是欣赏日落的快乐、性的快乐，还是任何感官的快乐，都被记在心上，反复回味。所以思想就是快乐，它在我们的生活中起着举足轻重的作用。昨天发生的事情很好玩、非常令人开心，它就被记在心上，思想想起它，咀嚼它，一直想着它并希望明天能再次发生，不管那是性方面的，还是其他方面的事。所以思想复活了已经结束的事。

那个记录的过程就是知识，知识即过去，那么思想就是过去。所以思想，也即快乐，就这样持续不断。如果你注意到的话，你会发现快乐总是过去的，想象中的明天的快乐也仍然是记忆对未来的投射，它源自过去。

你还可以观察到，哪里有快乐以及对快乐的追求，哪里就会有恐惧滋长。没注意到吗？对我昨天的所作所为的恐惧、对我一周前身体上的痛苦的恐惧，一直想着就使恐惧久久不去。痛苦已止,却并没有完结。它结束了,我却回想个没完。

所以思想维持并滋养了快乐和恐惧。思想是罪魁祸首。恐惧现在,恐惧未来,恐惧死亡,恐惧未知,恐惧无法满足,恐惧不被人爱,想要被爱——有这么多的恐惧,全都是思想机制造成的。所以思想既有合理性,也有荒谬性。

我们做事必须运用思想——在技术上,在办公室,在你煮饭、洗碟子时——必须完美地运用知识。在行动、做事的过程中,思想有其合理和逻辑的一面,但在维持快乐和恐惧时,思想就变得极其荒谬了。然而思想说:"我不能放手我的快乐。"思想知道,如果它感觉敏锐或留心觉察,就会有痛苦随之出现。

所以,要觉察所有的思想机制,要觉察复杂微妙的思想活动!一旦你说"我必须找到一种截然不同的生活,一种没有任何冲突的生活",事情就一点儿也不难了。如果那就是你真正的、坚决的、热切的需要——就像你对快乐的需要——过一种内外都没有任何冲突的生活,那你就会看到其中的可能。因为,我们刚解释过,有"我"和"非我"之分时才存在冲突。然后,如果你看到了这一点,不是口头上或理智上看到——因为那并不是看到——而是当你真正认识到观察者和被观察者、思考者和思想无二无别时,你就会看到,你就会真正观察到"实然"。当你真正看到"实然",你就已经超越了它。你并不是跟"实然"共处,只有观察者跟"实然"有别时,才有所谓跟"实然"共处。明白了吗?所以当观察者和被观察者之分完全终止时,"实然"就不再是"实然"了。头脑已经超越了它。

提问者： 我们把被观察者视为观察者，怎么改变这种认同呢？我不能只是同意你的说法，说一句"没错"就完了，我必须有所行动。

克： 说得好！先生，根本没有什么认同。如果你把自己视为被观察者，那还是思想的模式，不是吗？

问： 是的，但我怎么摆脱那个模式？

克： 先生，不是摆脱，我会解释给你看。观察者就是被观察者，你看到这个真相了吗？其中的事实、其中的逻辑，看到了吗？难道没看到？

问： 还只是评论，不存在真相。

克： 事实不存在？

问： 不存在，只是表达同意的一个评论。

克： 但你看到了那个事实，不是吗？不要同意或不同意，这是非常严肃的事。希望我能谈论一下冥想，但不是现在，因为冥想就涉及这个问题。先生，要看到这件事的重要性。事实是，"我就是生气本身"，我跟嫉妒并无不同。那就是真相，那就是事实，不是吗？我就是生气本身，"我"跟生气无二无别。嫉妒的时候，我就是嫉妒本身，我跟嫉妒并无不同。我把自己跟嫉妒区分开，是因为我想对嫉妒采取一些行动，保持它或摆脱它，或把它合理化，不管是什么。但事实是——"我"就是嫉妒，不是吗？

嫉妒时，"我"就是嫉妒本身，我会怎么做？之前，我把自己跟嫉妒区分开，我以为"我"能起作用，我以为能做点儿什么，压制它，把它合理化，或逃避它——各种花样。我以前认为我在做些什么。现在，我感到我并没有在做什么。就是说，当我说"我嫉妒"时，我感到无法行动。对不对，先生？

看看这两种行为，看看你跟嫉妒有别时产生的行为，那就是永无休止的嫉妒。你可能逃它，你可能压制它，你可能超越它，你可能逃避，但它会再回来，它会一直存在，因为你和嫉妒之间有分别。那么，没有分别时就有另一种截然不同的行动，因为其中观察者就是被观察者，他不能把嫉妒怎么样。之前他能对嫉妒做点儿什么，现在，他感到无能为力，他沮丧，什么也做不了。如果观察者就是被观察者，那就不会有"我能或不能对它做点儿什么"的说法——他本身如是(he is what he is)，他就是嫉妒。那么，当他嫉妒时，会怎样？请继续，先生！

问：他了解……

克：请务必检视问题，花点儿时间。当我认为自己跟嫉妒有别时，我感到我能对它做点儿什么，在行动的过程中，就会有冲突。现在有另一种情况，当我认识到我就是嫉妒时，认识到那个"我"、那个观察者，就是被观察者时，那会怎样？

问：冲突没有了。

克：冲突的诱因结束了。那时存在冲突，现在不存在冲突。所以冲突就是嫉妒。明白了吗？那是一种全然的行动，一种不含任何努力的行动，它是全然的、完整的，嫉妒永不会再回来。

问: 你说分析是无用的方法,无法了解思想或意识。我完全同意。内心或思想意识中有些部分会抗拒分析,你刚才正想说你会展开那个论点。先生,如果你能继续展开那一部分的论点,我会非常感谢。

克: 哪一部分,先生?

问: 你提到有些部分不会构成任何冲突或斗争,它们会抗拒分析。

克: 先生,我只是解释说,如果存在观察者和被观察者,如果它们是两个不同的东西,就一定存在分裂。先生,请注意,这不是一个论点,没有什么需要展开的。我已经非常彻底地探究过了,当然,我们可以花更多的时间探究,因为你探究得越深入,事实就会越明显。我们把自己的生活搞得支离破碎,不是吗?科学家、生意人、艺术家、家庭主妇等都是如此。其根基是什么?这种分裂的根源是什么?这种分裂的根源就是观察者不同于被观察者。观察者分裂了生活:我是印度教徒,你是天主教徒;我是共产主义者,你是中产阶级。人与人之间就存在着这样的分别,一直都有。我质疑,"为什么有这样的分别,什么导致了这种分别?"不仅仅在经济、社会结构等外部领域存在这种分别,内心深处也存在这种分别。"我"和"非我"(那个想要高人一等,想要更著名、更伟大的"我")的意识造成了这种分别,而"你"就不一样。

所以"我"就是观察者,"我"就是过去,区分现在、过去和未来。只要存在观察者、体验者、思考者,就一定有分别。在观察者就是被观察者的情况下,冲突就会终止,因此嫉妒就会终止。因为嫉妒就是冲突,不是吗?

问: 嫉妒是人的天性吗?

克: 暴力是人的天性吗?贪婪是人的天性吗?

问: 可以的话,我想问你另一个问题。不知道我这么说对不对,根据你一直跟我们说的话,一个人心有所思,所以存在?因此,我们必须留意我们的思想并从经验中获益。

克: 没错,就是这样。你思考的时候,你就是你思考的东西。你认为你比别人伟大,你认为你比别人逊色,你认为你是完美的,你认为你漂亮或不漂亮,你认为你生气了——你就是你认为的东西。这太容易理解了,不是吗?必须搞清楚是否可以过一种生活,在那种生活中,我们既能运用思想的合理功能,又能看清思想的荒谬之处。明天会继续探究这个问题。

问: 继续嫉妒的问题:当嫉妒就是"我",而"我"就是嫉妒时,冲突就结束了,因为我知道那是嫉妒,它就消失了。但当我听到大街上的噪声,"我"就是噪声,噪声就是"我",冲突怎么可能结束?因为那噪声会吵个没完。

克: 很简单,夫人。我走在街上,噪声喧天。如果我说那个噪声就是"我",噪声并没有停止,它继续吵个不休。你的问题是这样吧?但我并没有说噪声就是我,我没有说云就是我,或树就是我,我为什么要说噪声就是我?我们刚刚指出,如果你观察,如果你说"我倾听噪声",彻底地倾听,不去抗拒它,那个噪声可能吵个没完,但它就影响不了你了。一旦你抗拒它,你跟噪声就是不同的——不是让你认同噪声——不知道你是否明白其中的区别。噪声继续,但我不能通过抗拒它、通过在我跟噪声之间竖一堵墙来隔绝噪声。当我抗拒什么时,会怎样?会出现冲突,不是吗?那么,我可以倾听那个噪声,一点儿也不抗拒吗?

问: 可以的,如果知道那个噪声一小时后能停下来的话。

克: 不是这样的,这种想法仍然是抗拒的一部分。

问: 那就表示,如果我有可能变聋的话,余生就能倾听街上的噪声了。

克: 不是的,夫人,听好,我说的完全不是这个意思。我们说的是,有抗拒就一定有冲突。不管是抗拒妻子,还是抗拒丈夫,不管是抗拒狗吠的噪声,还是抗拒街上的噪声,一定会有冲突。那要怎样无冲突地倾听噪声呢——不管它会持续多久,也不管它会不会停止——怎样无冲突地倾听噪声呢?我们讨论的就是这个问题。只有头脑不作任何形式的抗拒,你才能倾听噪声。不但倾听噪声,而且倾听你生命中的一切——倾听你的丈夫、妻子、孩子、政治人物。然后会怎样?你的听觉会变得异常敏锐,你变得更加敏感,因此噪声只是小小的一部分,它并不是整个世界。那倾听之举比噪声更重要,所以倾听就变成重要的事,而非噪声。

纽约市

1971年4月18日

关系

> 置身于这一切混乱、仇恨、毁灭、污染,置身于这些骇人听闻的事正在横行的世界,人类怎样能、你和我怎样能找到正确的关系?

克里希那穆提: 我想谈谈关系,谈谈什么是爱以及人类存在,其中涉及我们的日常生活,我们具有的问题、冲突、快乐、恐惧,以及那件名为死亡的极不寻常之事。

我想我们必须了解一件事,它不是理论,不是推理的概念游戏,而是事实——我们就是世界,世界就是我们。世界是我们每一个人。去感受这一点,坚信这一点,其他什么都别信,你会生出高度的责任感,你会做出行动,那绝不是支离破碎的行动,而是全然的。

我觉得我们总是会忘记,我们生活其中又受其制约的社会、文化就是人类的努力、冲突、苦难以及痛苦的结果。我们每个人就是那文化,社会就是我们每个人——我们跟它无二无别。去感受这一点,不是把它当作理性的观念或概念,而是实实在在地感受它的真实。关系是什么?我们必须探究这个问题。因为我们的生活、我们的存在就建立在关系之上,生活就是关系中的活动。如果不了解关系的含义,我们必然不但隔绝自己,而且导致社会的畸形,在其中人类不但有宗教之分、民族之分,而且内心也是四分五裂的,他们把自己真实的状态投射到了外部世界。

不知道你们自己有没有深入探究过这个问题,去搞清楚一个人能不能跟另一个人生活在完全的和谐、完全的融洽中,因此没有隔阂,没有分别,而是一种浑然一体的感觉。因为关系意味着相关,不是在活动中、在某些项目中、在意识形态中的相关,而是指完全的统一,一种个体之间、人与人之间在任何层面上都不存在丝毫分别和分裂的统一。

除非能找到这样的关系,否则在我看来,如果我们试图为这个世界带来理论上或技术上的秩序,就注定会造成人与人之间深度的分裂,并且无法阻止腐败。腐败始于关系的缺乏,我认为那就是腐败的根源。我们目前所知的关系只是个体之间分裂状态的持续。个体这个词的词根义是"不可分割的"。一个人内心不分裂,不支离破碎,才算一个真正的个体。但我们大部分人都不是个体,我们以为我们是,因此有个体和集体的对立。我们不但要了解"个体"这个词在词典中的意思,还应该知道这个词在深层意义上表示不存在任何分裂。那意味着头脑、心灵和肉体之间具有完美的和谐。只有那时候才存在个体。

如果仔细检查我们目前彼此之间的关系,不管是亲密还是肤浅的,是深远还是短暂的,我们看到所有的关系都是支离破碎的。妻子或丈夫,男孩或女孩,各自生活在自己的野心中,生活在个人的自我追求中,生活在自己的茧里。这一切促成他形成内心的意象,他跟另一个人的关系就靠那个意象维系,因此并没有真正的关系。

不知你们是否了解人在自己内心及周围构建的这个意象的结构和本质。每个人一直都在做这件事。如果有那种个人的欲望、嫉妒、竞争、贪婪，以及所有被现代社会支持并夸大的东西，我们怎么会跟另一个人存在关系？如果我们每个人都在追求一己的成就、一己的成功，怎么会跟另一个人存在关系？

不知你们究竟有没有意识到这一点。我们深受制约，以致认为每个人都必须追求自己突出的特质或爱好，我们把这当作生活的准则和规范来接受，然而又试图跟另一个人建立关系。那不是我们都在做的事吗？你可能结了婚，在办公室上班或在工厂打工，不管一整天你在做什么，你都是在追求那个东西。你的妻子待在房子里，有着她自己的困扰、虚荣以及类似的种种。这两个人之间的关系在哪里？在床上，在性上？一种关系如此肤浅、如此局限、如此深受制约，其本质上难道不是腐败的？

你们可能会问：如果不上班，不追求自己特别的野心，不追求自己达成和获取的欲望，那要怎么活？如果不做任何这类事，又要做什么？我认为这是个完全错误的问题，你们不这么认为吗？因为我们关心的是彻底改变头脑的整个结构，不是吗？危机不在外部世界，而在意识本身。直到我们了解了这个危机，不是表面了解，不是听从某些哲学家的论调，而是自己通过探究它、检查它，真正深刻地了解它，我们才能实现一些改变。我们关心心理上的革命，只有人与人之间存在正确的关系时，这样的革命才会发生。

要怎样实现这样一种关系？弄清楚这个问题了吗？请跟

我一起探究，好吗？这是你的问题，不是我的；这是你的生活，不是我的；这是你的悲伤、你的烦恼、你的焦虑、你的悔恨，这场战争就是你的生活。如果只听到描述，你会发现你只是在表层漂游，这根本解决不了任何问题。实际上这是你的问题，讲者只是在描述它——虽然描述并不是被描述的事物本身。让我们一起探究这个问题，那就是：置身于这一切混乱、仇恨、毁灭、污染，置身于这些骇人听闻的事正在横行的世界，人类怎么能、你和我怎样能找到正确的关系？

在我看来，要找出正确的关系，必须检查正在发生的事，看清楚真实的"存在"。不是我们该把它想成怎样，或者试图改变关系，使它符合未来的概念，而是实际观察关系现在的真实状态。在观察关系的事实、真相、实际情况的过程中，就有改变的可能。我们前几天说过，存在可能的时候就有巨大的能量。而认为不可能改变就会消耗能量。

所以我们必须如实地看待我们每一天的关系，在观察真实关系的过程中，我们就会发现改变现状的方法。那么我们正在描述的现状就是：每个人都生活在自己的世界中，生活在野心、贪婪、恐惧、渴求成功如此等等的世界中——你们知道是怎么回事。如果我结了婚，我就负有责任，要养育孩子以及做诸如此类的事。我去办公室或其他地方工作。丈夫和妻子，男孩和女孩，我们彼此在床上见面，这就是我们的所谓爱。各过各的生活，彼此隔绝，彼此在自身周围竖起抗拒的高墙，致力于自我中心的活动。每个人都在寻找心理上的安全，每个人都在他人身上寻求安慰、快乐和陪伴，因为每个人都孤独得厉害，每个人都要求被爱、被珍惜，每个人都想支配他人。

如果观察你自己，你就能自己看清这一切。究竟存不存在任何关系？两个人之间并没有关系，虽然他们可能有孩子、有房子，实际上却各不相干。如果有个共同的计划，那个计划会维系他们，把他们凑合在一起，但那并不是关系。

认识了这一切，我们看到如果两个人之间没有关系，腐败就开始了——不是指外部社会结构中的腐败、外在的污染现象，而是说人如果没有任何真正的关系，正如你没有一样，那么内在的污染、腐败、毁坏就开始了。你可能握着另一个人的手，你们彼此亲吻，睡在一起，但实际上，如果你很仔细地观察的话，这中间有丝毫关系吗？有关系意味着彼此互不依赖，意味着你没有利用另一个人逃避自己的孤独，也没有利用另一个人谋求安慰和陪伴。如果你利用另一个人寻求安慰、依赖以及诸如此类的种种，那还会存在任何关系吗？还是你们只是在互相利用罢了？

我们不是讽刺挖苦，而是实际观察现状。这不是愤世嫉俗。那么要搞清楚跟另一个人有关系的真正含义，我们就必须了解这个孤独的问题，因为我们大部分人都孤独得厉害，越年长就越孤独，特别在这个国家。你们注意过老年人吗，他们是怎样的？你们注意过他们的逃避、他们的消遣吗？他们已经工作了一辈子，他们想逃到某种娱乐中去。

明白了这些，我们能找到一种不利用别人的生活方式吗？在心理上、情感上不依赖另一个人，不利用另一个人逃避自己的痛苦、绝望和孤独。

要了解这一点就要了解孤独意味着什么。你孤独过吗？你知道它意味着什么吗？它意味着你跟另一个人没有关系，你是完全隔绝的。当你的心头忽然袭过这种彻底孤独和绝望的感觉时，你可能跟家人在一起，可能在人群中，可能在办公室，不管哪里都有可能。直到你彻底解决那个问题，你的关系才不会成为你逃避的途径，才不会导致腐败和悲伤。一个人要怎样了解这种孤独、这种彻底隔绝的感觉？要了解它，我们必须观察自己的生活。你的每一个行为不都是以自我为中心的吗？你可能偶尔仁慈慷慨，偶尔做些没有任何动机的事——然而那种时候非常少有。那样的绝望永远不可能靠逃避来消除，但通过观察它，就有消除的可能。

所以我们回到了这个问题：怎样观察？怎样观察我们自己，才没有丝毫冲突？因为冲突就是腐败，就是能量的浪费，它是我们从生到死的战争。有可能活得毫不冲突吗？要做到这一点，要自己找到答案，我们必须学会观察我们的整个活动。如果没有观察者，而只有观察本身，就会存在和谐真实的观察。我们那天已经探究了这个问题。

如果没有关系，还会有爱吗？我们谈论爱，我们所知道的爱是跟性、跟快乐相关的，不是吗？有些人说"不是"。如果你说"不是"，那你一定没有野心，因此一定不竞争、不分别——不分别你和我、我们和他们，一定没有民族之分，或者没有信仰和知识造成的分别。那时候，只有那时候，你才可以说你有爱。但对大部分人来说，跟爱相关的是性，是快乐以及随之而来的种种煎熬：嫉妒、羡慕和敌意。你们知道男女之间的那回事。如果那关系不正确、不真实、不深入、不完全和谐，世界怎么会和平？战争怎么会结束？

所以关系是生命中最重要的事情之一，确切地说，它就是最重要的事。那意味着我们必须了解什么是爱。当然，爱是不期而遇的，有些奇怪。当你自己明白了什么不是爱，就会知道什么是爱——不是理论上、口头上知道，而是你真正认识到了什么不是爱，也就是：不要有一颗喜欢竞争、野心勃勃、奋斗、比较、模仿的心，这样的心是不可能爱的。

所以，生活在这个世界上，你可以完全没有野心，完全不再拿自己跟别人比吗？因为一旦比较，就会有冲突、有嫉妒、有达成及超越别人的欲望。

头脑和心灵如果牢记种种伤害和侮辱，牢记使它变得迟钝呆滞的事情，这样的头脑和心灵能知道什么是爱吗？爱是快乐吗？然而快乐就是我们有意无意在追求的东西。我们的上帝就是我们追求快乐的结果，我们的信仰、我们的社会结构、社会道德——其本质上是不道德的——就是我们追求快乐的结果。你说"我爱某某"，那是爱吗？爱意味着：不分彼此，没有支配，没有自我中心的行为。要搞清楚爱是什么，我们必须否定一切不是爱的东西，否定就是看清它的虚假。一旦你看清某些东西是假的——你曾误以为它是真的、自然的、人性的——你就永远不会再回去了。如果你看到一条危险的蛇，或者一只危险的动物，你绝不会跟它闹着玩，绝不会靠近它。同样的，如果你确实看清了爱根本不是那一切，你感受、观察、玩味、与之共处、完全投入其中，你就会知道什么是爱，什么是慈悲——它指的是对所有人的热情。

我们没有热情；我们有欲望，我们有快乐。热情这个词的词根义是悲伤。我们所有人都有过这样那样的悲伤，失去某个人的悲伤、自怜的悲伤、人类的悲伤、集体的悲伤、个人的悲伤。我们知道悲伤是怎么回事，你觉得你爱过的人死了，那就是悲伤。如果彻底与悲伤共处，不试图把它合理化，不试图通过文字或行动的任何方式逃避它，如果彻底跟悲伤在一起，没有任何思想活动，你会发现，从悲伤之中绽放出了热情。那种热情就有爱的品质，而爱当中是没有悲伤的。

我们必须了解关于存在的整个问题——种种冲突、种种战争，你知道我们所过的生活，它是如此空虚，如此没有意义。知识分子试图给生活一点儿意义，我们也想为生活找出意义，因为我们所过的生活并无意义。它有意义吗？不停地挣扎，没完没了地工作，以及要在生活中经历不幸、苦难和艰辛，这一切实际上都没有意义——我们习惯了。但要搞清楚生活的意义，还必须了解死亡的意义，因为生死相依，它们并不是两回事。

所以我们必须探究死亡意味着什么，因为那是生命的一部分。死亡不在遥远的将来，它不是要避开的事，不是只在你得了绝症、上了年纪或遭遇意外事故、身临战场时才要面对的事。正如活得没有丝毫冲突是日常生活的一部分，搞清楚爱的意义也是生活的一部分。死亡也是存在的一部分，我们必须了解它。

我们怎样了解死亡？等你快要死了，在临终的那一刻，你能了解自己度过了怎样的一生吗？焦虑、情感的挣扎、野心、欲望，你很可能没有意识了，那使你没法清晰地觉知。接着还有年老时头脑的衰退，如此等等。所以我们必须现在就了解死亡，而不是明天。你会观察到，思想不愿思考死亡。它思考明天要做的所有事情——怎样发明新东西，打造更好的浴室——想一切能想的事情。但它就是不愿想想死亡，因为它不知道死亡意味着什么。

死亡的意义能通过思考的过程发现吗？请务必分享这个问题。如果我们分享，我们就会开始看到这一切的美。但如果你只是坐在那里，让讲者说个不停，你却只是听他说说，那我们就没有在一起分享。一起分享意味着关心、关注、喜欢和爱。死亡是一个宏大的问题，年轻人可能会问：你为什么要操心这个问题？但这是他们生活的一部分，就像了解独身也是他们生活的一部分。不要只是说"为什么谈论独身，那是老顽固的事，那是愚蠢的和尚们的事"，独身的意义也是人类要探究的问题，那也是生活的一部分。

心能完全贞洁吗？因为搞不清楚怎样过一种贞洁的生活，我们就宣誓独身，结果备受折磨。那并不是独身。独身是完全不同的东西。独身就是拥有一个从所有的意象、知识中解脱的心，那意味着了解快乐和恐惧的整个过程。

同样，我们必须了解这个被称为死亡的东西。怎样了解某个极度恐惧的东西？我们难道不害怕死亡吗？或者我们说："感谢上帝我总算要死了，我已经受够了生活，受够了它的苦难、困惑、卑鄙、野蛮,以及种种束缚我的刻板,感谢上帝这一切就要结束了!"这并非应对之道。把死亡合理化,或如整个东方世界那样,相信某些转世的说法,也都不是办法。要搞清楚转世意味着什么,即下辈子再出生做人这件事,你就必须搞清楚你现在是怎么回事。如果你相信转世,那现在的你是什么?你是许多语言、许多经验、许多知识;你被各种文化制约,你等同于你的生活、你的家具、你的房子、你的银行账户、你的快乐和痛苦。那一切就是你,不是吗?失败、希望、绝望的种种回忆,你现在的一切,会在下辈子出现——很美妙的观念,不是吗?

或者你认为有永恒的灵魂、永恒的实体。你内心有任何永恒的东西吗?你说存在永恒的灵魂、永恒的实体,那个实体就是你的思维创造的,或者是你的希望创造的,因为不安的感觉是如此强烈,一切都在变化、流转、变动。所以当你说存在某个永恒的东西时,那个永恒的东西只是你的思维的产物。思想跟过去有关,思想永不自由——它可以发明它喜欢的任何东西。

所以,如果你相信来世,你就必须知道未来取决于你现在的生活方式,取决于你现在做的事情、你的所思所想、你的所作所为、你的道德准则。所以,你现在的状况、你现在的行为关系重大。然而,那些相信来世的人根本不在乎现在怎样,那不过是个信仰。

那么,如果你现在活蹦乱跳、健康强壮,那要怎样搞清楚死亡意味着什么?不是在你失衡或生病时,不是在你临终时，而是现在就明白有机体必然会退化，就像所有的机器。不幸的是，我们对待这架机器非常不敬，常常使用无度，不是吗？知道肉体终有一死，你想过死亡意味着什么吗？你无法思考它。你曾经做实验探究过心理上的死亡、内心的死亡是怎么回事吗？不是怎样发现不死，因为永恒即无始无终，就在当下，而不在遥远的将来。要探究这个问题，我们必须了解关于时间的整个问题，不只是物理时间，钟表上的时间，还包括思想发明的时间，即改变所需经历的过程。

要怎样搞清楚这件奇怪的事、这件某一天我们都得面对的事？你能今天就在心理上死去吗？对你所知道的一切死去？比如：对你的快乐、你的执着、你的依赖死去，结束这一切，没有争辩，没有解释，不试图寻找逃避的方法和途径。你知道死亡——不是肉体的死亡，而是心理上的、内心的——意味着什么吗？它意味着结束带有延续性的事，结束你的野心，因为等你死了它仍然继续着，不是吗？你无法揣着野心坐在上帝旁边！(听众笑) 等你真的死了，你就必须结束那么多的事，毫无争辩的余地。你无法对死亡说，"让我完成工作，让我写完书，让我完成所有还未完成的事，让我抚平带给别人的伤痕。"没时间了。

那么，怎样在此刻、在今天就过上一种生活，在那种生活中，你开始的所有事情都有一个了结？当然不是指你的办公室工作，而是指结束你内心累积的一切知识——即你的经验、你的记忆、你的伤痕、你老是拿自己跟别人比的生活方式。每一天都结束这一切，第二天你的心就是新鲜的、年轻的。这样的心永不受伤,那就是单纯。

我们必须自己搞清楚死亡意味着什么,然后就不会有恐惧了。每一天都是新的一天——我是认真的,我们可以做到——从此你的心、你的双眼会看到全新的生活。那就是永恒。那就是邂逅无始无终境界的心灵品质,因为它已经明白了每一天对白天积累的所有事情都大死一番的意义。其中当然就有爱。爱每一天都是全新的,但快乐不是,快乐有延续性。爱总是新的,因此它本身就是永恒。

你们有什么想问的吗?

提问者: 先生,假设通过全面、客观的自我观察,我发现自己贪婪、好色、自私,等等。那么,我怎么知道这种生活是善还是恶,除非我对善已有一些先入之见。如果我抱有那些先入之见,它们只能源于自我观察。

克: 对的,先生。

问: 我还发觉另一个难以理解的地方。你似乎赞成分享,但同时你又说两个相爱的人,或者丈夫和妻子,不可以也不应该把他们的爱建立在互相安慰之上。我看不出互相安慰有什么错——那就是分享啊。

克: 那位先生说:"我们必须首先抱有善的概念,否则,为什么要放弃这所有的野心、贪婪、羡慕,以及诸如此类的一切?"关于什么更好,你可以抱有公式或概念,但关于什么是善，你可以抱有概念吗？

问：可以，我认为可以。

克：思想可以制造善吗？

问：不，我的意思是关于这种善的概念。

克：是的，先生。关于善的概念就是思想的产物，否则你怎么能理解什么是善？

问：这种概念只能源于自我观察。

克：我就在指出这一点，先生。到底为什么你要抱有一个善的概念呢？

问：否则我怎么知道自己的生活是善还是恶？

克：听问题就好。我们不是知道冲突是怎么回事吗？我必须首先抱有一个不冲突的概念才能了解冲突吗？我了解冲突是怎么回事——挣扎、痛苦。不了解没有冲突的状态，我不也了解冲突是怎么回事吗？如果我规定什么是善，那我就会按照我的制约，按照我的思考方式、感觉方式和我特殊的癖好，以及其他的文化制约来规定它。善是思想投射的吗？思想会因此告诉我生活中什么是善、什么是恶吗？还是善跟思想或跟公式毫无关系？告诉我，善之花从何绽放？从概念中？从某些观念、某些存在于未来的理想中？概念就意味着未来、明天，它或许很远，或许很近，但仍然落于时间的范畴。如果你抱有概念、思想投射的概念——思想即记忆的反应、所积累的知识的反应，而知识依赖于你所处的文化——你是在思想制造的未来之中找到善的，还是在你开始了解冲突、痛苦和悲伤时就找到了它?

所以,在了解"实然",而不是通过比较"实然"和"应然"的过程中,善之花绽放了。显然,善跟思想没有任何关系,不是吗?爱跟思想有任何关系吗?你规定什么是爱,你说"我理想中的爱是这样的",你能靠那种方式培养爱吗?你知道如果你培养爱会怎样吗?你就没有在爱。你认为将来某一天你会拥有爱,与此同时你却继续暴力。所以善是思想的产物吗?爱是经验和知识的产物吗?先生,你第二个问题问了什么?

问: 第二个问题涉及分享。

克: 你分享什么?我们现在在分享什么?我们谈论死亡,谈论爱,谈论全面革命的必要性,谈论彻底的心理变革,不要活在旧有的模式中,不要活在挣扎、痛苦、模仿、遵从,以及人类经受了几千年并造就了这个令人惊叹的乱世的那些东西中。我们探讨了死亡。我们怎样一起分享死亡?我们分享对它的了解,而不是口头叙述,不是形容,不是解释。分享什么?分享了解,分享了解后得来的真相。那么了解是什么意思?你告诉我某些严肃的、至关重要的事情,它是重要的、意义重大的,而我则全身心地倾听,因为它对我来说至关重要。要极其认真地倾听,我的心就必须安静,不是吗?如果我喋喋不休,如果我东张西望,如果我把你说的跟自己知道的比来比去,我的心就不安静。只有在内心安静并全身心倾听时,才会有对事情真相的了解。只有那样,我们才能一起分享,否则就不可能。我们不能分享语言，我们只能分享事情的真相。只有心完全投入观察时，你和我才能看到事情的真相。

看到落日的美，看到可爱的山丘，以及树影和月光——你要怎样跟朋友分享？告诉他"一定要看看那美丽的山丘"？你或许可以这样说，但那是分享吗？如果你真要跟别人分享什么，那意味着你们两个必须拥有同样的强度，在同一时间，同一层次上。否则你们就无法分享，不是吗？你们两个必须有共同的兴趣，在同一层次上，有着同样的热情，否则怎么能分享？你们可以分享一片面包，但那不是我们所谈论的分享。

一起看到——就是一起分享——我们两个必须都看到，不是同意或不同意，而是一起看到真实的状况；不是根据我的制约或你的制约互相解释，而是一起看到真相。要一起看到，我们必须自由地观察，自由地倾听。那表示没有偏见。只有那时候，怀着爱的品质的时候，才存在分享。

问： 怎样能让心安静下来，或者让心从过去的干扰中解脱出来？

克： 你无法让心安静，千万别那么做！那都是些自欺欺人的把戏。你可以服食药片让心安静——你是绝对无法让头脑安静的，因为你就是那颗心。你不能说："我会让我的心安静。"因此，必须了解什么是冥想——真正的冥想，而不是另一些人说的那一套。我们必须搞清楚心是否能永远安静，而不是怎样让心安静。所以我们必须探究有关知识的整个问题,探究全是过去的记忆的头脑、脑细胞能否彻底安静并在必要时运作;而没必要时,却能完全彻底地安静。

问: 先生,你谈到关系时,总是指男人和女人或男孩和女孩的关系。你所讲的关系也同样适用于男人和男人或女人和女人吗?

克: 你指的是同性恋吗?

问: 如果你想这么叫的话,先生,那我指的就是同性恋。

克: 注意,我们谈到爱的时候,不管是关于男人和男人、女人和女人,还是关于男人和女人,我们不是在谈某种特定的关系,我们谈的是关系的整体运动,关系的整体意义,而不是跟一两个人的关系。难道你不知道跟世界发生关系是什么意思吗?如果你感到你就是世界,不是作为一个观念——那是可怕的——而是真切地感受到你是有责任的,感受到你要献身于这个责任。那是唯一的献身。不要在炸弹下献身,不要献身于某个活动,而要感受到你就是世界,世界就是你。除非你彻底改变,从根本上改变,并实现内心全面的突变,否则只在外在下功夫,人类是不会平静的。如果你对此有刻骨的感受,那么你的问题就会跟当下发生全面的联系,并在当下实现改变,而不是寄托于某个推测出来的理想。

问: 上次我们在一起时,你告诉我们,如果某个人经受了痛苦,却没有充分面对,或者逃避痛苦的话，那痛苦就会进入无意识，成为一个片段。我们要怎样让自己从这些痛苦和恐惧的片段中解脱出来，好让过去不会缠住我们不放呢？

克： 好，先生，那就是制约。我们要怎样从这种制约中解脱出来？要怎样从我们生于斯长于斯的文化制约中解脱出来？首先，我必须觉察到自己受到制约的事实，而不是某些人来告诉我。你了解这两者的区别吧？有人告诉我我饿了，这跟我自己真的感到饿了是两回事。所以我必须觉察到自己的制约，换句话说，我必须不但在表层觉察到这个事实，还应该有深层的觉察，即我必须全面觉察。这样的觉察，意味着我没有试图要超越制约，没有想要从制约中解脱。我必须看到它真实的样子，而不带入其他的因素，比如：试图从中解脱，因为那就是对真实状况的逃避。我必须觉察，那是什么意思？完全地觉察我的制约，不是局部的，那意味着我的心必须高度敏感，不是吗？否则我就无法觉察。敏感意味着非常非常仔细地观察——观察颜色、人的品质、我周围的一切。我必须无选择地觉察实际的状况。你能这么做吗？不去解释它，不去改变它，不去超越它或从中解脱，只是全面地觉察。

如果你观察一棵树，你和树之间存在着时间和空间，不是吗？还有植物学的知识，你和树之间的距离，即时间，以及关于树的知识所引起的分离感。抛开知识，抛开时间特质，这不是说把自己同化为那棵树，而是非常用心地观察树，以至时间根本没有介入。只有你抱有关于树的知识时,时间才会介入。你能看你的妻子、你的朋友或其他任何东西而没有任何意象吗?意象就是过去,它是由思想拼凑而成的,比如唠叨的、咄咄逼人的、专横的,比如快乐、陪伴,等等。正是意象引起了分化,正是意象制造了时间和距离。看那棵树,看花朵、云彩或者你的妻子或丈夫,不要透过任何意象!

如果能做到那样,你就能全面观察自己的制约了。然后,你就能用未被过去染指的心看,因此心本身就从制约中解脱了。

看自己,像平常那样看,观察者看被观察的对象:我自己就是被观察的对象,我自己也是进行观察的观察者。那个观察者就是知识,就是过去,就是时间,就是累积的经验,他把自己和被观察的东西一分为二。

看的时候不要有观察者!你全身心关注的时候就是那样看的。你知道关注是什么意思吗?不要跑到学校里学习关注!关注是指不作任何解释、不作任何判断地倾听——只是听就好。如果你这样听,就没有界限,就没有一个"你"在听,只有一个听的状态。所以观察制约的时候,制约只在观察者身上,而不在被观察之物上。如果能观察而没有那个观察者,没有那个"我"——没有他的恐惧、他的焦虑,等等,你就会看到,你进入了一个截然不同的维度。

纽约市

1971年4月24日

宗教经验和冥想

> 一个人要是说"我知道",这种人其实并不知道。一个人要是说"我已经体验了真理",绝对不要信他。

克里希那穆提: 我们说过我们会一起探讨一个非常复杂的问题,即存在宗教经验吗?冥想的含义是什么?我们观察一下的话,似乎全世界的人一直在追求超越死亡、超越其自身问题的东西,一个长久、真实、永恒的东西,人们称之为上帝,赋予它很多名字。我们大部分人都相信那种东西,虽然我们从未真正经验过它。

各种宗教都承诺,如果相信某种仪式、教义、救世主,如果遵循某种生活,就可能邂逅那个奇异的东西——随便叫它什么。那些直接经验到它的人,是按照他们的制约、他们的信仰、他们身上留下的环境以及文化的影响经验到的。

显然,宗教已经失去了自身的意义,宗教战争的爆发就证明了这一点。宗教没有解决人类的任何问题,反而分化了人类。它们影响了人类文明,但并没有从根本上改变人类。是否存在这种叫作宗教经验的东西,什么是经验,为什么称之为"宗教性的",如果我们要探究这些问题,显然必须一开始就十分诚实。不是对某个原则或信仰诚实,或对某种承诺诚实,而是诚实地看到事物本来的样子,没有任何外在和内在的扭曲——永不自欺。因为,如果渴求某种经验,把它称作宗教性的或其他什么，如果踏上了追求之旅，如此等等，欺骗就很容易发生。你就注定会陷入某种幻觉。

可以的话，我们必须自己搞清楚什么是宗教经验。我们需要高度的谦卑和诚实，这表示永远不要求经验，永远不要求自己达到某种境界或有所成就。所以我们必须非常仔细地检视自己的欲望、执着和恐惧，并全面了解它们。如果能做到这些，心就决不会扭曲，从而就不会有幻觉，不会有欺骗。另外我们还必须问：经验是什么意思？

不知你们到底有没有探究过那个问题。我们大部分人对于每天的普通经验都感到厌倦，厌倦了所有的日常经验，并且我们越老成、越聪明，就越只想活在当下——不管那可能是什么意思——并发明当下的哲学。"经验"这个词的意思就是经历某事直到终点，并了结这件事。然而不幸的是，对我们大部分人来说，每段经验都留下了伤痕，留下了记忆，快乐的或不快乐的，并且我们只想保留那些快乐的记忆。我们在追求任何灵性的、宗教的或超凡的经验时，必须首先搞清楚那种经验是否存在，搞清楚经验本身意味着什么。如果你经验到某种东西却无法识别它，那经验就会停止。经验的本质含义之一就是识别。如果可以识别，那它就是已知的、已经被经验过的，否则你无法识别。

所以，如果他们谈论宗教的、灵性的或超凡的经验——这个词完全被滥用了——你们必定对那种经验已有所知，所以能识别出自己有别于普通经验的东西。心必定能识别那种经验，这个结论应该是符合逻辑的、可靠的。识别意味着那是某种你已经知道的东西，因此它不是崭新的。

当你想获得宗教领域的经验，你想要，是因为你没有解决自身的问题，没有解决你日常的焦虑、绝望、恐惧和悲伤，因此你就想要更多的经验。在想要更多的需求当中就存在着欺骗。我认为，这个结论是非常符合逻辑、非常可靠的。并不是说逻辑总是正确的，但如果我们使用逻辑，恰当、理性地推理，就会知道推理的局限。对更广阔、更深刻、更重要的经验的需求，只不过进一步拓展了那条已知之路而已。我认为这一点是显而易见的，希望我们是在彼此交流、分享。

然后，在这样的宗教探究中，我们还要设法搞清楚真相是什么，是否存在真实的东西，是否存在超越时间的心灵状态。另外，寻找就意味着有一个寻找的人——不是吗？他在寻找什么？他怎么知道他找到的东西就是真实的？再者，假如他找到了真实的东西——至少他认为是真实的，那取决于他的制约、知识和过去的经验。因此寻找就只是他过去的希望、恐惧和期盼的进一步投射。

一个在质疑而不是在寻找的头脑，必然已完全从这两种行为——求取经验和寻找真相——中解脱了。我们能理解为什么，因为如果你在寻找，就会跑去找各种老师，读各种书籍，参加各种礼拜，追随各种古鲁，如此等等，就像逛街浏览橱窗。这样的寻觅没有任何意义。

所以，如果你在探究这个问题："具有宗教情怀的心是怎样的，不再经验任何东西的心具有怎样的品质？"你就必须搞清楚头脑是否能从对经验的需求中解脱出来，是否能彻底终止寻寻觅觅。我们观察的时候必须抛开任何动机、任何目的,如果存在无始无终的永恒状态,我们还必须抛开时间的因素观察。要探究那个问题意味着没有任何信仰,不皈依任何宗教、任何所谓灵性组织,不追随任何古鲁,因此也就没有任何权威——尤其是讲者的权威。因为你非常容易受影响,特别容易受骗,虽然你可能久经世故,可能知道很多,但你总在求什么,总想要什么,因此就容易受骗。

所以,一个在探究"什么是宗教"的心,必须从各种形式的信仰和恐惧中彻底解脱出来。我们前几天讲解过,恐惧是造成扭曲的因素,它会导致暴力和攻击。因此,正在探究宗教性状态和活动的心,必须没有恐惧。这需要了不起的诚实和高度的谦卑。

对大部分人来说,虚荣是主要障碍之一。因为我们认为我们知道,因为我们读了太多东西,因为我们已经许下承诺,练习过这个或那个系统,追随过一些贩卖自己哲学的古鲁。我们认为我们知道,至少知道那么一点,而这就是虚荣的开端。如果你在探究这样一个非凡的命题,就必须有对此实际上一无所知的自由。你确实不知道,不是吗?你不知道真相是什么,上帝是什么——不知道是否有这么个东西或者不知道真正具有宗教情怀的心是怎样的。你读过这一类东西,人们探讨了几千年,建造了寺院庙宇,但实际上他们在靠别人的知识、经验和宣教而活。要找到答案,显然我们必须把那些东西完全放到一边,因为探究这一切是非常严肃的事。你要是想玩玩,有形形色色所谓灵性、宗教娱乐活动可供选择,但那些东西对一颗认真的心来说没有任何意义。

要探究具有宗教情怀的心是怎样的,我们必须从我们的制约中摆脱出来,必须从基督教的教义、佛教的教义以及几千年来的所有宣教中摆脱出来,让头脑能真正自由地观察。这非常难,因为我们怕孤单,怕独立。我们想要安全——外在和内在的安全。因此我们依赖他人,不管他是牧师、领袖,还是那个说"我体验过了,所以我知道"的古鲁。我们必须完全独立而不是孤立。孤立和完全独立有着巨大的区别。孤立是一种关系终止的心灵状态,如果你在日常生活和行为中有意无意地在自己四周竖立围墙,以便不受伤害,那就是孤立,那种孤立显然阻碍了所有的关系。独立意味着心理上不依赖他人,不执着任何人,这并不意味着没有爱,爱并不是执着。独立意味着内心深处没有任何恐惧,因此也就没有任何意义上的冲突。

如果你走到了这一步,我们就可以进而搞清楚修炼的意义。对大部分人来说,修炼就是训练,就是重复;它就是克服障碍,或是抗拒、压制、控制、塑造、遵从。这一切都包含在修炼这个词当中。这个词的词根义是学习。一个愿意学习——不是愿意遵从——的心必须好奇,必须怀有巨大的兴趣;而一个已经知道的头脑,决不会学习。所以,修炼的意思就是学着了解我们为什么控制、压制、恐惧、遵从、比较,并因而身陷冲突。正是这样的学习带来了秩序,不是遵循方案或模式的秩序,而是在探究困惑和混乱的过程中就有秩序。大部分人有许多困惑的理由,暂时不必作深究。但我们必须了解困惑，了解我们所过的混乱生活；不是设法在困惑或混乱中实现秩序，而是去了解它们。然后，在你了解的过程中，秩序就产生了。

秩序是鲜活的东西，不是机械的，秩序当然就是美德。一颗困惑、遵从、模仿的心，是失序的，它身陷冲突。陷入冲突的心是混乱的，这样的心没有美德可言。在探究和学习中，秩序就会产生，而秩序就是美德。请在自己身上观察，看看自己的生活是多么混乱、多么困惑、多么机械。在那种状态下，我们却试图找到一种道德的生活，一种有序的、理性的生活。一个困惑、遵从、模仿的心怎么可能具有任何秩序、任何美德呢？正如你观察到的，社会道德是完全不道德的，它可能受人尊敬，但受人尊敬的东西一般都是混乱的。

秩序是必要的，因为全然的行为只能出自秩序，而行为即生活。可我们的行为却带来了混乱。生活中有政治行为、宗教行为、商业行为、家庭行为，这些行为都是四分五裂的。这样的行为自然会产生矛盾。你是个生意人，在家里却是个和善的人，至少你装作如此，这里有矛盾，因此就有混乱，混乱的心不可能懂得什么是美德。如今，种种恣意妄为横行世界，美德和秩序遭到否定。具有宗教情怀的心必须有这种秩序，但不是按照你或他人设定的模式或计划。只有了解了我们所处的混乱、困惑和困境，那种秩序、那种正直的品质才会出现。

这一切都是为冥想打下基础。如果你不打下这个基础，冥想就会变成逃避。你可以不断玩弄那种冥想，大部分人都在这么做——过着平庸、困惑、一团糟的生活，却莫名其妙地想找个角落让心灵安静。还有那么一群满口承诺的人，宣称可以带给你安静的心，不管那会是什么意思。

对于认真的心智来说，这是非常严肃的事，不是游戏：我们必须从所有的信仰、所有的承诺中解脱出来，因为我们致力于整个生活，而不是其中的一个片段。大多数人致力于物质革命或政治革命，或专注于某个宗教活动，献身于某种宗教生活、修道生活，等等。这些都是片段性的投入。我们在谈论的是自由，以便你能把全部的生命、全部的能量、精力和激情投入整个生活中，而不是其中的一部分。然后我们就能搞清楚冥想的意义了。

不知道你们到底有没有探究过这些。可能有些人闹着玩过，曾试图控制思想，曾追随各种系统，但那并不是冥想。我们必须抛弃外界提供给我们的种种系统：禅、超觉静坐以及来自印度和亚洲的各种束缚人的方法。我们必须探究关于系统、方法的问题，希望你们能这么做，我们在一起分享这个问题。

如果追随一个系统，你的心会怎样？系统和方法意味着什么？意味着古鲁？我不知道为什么他们管自己叫古鲁，我找不到一个足够强烈的词来拒绝整个世界的古鲁，拒绝他们的权威，因为他们认为他们知道。一个人要是说"我知道"，这种人其实并不知道；或一个人要是说"我已经体验了真理"，绝对不要信他。这些就是提供系统的人。系统意味着训练、追随、重复、改变"实际情况"，因此会助长你的冲突。系统使脑子变得机械，它们不会带给你自由，它们可能承诺你最终会有自由，然而自由出现在最初，而不是最终。要探究任何系统的真相，假如你没有最初的自由，就必然最终陷于某个系统，心必然失去细致、灵活和敏感的品质。所以你可以完全抛弃所有的系统。

重要的是不控制思想，而去了解它，了解思想的根源和开端，它就在你的内心。也就是说，脑子储存记忆。你可以自己观察这一点，没必要看这一类的书。如果它不储存记忆，就根本无法思考。那个记忆就是经验、知识的结果——你个人的、集体的、家庭的、种族的经验和知识等。思想就在记忆的仓库里滋生。所以，思想永不自由，它总是陈旧的，并不存在思想的自由这回事。思想本质上永远自由不了，它可以谈论自由，但本质上它是过去的记忆、经验和知识的结果，因此它是陈旧的。然而，我们必须积累知识，否则就无法运作，无法跟他人对话，无法回家以及做别的事。知识是必要的。

必须搞清楚，在我们冥想的过程中，知识是否已经退场，是否因而从已知中解脱了。如果冥想是知识的继续，是人类累积的一切的继续，那就不会有自由。只有了解了知识的功能并因而从已知中解脱出来，才会有自由。

我们在探究知识的领域，了解它在什么地方产生作用，在什么地方则是进一步探究的障碍。脑细胞连续运作的时候，它们只能在知识的领域里活动。这是脑子唯一能做的事，它只能在落入时间范畴的经验和知识的领域内运作，即在过去中运作。冥想就是为了找出是否存在一个尚未被已知染指的领域。

如果带着学过的东西冥想，带着已知冥想，那就是活在过去中，活在制约里。其中是没有自由的。我可能装饰所住的监狱，我可能在监狱中做各种各样的事，但限制仍在，铁窗仍在。所以心必须搞清楚，进化了几千年的脑细胞是否能完全安静下来，是否能响应一个它们不知道的维度。这也就是问，心能完全静止吗？

几千年来，宗教人士一直在探究这个问题。他们认识到心必须非常安静，因为只有那时候才能洞彻真相。如果你在喋喋不休，如果你的心不断骚动、四处乱窜，显然就无法全身心地看，全身心地听。所以他们就说："控制它，抓住它，把它丢进监狱。"他们没有找到让心彻底安静的方法。他们说："不要屈服于任何欲望，不要看女人，不要看美丽的山丘、林木，以及大地的丰美，因为你要是看了，可能会想起某个女人或男人。因此要控制，要忍耐，要专注。"要是那样，你就会陷于冲突，然后就需要更多的控制、更多的压制。几千年来都是如此，因为他们认识到必须有安静的心。那么，心怎样安静下来？不努力、不控制、不画地为牢，要怎样安静下来？你一旦问"怎样"，就是在引入一个系统，因此，不存在"怎样"的问题。

心能安静下来吗？如果你看到这个问题，如果你明白拥有一个细致敏锐的心，即绝对安静的头脑的必要和真相，我不知道你会怎么做。心怎样安静下来？这就是关于冥想的问题，因为只有这样的心才具有宗教性。只有这样的心才把整个生命视为一个统一体，一场统一的而非四分五裂的运动。因此，这样的心是整体运作的，而不是支离破碎的，因为它在彻底的静止中运作。

关系圆满、生活有序而道德、内心非常简单并因而浑然质朴——那种因为深刻的简单而透出的质朴，意味着心没有冲突——这就是冥想的基础。如果打下了这样的基础，没有任何刻意的努力——因为一旦努力，就会有冲突——你就看到了其中的真相。因此是对"实然"的了解带来了彻底的改变。

只有静止的心才明白在安静的心中发生的运动是截然不同的，属于截然不同的维度，具有截然不同的品质。这永远也无法用语言表达，它是不可言说的。不过，当你打下了那个基础，明白了心灵静止的必要、真实和美，那时候的状态则是可以言说、可以描述的。

对大部分人来说，美就在事物里，在一个建筑物里，在一朵云里，在一棵树的形状里，在一张美丽的脸上。美是外在的东西吗？还是美不再是自我中心的心灵品质？就像了解快乐，在冥想中也有必要了解美。美确实是对"我"的彻底舍弃，舍弃了"我"的眼睛能看到树木，看到它所有的美，看到云彩的可爱；没有了"我"这个中心，就能看到这一切。我们每个人都能看到，不是吗？当你看到一座动人的山，当你不经意撞见它，那就是美！万事抛到脑后，天地间唯有那山的壮美。那山、那树，完全吸引了你。

这就像小孩玩玩具——小孩被玩具吸引，玩具一坏，他就跌回了现实，回到了他的悲伤和哭泣中。我们也有类似的情形：看到山峰，看到山顶上孤零零的树，就被吸引了。我们想要被某样东西吸引，被一个观点、一个活动、一个承诺、一种信仰吸引，或想要被另一个人吸引。这就像小孩玩玩具。

所以，美意味着敏感，意味着敏感的身体，这有赖于正确的饮食、正确的生活方式。你要吃得正确，生活得正确，如果你已经走到了那一步的话。希望有一天你会走到那一步，或者现在就在做，那么你的心必然会自然而然、不知不觉地安静下来。你不能刻意让心安静，因为你就是伤害的制造者，你本身就是困扰、焦虑、困惑的——你怎么能让心安静？但是，如果你了解了安静，了解了困惑，了解了悲伤以及悲伤是否可以永远结束，如果你了解了快乐，在这份了解中，一颗极其安静的心就产生了，你不必刻意寻求。必须一开始就安静，第一步就是最后一步，这就是冥想。

提问者： 你刚才拿高山、丘陵、美丽的天空打比方，对这些人来说，这些比方并不恰当，不适合他们，应该拿肮脏的东西打比方。

克： 没错，拿纽约肮脏的街道打比方，拿脏乱、贫穷、贫民窟、战争打比方，我们每一个人都促成了这一切。你并不这么想，因为你把自己抽离了，你隔绝了自己，因此你跟另一个人没有关系，你变得腐败并允许这样的腐败蔓延世界。这就是为什么政治或宗教系统或任何组织都无法终结这些腐败、污染、战争和仇恨。你必须改变。没有看清这一点吗？你必须彻底结束你目前的状态。不是靠意志结束——冥想就是清空内心的意志，然后一种截然不同的行动就产生了。

问： 如果我们有幸能变得很有觉察力，那可以怎样帮助那些身受制约、心怀怨恨的人呢？

克： 请问，为什么你用"有幸"这个词？觉察有什么神圣、有什么荣幸的？那是很自然的事，不是吗？如果你觉察到自己的制约、混乱、肮脏、卑劣，争战、仇恨，如果你觉察到这一切，你就会和另一个人形成非常完美的关系，完美到你跟世上的所有人都有了关系。你了解吗？如果我跟某个人有了全然而充分的关系——这不是观念或意象——那我就跟世上的每个人都有了关系。然后，我就会看到我不会伤害他人，他们在伤害他们自己；然后，就去把这个领悟告诉他人，讨论它——不是意欲帮助他人，明白吗？说"我想帮助他人"是最糟糕不过的事了。你有什么资格帮人家？这当然包括讲者本身。

先生，你看，树木或花朵的美并没有帮你的想法，它们只是在那里。你需要自己去看那些肮脏或美，你要是看不到，那就去搞清楚你为什么变得如此冷漠、如此无聊、如此浅薄而空虚。一旦搞清楚后，你就踏入了生命的河流，什么也不必做。

问： 如实看到事物真实的样子跟意识有什么关系？

克： 你只能通过内容了解意识，而意识的内容就是世上正在发生的事，你是其中的一部分。清空这一切并不是说要没有意识，而是进入一个截然不同的维度。你无法揣测那个维度——把这个问题留给科学家，留给哲学家吧。我们能做的就是搞清楚能不能靠觉察、靠全然的关注来解除心的制约。

问： 我本身不知道爱是什么，真理是什么，或上帝是什么，但你形容说"爱就是上帝"，而不是"爱就是爱"。你能否解释一下为什么你说"爱就是上帝"？

克： 我没说爱就是上帝。

问： 我从你的一本书上读到……

克： 对不起，别读那些书！（听众笑）那个词已经被用滥了，它承载了人类多少的绝望与希望！你有你的上帝，共产主义者有他们的上帝。那么，我来提个建议吧，去搞清楚爱是什么！你只有了解爱不是什么才能知道爱是什么。不是理智上了解，而是真正在生活中把不是爱的东西推到一边——嫉妒、野心、贪婪，以及生活中产生的一切分别——你和我、我们和他们、黑人和白人。不幸的是，你不会那么做，因为那需要能量，而能量来源于你如实观察生活的真相并绝不逃避。要是如实看到了真相，在观察的过程中，你就会有能量超越它。如果试图逃避真相，想要解释它或克服它，你就无法超越它。只要如实观察就好，然后你就会有充沛的能量，就会找到爱的真谛。爱不是快乐，去真正搞清楚这一点，在内心里，为你自己。知道那是什么意思吗？那意味着没有恐惧、没有执着、没有依赖，那是一种彼此无二无别的关系。

问： 你能谈谈艺术家在社会中的作用吗？能谈谈艺术家服务于自身以外的职责吗？

克： 谁是艺术家？某些画画、写诗的人吗？某些想通过绘画或写书、写剧本表达自己的人吗？为什么我们把艺术家和其他人区分开？或者把知识分子和其他人区分开？我们把知识分子放在某个高度，把艺术家放在一个更高的位置，把科学家也放在同一个高度，然后问："他们在社会中起着什么作用？"该问的不是他们起着什么作用，而是你在社会里起着什么作用。因为是你造成了这个乱局。你起着什么作用？搞清楚这个问题，先生。也就是说，搞清楚为什么你活在这个肮脏、仇恨、悲惨的世界中，你显然无动于衷。

注意，你已经听了这些演讲，跟大家一起分享了一些事，已经有了许多领悟，但愿如此。那么你就成了正确关系的核心，因此改变这个糟糕、腐败、毁灭性的社会就是你的责任了。

问：先生，你能深入谈一下心理上的时间吗？

克：时间就是陈旧的岁月，就是悲伤，时间从不留意什么。这世上存在通过钟表显示的物理时间，必须有那样的时间，否则就无法赶上公共汽车，无法煮饭，无法做很多事。但还有另一种我们承认的时间，那就是"明天我会怎样，明天我会改变，明天我会变成……"我们在心理上创造了时间——明天。心理上的明天存在吗？这么严肃的质疑令我们充满恐惧。因为我们企盼明天:"明天我会很高兴见到你,明天我会明白的,明天我的生活会不一样,明天我会有所领悟。""明天"因而成了我们生活中最重要的东西。昨天你享受了性,非常快乐、非常兴奋——随便什么感觉——你明天还想要,你想要重温同样的快乐。

问问你自己,去搞清楚其中的真相。"到底有没有明天?"——除了在计划明天的思想中。所以,明天是思想发明的时间。要是心理上的明天不存在,今天的生活会怎样?那样一来,就会有了不起的革命,不是吗?那样一来,你的整个行动就会发生根本的改变,不是吗?然后,你就彻底完整了,你不再从过去透过现在投射未来。

那意味着去生活,意味着每一天都在死去。去做,你就会发现全然地活在当下意味着什么。那不就是爱吗?你不会说"我明天会爱",你要么爱要么不爱。爱无始无终,悲伤才有始有终——悲伤就是思想,就像快乐就是思想。所以我们得自己搞清楚时间是什么,是否存在"没有明天"的状态。那意味着去生活,那时就会有一种永恒的生活,因为永恒无始无终。

纽约市

1971年4月25日

第三章

人类的挣扎

与艾伦·诺德[1]的两次谈话

---

1 艾伦·诺德,音乐家,曾随侍克里希那穆提六年,担任他的秘书及助理,更重要的是(据其所说)做他的学生。现住美国。

人类的挣扎

> 作为人类,我为什么把我身外的世界跟我内心的世界以及我试图了解的世界分开?我对那个世界一无所知,却投入了孤注一掷的希望。

艾伦·诺德: 你谈到了整个生活。环顾四周,到处都那么混乱,人们似乎很困惑。放眼世界,我们看到战争、生态紊乱、政治及社会动乱、犯罪,还有工业化和人口过剩所引发的所有弊端。人类似乎越想解决这些问题就制造出越多的问题。还有人类自身,也充满问题。不但周遭世界千疮百孔,内心也问题丛生——孤独、绝望、嫉妒、愤怒——我们可以把这一切统称为困惑。而没多久,人就一命呜呼了。那么一直以来,我们都被告知,存在另一个东西,它有各种各样的名字——上帝、永恒、造物主。人类对这个东西一无所知。他试图为这个东西而活,跟它建立联系,却再度制造了问题。照你多次的教诲看来,人类必须找到一种方法来同时处理这三组问题,同时面对生活的这三个方面,因为这些都是人类无法回避的问题。那么,是否有一种合适的提问方式,能同时应对这三组问题呢?

克里希那穆提: 首先,先生,我们为什么做此分别?还是只存在一种活动,必须在其本身的变动中把握它?那么,先搞清楚我们为什么把整个存在划分为我身外的世界、我内心的世界以及超我。之所以这样划分,是因为存在外部的混乱,而我们就只关心外部的混乱,完全忽视了内心问题?由于解决不了外部混乱,也解决不了内心困扰,于是就试图在信仰中、在神灵中寻求出路?

诺: 是这样的。

克: 那么,当提出这样一个问题,我们是在分别处理这三件事,还是把它们当一回事?

诺: 我们怎样能把它们合而为一?它们是怎样联系的?人类怎样行动能融合它们?

克: 还没到问这些的时候。我会问:为什么人类把世界、把他的整个存在分为这三大类?为什么?我们先从这个问题开始。作为人类,我为什么把我身外的世界跟我内心的世界以及我试图了解的世界分开?我对那个世界一无所知,却投入了孤注一掷的希望。

诺: 是啊。

克: 那我为什么这么做?我们试问:是因为解决不了外部问题,无力处理那些混乱、困惑、毁灭、野蛮、暴力,以及所有正横行世界的恐怖,所以就转向内心并希望因而能解决外在的困扰吗?因为无力应付内心的混乱、内心的不满足、内心的野蛮与暴力,以及诸如此类的种种,因为同样无法解决任何内在问题,于是我们就撤离这两个地方,内在和外在,转向了其他维度?

诺: 是那样的。就是那么回事。

克: 那就是我们周遭及内心一直在发生的事。

诺: 是的。外部世界的问题引发了内心的问题。因为两边都处理不了,我们就创造出另外的希望,某种第三界的存在,我们称之为上帝。

克: 是的,一种外在力量。

诺: 一种能带来安慰、带来最终解决方案的外在力量。但事实上也确实存在外部问题:比如屋顶漏水、空气污染、河流干涸,有类似的问题存在啊,还有战争——这些都是看得到的外部问题。还有我们认为的内部问题,我们秘而不宣的渴望、恐惧和忧虑。

克: 是的。

诺: 有世界,有应对这个世界、生活在这个世界中的人类。所以,存在这两个实体——至少在某种现实上我们可以说它们存在。那么,很可能是人类解决现实问题的意图越了界,扩展到人类的内心状态,结果制造了问题。

克: 那意味着我们仍然把外在和内在当作不相关的两件事。

诺: 是的,确实如此。

克: 我觉得那是完全错误的方法。屋顶确实漏水,世界人口确实过剩,污染存在,战争存在,各种各样正在发生的不幸存在。因为解决不了那些事情，我们就转向内心世界；解决不了内心的困扰，我们又转向某个外在的东西，仍然远离一切现实。然而，要是我们能把整个存在当作一回事，也许就能明智、合理、有序地解决所有问题了。

诺： 是的。事情看起来如你所言。你能不能告诉我们，这三个问题怎么就确实是一回事？

克： 我就要谈到那个问题了，就要谈到了。我身外的世界就是我创造的——不是指树木、云朵、蜜蜂和山水的美，而是指人类关系的存在状态，即社会，那就是你和我创造出来的。所以世界就是我，我就是世界。我认为首先要确立的一点：不是把它当作推理出来的或抽象的事实，而是一种实实在在的感觉、实实在在的认知。这是事实，而不是假设，不是推理出来的概念，它是事实——我就是世界，世界就是我。世界，即我所生活的社会，它有它的文化、道德、不公，也带着社会上正在发生的和我自身行为中的种种混乱。我创造了社会的文化并困于其中。我认为那些就是最终的绝对的事实。

诺： 是的。人类怎么就没有充分看清这一点呢？我们有政治家、生态学家、经济学家以及士兵，他们全都试图把外部问题当作单纯的外部问题来解决。

克： 很可能是因为缺乏正确的教育，以及变得专业化的欲望，征服并登陆月球以及在月球上打高尔夫的欲望，还有其他种种。我们老是想改变外界，指望由此改变内心。

诺： 事实上，所有一流的大学，其中所有的专业、所有的专家，几乎可以说，当初之所以被创建，就是因为我们相信，靠一些不同科系的专业知识就可以改变世界。

克： 是的。我认为我们忽略了这个基本事实：世界就是我，我就是世界。我认为那种感受并非一个观念，那种感受带来了看待这整个问题的截然不同的视角。

诺： 这是个巨大的革命。把所有的问题看作一个问题，把所有的问题看作人类的问题，而不是环境的问题，这是巨大的一步，但世人是不会迈出这一步的。

克： 世人不会迈出任何一步。他们已经习惯了外在组织，他们完全漠视内心发生的一切。所以，如果认识到世界就是我，我就是世界，我的行为就不会有分离倾向，就不是跟集体相对的个体行为，行为的重点也不在个体和自身的救赎上。如果认识到世界就是我，我就是世界，那么不管做什么，不管发生什么转变，都将改变整体的人类意识。

诺： 能解释一下吗？

克： 我，作为人类，认识到"世界就是我，我就是世界"，认识到、感受到强烈的责任，并热切地关注这个事实。

诺： 是的，我的行为实际上就是世界，我的所作所为就是仅有的世界，因为世事就是世人的所作所为，而行为就是内在。内在和外在合二为一，历史上的事件、生活中的事件，实际上就是内在和外在之间的结合点。实际上，世事纷繁无非就是人类的所作所为。

克： 所以，世界的意识就是我的意识。

诺： 是的。

克: 我的意识就是世界。转机就藏在这个意识中,而不在于某个组织,不在于改善道路——不在于开山辟地,修建更多的道路。

诺: 也不在于建造更大的坦克、更厉害的洲际导弹。

克: 我的意识就是世界,世界的意识就是我。如果我的意识发生改变,就会影响整个世界的意识。不知你是否明白了这一点?

诺: 这是个惊人的事实。

克: 这是事实。

诺: 发生混乱的就是意识,此外别无混乱。

克: 显然如此!

诺: 因此世界的问题就是人类的意识问题,而人类的意识问题就是我的问题、我的弊病、我的混乱。

克: 所以,如果认识到我的意识就是世界的意识,世界的意识就是我,那么我的任何改变都将影响到意识的整体。

诺: 听到这种说法,世人总会说:听起来不错,我可以改变,不过印度支那半岛仍然会爆发战争啊!

克: 一点儿没错,会爆发的。

诺: 还有贫民窟,还有人口过剩。

克: 这些情况当然会存在。但要是我们每个人都看到这个真相,看到世界的意识就是我的意识,我的意识就是世界的意识;要是我们每个人都感到对此负有责任——政治家、科学家、工程师、官员、商人——要是大家都感受到这一点,那会怎样?让他们感受到这一点就是我们的工作,就是宗教人士的职责,对吧?

诺: 这是一项巨大的任务。

克: 等等,让我接着说。因此那是同一个运动,那不是个体的运动,不是他个人的救赎。如果你喜欢用救赎这个词,可以说它是人类意识的整体救赎。

诺: 整体和意识本身的状况,是一回事,其中包含了两方面,一个体现在外界,一个体现在内心。

克: 没错。我们不要偏离那一点。

诺: 所以你讲的就是,个体心智的健全、正常,跟意识的整体,实际上一直是一个不可分割的统一体。

克: 是的,没错。如果世人想要创建一个不一样的世界,那些教育家、作家、组织者,如果他们认识到他们要对世界的现状负起责任,人类的整体意识就会开始改变了。事实却相反,他们只强调组织、强调分歧。他们在做的完全是老一套。

诺: 一种有害的方式。

克: 一种毁灭性的方式。所以由此出现了一个问题:这人类意识,即我,即集体,即社会,即文化,即我在社会的大环境下、在这个文化、在我中制造的一切可怕之事,这个意识能彻底改变吗?这就是问题。不要逃入假想的神圣中,不要逃避。因为,如果我们懂得了意识中的这个改变,神圣就在了,不必寻找。

诺: 你能解释一下意识的改变包含哪些内容吗?

克: 我们现在就要讨论这个问题。

诺： 也许接着还可以探讨一下神圣，如果涉及的话。

克： (停顿)首先，意识的改变有任何可能吗？还是意识上的改变根本不是改变？要谈意识中发生的改变，指的就是从这变到那。

诺： 这和那，两者都在意识的范畴之内。

克： 那就是我首先想确定的事。当我们说意识必须改变时，那种想法仍然在意识的领域之内。

诺： 我们看待问题的方式、看待解决之道的方式，即我们所谓改变——全都在同一领域内。

克： 全都在同一领域内，因此根本谈不上改变。换句话说，意识的内容就是意识，两者密不可分。那一点也是我们要清楚的。意识是由人类积累的所有事情组成的，比如经验、知识、痛苦、困惑、毁灭、暴力——这一切都是意识。

诺： 加上所谓解决之道。

克： 上帝，非上帝，关于上帝的各种理论，这一切都是意识。我们谈论意识中的变化时，不过是从意识的一个角落跑到另一个角落，改变的只是一些意识的片段。

诺： 是的。

克： 把同一个特征转移到这个领域的另一个角落。

诺： 耍弄这个巨大箱子里的内容。

克： 是的，耍弄其中的内容。因此……

诺： 因此我们在同一类事情上耍出各种花样。

克： 没错！你表达得好极了，比我好。谈论变化时，我们想的其实就是耍弄那些内容，不是吗？那就意味着有一个耍弄者和他在耍弄的东西。但这还是在意识之内。

诺： 现在有两个问题出现。你是说，在意识的内容之外根本不存在意识？第二，在这个意识的内容之外，根本不存在一个耍弄的实体，根本不存在一个叫作"我"的实体？

克： 显然不存在。

诺： 这是两个重要的说法，先生。你能好心解释一下吗？

克： 第一个问题是什么？

诺： 如果我理解正确的话，你说的第一件事是：我们在讨论的这个意识，即我们所是和所有的一切，我们看到它就是问题本身，你说这个意识即它的内容，你说在意识的内容之外别无意识？

克： 完全正确。

诺： 你的意思是，在人类的问题之外，在他的不幸、他的思考、他头脑的构想之外，别无我们所谓意识了？

克： 完全正确。

诺： 这是个重要的说法。能解释一下吗？我们都认为——在太古时代，印度的宗教也已作了如此假设——在我们谈论的意识之外，还存在着一个超级意识。

克： 要搞清楚是否存在超越于这个意识之外的东西，就必须了解这个意识的内容。头脑必须超越它自己，然后我才能搞清楚是否存在其他的东西。去构想这个东西是没有意义的，那只是推测。

诺： 所以你的意思就是，我们通常所说的意识，我们现在在讨论的意识，就是意识的所有含义？容器和被容纳的东西是一个不可分割的整体？

克： 没错。

诺： 你说的第二点是：如果没有被耍弄的内容，就没有一个做出决定、生出意愿、进行耍弄的实体。

克： 也就是说，我的意识就是世界的意识，世界的意识就是我。这是一个真相，而不是我刚好创造的理论，它也不取决于你接受与否。这是一个绝对的真相。意识的内容就是意识，也一样是绝对的真相：没有内容就不存在意识。当我们想要改变内容的时候，我们就是在空耍花样。

诺： 是内容自己在耍花样，因为你的第三个观点是，内容之外根本没有其他人在耍任何花样。

克： 完全正确。

诺： 所以耍弄的人跟内容是同一个东西，容器和所容纳的内容也是同一个东西。

克： 在这意识之内的思考者说他必须改变，但他就是试图改变的意识本身。我认为这一点是非常清楚的。

诺： 所以，世界、意识以及本来以为将改变意识的实体都是同一个实体，它在参加化装舞会，仿佛自己是三个不同的角色。

克： 如果事情就是这样，那人类将怎样彻底清空意识内容呢？这特别的意识，它即我，也是充满不幸的世界，它该怎样彻底改变呢？心——即意识、意识的内容、所有过去累积的知识——该怎样清空自身的所有内容呢?

诺: 但听了你所说的,因为没有完全了解,人们会说:那个意识能被清空吗?如果意识被清空了,假设这真有可能,难道不会使人陷入严重糊涂和迟钝的状态吗?

克: 正好相反。要得出这个观点,需要大量的质疑、大量的推理和逻辑,其中就会有智慧产生。

诺: 因为有些人认为,你所说的那种意识空空的状态就是刚出生的婴儿的状态。

克: 不,完全不是,先生。我们慢慢来探究这个问题,一步一步来。让我们再从头开始;我的意识就是世界的意识,世界就是我,我的意识内容就是世界的内容,意识的内容就是意识本身。

诺: 也就是那个说他是有意识的实体本身。

克: 认识到这些真相后,我问自己,那么被改变的是什么?

诺: 被改变的是什么?它将解决那三组问题,实际上,是一个问题。

克: 改变意味着什么?革命——不是物质世界的革命——意味着什么?

诺: 我们谈论的革命已经超越了那个。

克: 物质世界的革命是最荒谬、最原始、最不智的破坏。

诺: 是这个意识的分裂。

克: 是的。

诺: 你是在问,什么将恢复这个意识的秩序吗?这里是指全然的秩序。

克： 在这个意识中能实现秩序吗？

诺： 那是下一步的事情？

克： 那是你提出的问题。

诺： 没错。既然我们看到混乱(它就是悲伤和痛苦)就是这个不可分割的意识中的混乱，那么下一个问题一定是：我们打算怎么办？

克： 是的。

诺： 既然不存在可以采取行动的实体……

克： 等等，不要立即跳到那一点。

诺： 因为我们已经明白那个实体就是混乱本身。

克： 我们认识到了吗？没有。我们认识到思考者就是这个意识的一部分而并不是这个意识之外不同的实体了吗？我们认识到观察者，那个在检视、在检查、在分析、在察看一切内容的观察者，就是内容本身了吗？我们认识到观察者就是内容了吗？

诺： 是的。

克： 但说出真相是一回事，真正认识到它又是另一回事。

诺： 没错。不存在一个跟我们想要改变的东西不一样的实体，我认为我们没有完全理解这一点。

克： 谈论改变的时候，我们似乎认为存在着一个有别于意识的实体，它能为意识带来改变。

诺： 我们认为我们能以某种方式从混乱中跳出来，看着它，耍弄它。我们总是对自己说："好吧，我还在这儿，我有办法的。"于是我们就要出越来越多的花样。

克：更多的混乱，更强烈的困惑。

诺：改头换面了一下，但事情变得更糟。

克：世界的意识就是我的意识。在那个意识中尽是人类的努力、人类的苦难、人类的残忍和不幸，所有的人类活动都在这个意识当中。人类在这个意识中制造了一个实体，然后说："我跟我的意识是不同的。"观察者在那儿说："我跟我观察的东西是不一样的。"思考者说："我的思想跟我是不一样的。"首先，是这么回事吗？

诺：我们都相信这两个实体是不一样的。我们对自己说："我绝不能生气，我绝不能悲伤，我必须提升自己，必须改变自己。"我们一直在自觉不自觉地说着这样的话。

克：因为我们认为这两者是不同的。现在，我们想要指出它们不是不同的，它们是同一个东西，因为如果没有思想就不存在思考者。

诺：没错。

克：如果没有被观察者就不存在观察者。

诺：每一天都有无数的观察者和思考者。

克：我刚刚说：是这么回事吗？我看到那只红尾鹰飞走了。我看到了。我观察那只鸟的时候，我是带着对那只鸟的意象在看，还是仅仅在单纯地观察？只有单纯的观察吗？如果存在意象，即语言、记忆等，那就存在一个观察者在看那只鸟飞走。如果只有单纯的观察,就不存在观察者。

诺: 为什么我带着意象看那只鸟就有一个观察者存在?能解释一下吗?

克: 因为观察者即过去。观察者即检查员,即累积的知识、经验和记忆。那就是观察者,他带着那些东西观察世界。他累积的知识跟你累积的知识是不一样的。

诺: 你的意思是,这整个意识,即问题,它跟那个要面对它的观察者是同一个东西,看起来我们陷入了僵局,我们努力要改变的东西就是那个要去改变它的人?我的问题是:然后呢?

克: 正是。如果观察者就是被观察者,意识中发生的改变是什么性质的?我们就要搞清楚这个。我们知道意识必须彻底革命。怎么革命?靠观察者?如果观察者跟被观察者是分离的,那么这个改变就只是耍弄各种意识的内容。

诺: 没错。

克: 让我们慢慢来。我们认识到,观察者即被观察者,思考者即思想,这是事实。我们再来讨论一下这一点。

诺: 你是说思考者就是制造混乱的一切思想的总体?

克: 思考者即思想,不管多少。

诺: 但两者存在区别啊,因为思考者认为自己是某种结晶体。甚至在这场讨论的过程中,思考者就把自己视为囊括了一切思想、一切困惑的实体。

克: 你所说的实体就是思想的结果。

诺: 那个实体是……

克：是思想拼凑而成的。

诺：由他的思想拼凑成的。

克：思想，而不是"他的"思想，是思想。

诺：好。

克：思想看到必须有改变，于是，这个实体，即思想的结果，希望改变内容。

诺：改变它本身。

克：于是观察者和被观察者之间就爆发了一场战争。战争的内容包括设法控制、改变、塑造、压制、来个新造型，如此等等，那就是我们生活中一直在发生的战争。但如果头脑了解了真相，即观察者、体验者、思考者就是思想，就是经验，就是被观察者，那会怎样？那就会知道必须有根本的变化。

诺：这是事实。

克：观察者，想要做出改变的观察者，如果他认识到自己就是要被改变的一部分呢？

诺：认识到他实际上在假装成警察，贼喊捉贼。

克：没错。然后会怎样？

诺：你知道，先生，人们不会相信这一套的，他们会说："通过训练，我会把烟戒掉；通过训练，我会早起，我会减轻体重，我会学好外语。"他们说："我是自己命运的主人，我可以改变。"每个人对此深信不疑。每个人都相信他能以某种方式训练意志，改变自己的生活、自己的行为、自己的想法。

克：这么说来，我们还得了解一下努力的意义。努力是什么，到底为什么存在努力。那是实现意识转变的方式吗？靠努力、靠意志来实现意识的转变吗？

诺： 是的。

克： 那意味着什么？意味着要靠冲突实现转变。运用意志，即抵抗、克服、压制、抗拒、逃避——这一切都是意志的活动。生活从此就是一场无休止的战斗。

诺： 你是说事实上只是意识中的一个因素在操纵另一个？

克： 显然是这样。意识的一部分操纵另一部分。

诺： 所以，根据那个情况来看，冲突就会继续存在，混乱就会继续存在？好，这点清楚了。

克： 所以核心问题依然在那里。意识和与意识有关的一切必须实现根本的转变。那么，怎样实现？这是真正的问题。

诺： 是的。

克： 我们处理问题的时候，假定了意识中的某一部分比剩下的其他部分高级。

诺： 我们确实这么假定了。

克： 被我们称为高级部分、智慧、才智、理性、逻辑的那部分，是很多其他部分的产物。一部分假定自己是其他部分的权威，但它仍然只是其中的一部分，于是它跟其他部分之间就爆发了战争。所以这一部分解决不了问题，能明白吗？

诺： 因为它引发了分别和冲突，而那就是我们一开始要解决的问题。

克： 也就是说，有男人与女人之分，就会有冲突；有德国和英国或俄国之分，就会有冲突。

诺： 这一切都是意识本身的分别。那么，运用意志改变意识也仍然是意识当中的分别。

克： 所以我们不要以为靠意志就能改变意识的内容。这就是要了解的重点。

诺： 是啊，运用意志只是意识的一部分对另一部分的专制。

克： 这点好理解。我们还认识到从意志中解脱就是从这部分意识中解脱。

诺： 但是全世界的宗教一直都在呼吁世人要有意志，要有意志做点儿什么。

克： 是的。但我们在否定这一切。

诺： 是的。

克： 那么心要怎么做，或者不要怎么做，如果它看到靠意志没有结果，如果它看到意识的一部分引导另一部分仍然是一片四分五裂并冲突依旧——因此仍然陷于苦难的境地？那么，这颗心该怎么办？

诺： 是的，这才是真正的问题。

克： 现在，对于这样一颗心，有什么可做的吗？

诺： 如果你这么说，有人会说："如果没什么可做，杂耍就会继续。"

克： 不是的，先生。注意！只有我们运用意志的时候，杂耍才会继续。

诺： 你是说我们在讨论的杂耍以及改变的意图，实际上都是意志的小把戏？

克： 我的意志反对你的意志，等等。

诺： 我的意志反对另一部分的我。

克： 类似，等等。

诺： 我想要抽烟的欲望……

克： 正是。心一开始说："我必须改变。"后来它认识到宣称自己必须改变的那部分跟另外的部分仍然有冲突，仍然是意识的一部分。它认识到了。因此它还认识到，人类想当然地认为，他们已经习惯的意志，是实现改变的唯一方法……

诺： ……并不是带来改变的因素。

克： 并不是带来改变的因素。因此这样的心已经到达非同一般的高度。

诺： 它已经清除了许多东西。

克： 清除了一大堆垃圾。

诺： 它消除了内外之分、意识与其内容之分，也消除了有意识的实体与属于他的意识以及各个部分之间的分别，还消除了意识不同部分之间的分别。

克： 然后会怎样？明白了这一切，心会怎样？不是明白一个理论，而是真切地感受到这个真相并且说："我的生活与意志永别。"这意味着我的生活再没有抗拒。

诺： 这真是不可思议，就好像有一天在地底下发现了天空一样。这是个巨变,不可预测的巨变。

克: 它已经发生了。我这么认为。

诺: 你是说不再有意志,不再有努力,不再有内外之分……

克: ……意识不再四分五裂。

诺: 不再四分五裂。

克: 了解这点很重要,先生。

诺: 不再区分观察者和被观察者。

克: 那意味着什么?意识不再四分五裂。意味着意识只在各部分发生冲突的时候才存在。

诺: 我不懂。意识即它的各个部分?

克: 意识即它的各个部分,就是各个部分的争斗。

诺: 你的意思是,之所以存在各个部分就是因为它们处于冲突中、斗争中?如果它们彼此没有斗争,它们就不是四分五裂的各个部分,因为它们就不是作为部分在运作了?一部分作用于另一部分的情况停止了。那就是你所指的四分五裂的含义。那就是四分五裂。

克: 看看会怎样!

诺: 如果各部分不彼此对立,也就没有所谓各部分了,它们就消失了。

克: 当然!如果巴基斯坦和印度……

诺: ……如果不再打仗,就没有巴基斯坦和印度了。

克: 当然。

诺： 你是说这就是改变？

克： 等等，我目前还不确定。我们还会探究下去。一个人内心认识到世界就是"我"，我就是世界，我的意识就是世界的意识，世界的意识就是我。意识的内容以及所有的苦难等即意识本身，在意识中有无数的意识片段，这么多片段中的一部分变成了权威、审查官、观察者、检查者、思考者。

诺： 老大。

克： 老大。所以他维持着四分五裂的状况。要重视这句话的意思。一旦当起了权威，它就必然维持分裂。

诺： 没错，显然如此。因为它是意识的一部分，作用于其他部分。

克： 因此他必然维持冲突。而冲突就是意识。

诺： 你曾说过，片段就是意识。你现在说的意思是片段实际上就是意识的内容。

克： 当然。

诺： 片段就是冲突，没有冲突就没有片段？

克： 意识什么时候会活跃起来？

诺： 处于冲突的时候。

克： 显然的。否则就有自由了，就有观察的自由了。所以只有毫无冲突时，意识以及和意识有关的一切才能产生根本的革命。

加利福尼亚，马利布

1971年3月27日

善与恶

> 我们一旦主张存在绝对的恶,那种主张本身就是对善的否定。善意味着完全放弃自我。因为"我"总是引起分裂。

艾伦·诺德: 善与恶确实存在吗,还是仅仅是受条件制约的观点?有恶这回事吗,如果有,那是什么?有罪这回事吗?有善这回事吗?真正的、深刻的善是什么?

克里希那穆提: 今天早上我也在思考跟你的问题相同的主题。我在想,绝对的善和绝对的恶是不是存在,比如基督教教义中的罪以及东方观念中的业——指会滋生更多苦难、更多悲伤的行为,然而一旦脱离悲伤和痛苦的冲突,善就诞生了。我那天思考这个问题是因为在电视上看到一些人在屠杀海豹的幼仔。太残忍了,我连忙扭头。杀生永远是错的,不管是杀人还是杀动物。宗教人士——不是指信仰宗教的人,而是真正具有宗教情怀的人——他们总是避免任何形式的杀生。当然,你吃蔬菜就是在杀蔬菜,但那是最微不足道的杀生,只是为了最单纯的生存,我不会把那称为杀生的。我们注意到,在印度、欧洲、美国,战争中的杀生是大众接受的,战争就是有组织的谋杀。此外还有用语言、用手势、用眼神、用鄙视"杀"人,这种杀生也是宗教人士所谴责的。尽管如此,杀生一直在继续,杀生、暴力、残忍、傲慢、好斗最终在人类的行为或思想中全都占据了上风,我们伤害他人,残酷地对待他人。此外我们看到,在北非和法国南部的那些古老洞穴中,有人类跟动物战斗的壁画,那也许被理解为跟邪恶战斗。或者战斗是一种消遣,杀点儿什么,征服一下?看着这一切,我们问,是否有这样一种东西,其本质就是恶,完全没有一点儿善?恶与善的距离有多远?恶是善在减少,慢慢变成了恶?或者善是恶在减少,逐渐变成了善?也就是说,通过时间的介入,善可以转为恶,恶可以转为善吗?

诺: 你的意思是,它们是不是一个硬币的两面?

克: 是一个硬币的两面,还是完全不相关的两样东西?那么,什么是恶,什么是善?基督教世界、宗教裁判所过去常因为异端邪说把人烧死,他们认为那是善。但直到近代,始终存在一个群体,认为任何形式的杀生都是恶。因为经济上和文化上的原因,现在这一切在慢慢消失。

诺: 你的意思是那个避免杀生的群体……

克: ……在逐渐消失,情况就是这样。那么,是否有绝对的善、绝对的恶这回事呢?还是有个等级——相对的善和相对的恶?

诺: 除了是受条件制约的观点,善恶还是存在的事实吗?比如,对法国人来说,二战时候侵略他们的德国人就是恶的;同样,对德国人来说,德国士兵就是善的,是保护的象征。存在绝对的善与恶吗？还是那只是受条件制约的观点得出的结论？

克： 善取决于环境、文化和经济条件吗？如果答案是肯定的，那是善吗？在环境、文化的制约下，善能绽放吗？恶也是环境影响下的文化造成的吗？它在那个框框内运转，还是在它之外运转？如果我们问：有绝对的善和绝对的恶吗？那么这些问题必然包含其中。

诺： 对。

克： 首先，什么是善？"善"(goodness)这个词不是跟"上帝"(God)这个词有关吗？上帝是善、真理、杰出的最高形式，而能在关系中代表上帝般的高尚品质的，就是善；任何与之相反的东西就被认为是恶。如果善与上帝有关，那么恶(evil)就与魔鬼(devil)有关。魔鬼是丑陋的、黑暗的……

诺： ……畸形的……

克： ……扭曲的，以及有蓄意伤害性的，比如想伤人的欲望——这一切都与善相悖。这个观念也就是，上帝是善，魔鬼是恶，对吗？那么，我想我们多少已经指出了什么是善、什么是恶。所以我们就要问是不是有绝对的善以及绝对的、无法挽回的恶这回事。

诺： 事实上的恶，像实实在在的东西。

克： 因此我们首先来检查是否有绝对的善。不是指跟上帝有关的善，也不是指努力接近上帝旨意的善，那样的话，那善就沦为了投机行为。因为在很多人看来，信仰上帝实际上就是假装信仰某些东西——某些伟大、高贵的东西。

诺： 还有幸福？

克： 幸福以及别的。那什么是善？我觉得善是全然的秩序。不但外在有序，特别是内在也有序。我认为秩序可以是绝对的，比如在数学中，我相信存在完美的秩序。而正是失序导致了混乱、破坏、无政府状态，以及所谓恶。

诺： 是的。

克： 只要我们的存在有全然的秩序，头脑、心灵、身体活动都有序，这三者的和谐就是善。

诺： 希腊人过去常常说，完美的人把自己的头脑、心灵、身体调节到了完全和谐的状态。

克： 的确如此。那么我们暂时就说善是绝对的秩序。由于大多数人都生活在混乱中，他们促成了世上的每一种伤害，那最终导致了破坏、残忍、暴力，导致了各种心理和生理的创伤。对那一切，或许一个词就可以概括："恶"。不过我不喜欢"恶"这个词，因为它充满基督教的气息，带着谴责和偏见。

诺： 带着制约。

克： 没错。在印度和亚洲，"恶"啊"罪"啊这些词总是非常沉重——就像"善"这个词也总是沉甸甸的。所以，我们可不可以抛开堆积在这些词上的所有东西，重新审视它们。也就是这样来问：人的内心存在绝对的秩序吗？这绝对的秩序能在内心实现并因而也在外部世界实现吗?因为世界就是我,我就是世界;我的意识就是世界的意识,世界的意识就是我。所以,如果人类的内心有了秩序,世界就有了秩序。那么这个秩序,彻底的秩序,究竟是不是绝对的?这意味着:头脑、心灵和身体活动都有序,也就是完全和谐。要怎样实现?这是一点。

接着另一点是:秩序是照搬一个计划吗?秩序是思想、心智预先制定好的,然后用心在行动中复制吗?或者是在关系中复制?秩序是一张蓝图吗?这个秩序要怎样实现?

诺: 是啊。

克: 秩序是美德。混乱不是美德,它是有害的,具有破坏性,是不道德的——如果我们可以用这个词的话。

诺: 我想到梵语里的一个词"Adharma"(罪)。

克: "Adharma",是的。那么,秩序是照知识、思想所描绘的图样拼凑而成的东西吗?还是秩序不属于思想和知识的领域?我们觉得存在绝对的善,这不是一个情绪化的观念,而是我们知道,如果深入探究自己,就会发现有这样一个东西:全然的、绝对的、不可改变的善或秩序。这个秩序并不是思想拼凑而成的。如果它是,那就是在遵照一个蓝图,一旦被模仿,就会导致混乱或遵从。遵从、模仿以及否定实然,都是混乱的开始,最终导致可能被称为恶的东西。所以我们问:善,即(我们所说的)秩序和美德,是思想的产物吗?也就是说,善可以靠思想来培养吗?美德可以培养吗?培养意指慢慢形成,那意味着时间。

诺： 思想合成品。

克： 是的。美德是时间造就的吗？秩序因而是关于演化的事吗？绝对的秩序、绝对的善也因此是件慢慢形成、慢慢培养的事,全都涉及时间？我们那天说过,思想是记忆、知识和经验的反应,就是发生在过去、储藏在脑子里的东西。过去是在脑细胞本身当中。那么,美德存在于过去,因而是可以培养、可以促进的？还是美德、秩序只在当下？当下跟过去无关。

诺： 你是说,善就是秩序,而秩序不是思想的产物。但秩序,如果确实存在的话,一定存在于行为中,行为是存在于现实世界以及关系中的。人们总是认为,关系及现实世界中的恰当行为一定是有所计划的,秩序总是计划的结果。人们经常有那种想法,当他们听了你的演讲,听到觉察,即你讲到的其中没有思想活动的状态,他们觉得那是一种无形的能量,它可以没有活动,可以跟人和种种事情、行为都无关。他们认为那因此就没有真正的价值,而不是你可能认为的具有现世的、历史性的意义。

克： 是的,先生。

诺： 你说,善就是秩序,秩序不是计划出来的。

克： 我们谈到秩序的时候,指的不就是行为中的秩序、关系中的秩序吗,不是抽象的秩序、天堂里的善,而是当下的关系及行为中的秩序和善。谈到计划，显然某个层面上一定要有计划。

诺：比如建筑。

克：建筑、修建铁路、登陆月球，等等，那都必须有设计、计划，必须非常协调、非常理智地运作。我们当然不会把这两者混淆：一起执行某些方案，打造一个布局良好的城市、一个团体——那一切都需要计划、秩序与合作。我们在谈的却是某些截然不同的东西。我们问的是人类的行为中是否存在绝对的秩序，如果人的内心有绝对的善，比如秩序，那么世界就会有绝对的善。我们说了，秩序不是计划出来的，它永远无法被计划。如果计划秩序，头脑就是在追求安全，因为脑子需要安全；追求安全，头脑就会压制、破坏、歪曲真相并试图遵从、模仿。而这模仿和遵从就是混乱，所有的伤害就从那里开始，包括神经官能症以及头脑和心灵的种种扭曲。计划意味着知识。

诺：意味着思考。

克：意味着知识、思考以及把思想组织成观点。那么我们问：美德来自计划吗？显然不是。一旦你的生活按照某个模式亦步亦趋，你就不是在生活，而只是在遵从某个标准，因此遵从就导致了内心的矛盾。"实然"和"应然"滋生了矛盾，因而产生了冲突，而那冲突正是混乱的根源。所以，秩序、美德、善就在当下这一刻。因此它摆脱了过去。那自由常常是相对的。

诺: 怎么说?

克: 我们可能被我们所处的文化制约,被环境等制约。我们要么从所有制约中完全解脱出来并因而处于绝对的自由,要么只是解除了部分制约。

诺: 是的,摆脱了某一类制约……

克: ……又陷入另一类制约。

诺: 或者就只是抛弃了像基督教教义及其戒律这样一类的制约。

克: 所以,那种缓慢的抛弃可能显得有序,但其实不是。因为逐层剥去制约可能暂时给你一种自由的表象,但并不是绝对的自由。

诺: 你是说,自由不是摆脱个别制约造就的?

克: 没错。

诺: 你说过,自由在最初而不在最后。那就是你所指的意思吗?

克: 是的,正是。自由在当下,不在未来。所以,自由、秩序或者善,就在当下,表现在行为中。

诺: 是的,否则毫无意义。

克: 否则根本没有意义。关系中的行为,不仅指跟某个亲近的人的,也指跟每个人的。

诺: 如果没有过去这些促使大多数人行动的因素,什么将促使我们的行动呢?那种自由对大多数人来说,是无形无相的东西,它是那么不可捉摸,就如一片灰暗的天空。在那种自由中有什么能让我们在人类世界行事有序呢？

克： 先生，你看。我们在上次谈话中说过，我就是世界，世界就是我。我们说，世界的意识就是我的意识，我的意识就是世界的意识。如果你说了类似的话，那要么是随口说说的事，且因此毫无意义；要么就是真正的、鲜活的、至关重要的事。如果你领悟到那是至关重要的，在那种领悟中就会产生慈悲——真正的慈悲，不是对一两个人，而是对所有人、对万事万物的慈悲。自由就是这慈悲，它不像观念那么抽象。

诺： 不是退隐的状态。

克： 我的关系只在当下，而不在过去，因为如果我的关系植根于过去，我就跟当下失去了联系。所以自由就是慈悲，真正深刻地认识到我就是世界，世界就是我，就会有那样的慈悲。自由、慈悲、秩序、美德、善是一个东西，它是绝对的。那么怎样的关系具有非善，即具有所谓恶、罪、原罪？怎样的关系具有不可思议的秩序？

诺： 那不是思考、文明和文化的产物。

克： 这两者之间有什么关系？没有任何关系。所以如果我们离开了这个秩序——离开的意思就是指行为不端——我们就滑入了恶的深渊了吗，如果可以用那个词的话？还是恶跟善是截然不同的？

诺： 背离善的秩序就是坠入了恶的深渊吗？还是这两者根本风马牛不相及？

克： 是的。我可能行为不端，我可能说谎，我可能有意无意伤害他人,但我可以清除它。我可以通过道歉,通过说"原谅我"抹去我的过失。马上就可以做。

诺: 可以结束它。

克: 所以我发现一件事,就是:如果不结束它,日复一日在心里装着它,比如憎恶,比如怨恨……

诺: ……内疚、恐惧……

克: 那会滋养恶吗?懂我的意思吗?

诺: 懂。

克: 如果我继续这一切,如果我的心里一直怀着对你的怨恨,一天天继续,怨恨包括憎恶、羡慕、妒忌、敌意——这一切都是暴力。那么,暴力跟恶以及善有什么关系?我们用"恶"这个词非常……

诺: ……谨慎。

克: 谨慎。因为我根本不喜欢这个词。那么,暴力跟善之间有什么关系?显然毫无关系!但我所培养的暴力——不管是社会的产物,是文化、环境的产物,还是遗传自动物的——那种暴力,只要意识到,都可以清除掉。

诺: 是的。

克: 不是逐渐清除,而是像你擦干净……

诺: ……就像抹去墙上的一点儿污迹。

克: 然后你就永远沐浴在善之中了。

诺: 你是说善就是完全否定?

克: 是的,一定是。

诺: 那样的话,否定跟肯定就毫不相关,因为那并不是逐渐减少或逐渐累积肯定的结果。只有肯定完全不存在时，才存在否定。

克：是的。我反过来说吧。否定怨恨，否定暴力，以及否定暴力的延续，那种否定就是善。

诺：就是清空。

克：暴力的清空就是善的充实。

诺：因而，善就永远完好无损。

克：是的，它永不会被破坏，不会四分五裂。先生，等等！那是否有绝对的恶这回事呢？不知道你是否思考过这个：我在印度看过泥塑的小雕像，上面插着针啊、刺啊，我经常能看到，那个塑像代表的应该是某个你想伤害的人。印度有非常长的刺，你见过的，灌木丛中的那种，它们被刺入那些泥塑雕像中。

诺：我不知道印度有这种事。

克：我亲眼见过。存在一种坚决想要对他人作恶、想要伤害他人的行为。

诺：一种恶意。

克：一种恶意，一种丑陋、切齿的仇恨。

诺：蓄意的恶行。那必定是恶，先生。

克：那跟善——即我们说到过的一切——有什么关系？那是真正的恶意伤害他人。

诺：可以说是有组织的混乱。

克：有组织的混乱，即反对善的社会所引发的有组织的混乱。因为社会就是我，我就是社会，如果我不改变，社会就无法改变。但这件事就是蓄意伤害他人，不管它是不是像战争一样有组织。

诺： 在印度，人们刺扎小雕像，实际上，有组织的战争就是你所说的这种现象的集体表现啊。

克： 那种事众所周知，就像大山一样古老。所以我问，这种有意无意伤害他人的欲望，屈服于它，滋养它，那是什么？你认为那是恶吗？

诺： 当然。

克： 那我们就不得不说那种意图就是恶。

诺： 好斗是恶。暴力是恶。

克： 等等，看清楚！意图就是恶，因为我想伤害你。

诺： 可是有些人或许会说：意图善待你——那种意图也是恶吗？

克： 你无法意图行善。你要么善，要么不善，你无法意图善。意图即思想的集中，就如抗拒。

诺： 是的，你说过善没有蓝图。

克： 所以我问：恶跟善有关吗？还是这两样东西是完全分开的？有绝对的恶这回事吗？有绝对的善，但绝对的恶不可能存在，不是吗？

诺： 是的，因为恶总是日积月累的，它总是在某个程度上。

克： 是的。所以，当一个人怀着强烈的意图想伤害另一个人，中间发生了某些事情、某些变故，他忽然产生了某种慈悲或关切，那可能就会改变整件事。但说什么存在绝对的罪、绝对的恶，那么说就是最恐怖的，那就是恶。

诺： 基督徒把恶人格化，创造了撒旦，认为它是一股恒久不变的力量，几乎与善并驾齐驱、与上帝并驾齐驱。基督徒几乎把恶崇拜得永垂不朽了。

克： 先生，你见过印度的那些灌木丛吧，它们长着很长的刺，几乎有两寸长。

诺： 是的。

克： 有些蛇有剧毒，致命的剧毒，有些自然界的动物残忍得惊人，比如大白鲨，我们那天见到的那个吓人的东西。那些是恶吗？

诺： 不是。

克： 不是？

诺： 不是恶，先生。

克： 它们在保护自己，长那些刺是为了保护自己的叶子不被动物吃掉。

诺： 是的，蛇含剧毒也是一样。

克： 蛇也一样。

诺： 鲨鱼的残忍也是天性使然。

克： 那么要明白这意味着什么。任何肉体上的自我保护都不是恶。但是心理上保护自己，抗拒任何变动，就会导致失序。

诺： 请允许我在这里打断一下。这就是很多人都用来为战争开脱的理由。他们说建立军队并投入战争，比如派兵东南亚，就是一种肉体上的自保行为，即鲨鱼……

克： 这个理由太荒谬了。整个世界因为人类的心理作祟被划分为"我的国家，你的国家，我的上帝，你的上帝"，那种心理以及经济原因才是战争的根源，这还用说吗？但我在试图了解的东西是不一样的。大自然在某些方面是很可怕的。

诺： 冷酷无情。

克： 我们人类看到大自然的无情就说："那就是恶，多可怕啊！"

诺： 比如闪电。

克： 比如数秒之内就能毁灭无数人的地震。所以我们一旦主张存在绝对的恶，那种主张本身就是对善的否定。

善意味着完全放弃自我。因为"我"总是引起分裂。"我"、"我的家庭"、自己、个人、自我,就是混乱的中心,因为它就是导致分裂的因素。"我"就是头脑,就是思想。我们从未脱离这种自我中心的行为。彻底脱离它就是彻底的秩序、自由和善。陷于自我中心的圈圈就会滋生混乱,那当中永远有冲突。我们把冲突怪罪在恶身上,怪罪在魔鬼、不好的业、环境以及社会身上。然而社会就是我,是我打造了这个社会。所以除非这个"我"彻底转化,否则我将永远是造成混乱的主要或次要原因。

秩序意味着处于自由当中的行为。自由意味着爱而不是快乐。如果我们观察了这一切,就会非常清楚地看到,不可思议的绝对秩序是存在的。

加利福尼亚,马利布

1971年3月28日

印度

INDIA

第四章

圣人与箴言

与斯瓦米·凡卡特桑那达[1]的两次谈话

---

[1] 斯瓦米·凡卡特桑那达,学者和老师,要求只署其名。

古鲁和寻道

古鲁能驱散别人的黑暗吗？人类为什么要寻找神或者真相？

斯瓦米·凡卡特桑那达： 克里希那吉[1]，我怀着谦卑之心来跟一位古鲁对话，这不是英雄崇拜，而是由于古鲁这个词所指的本义——黑暗的驱除者、无知的驱除者。古代表无知的黑暗，鲁代表驱除者、驱散者，因此，古鲁就是驱散无知黑暗的光，此刻您对我来说就是那道光。我们坐在萨能的帐篷里聆听您的教诲，我不由自主地就想起相似的场景：比如，佛对比丘们讲法，或者瓦西什德在达沙茹阿塔的皇宫中指导罗摩。在《奥义书》中也有一些这样的古鲁：首先是婆楼那 (Varuna) 古鲁，他只用一

---

[1] "吉"在北印度是对一个人的尊称。——译者注。

句"Tapasa Brahma……Tapo Brahmeti"点拨门徒。"什么是梵 (Brahman)？别问我。"Tapo Brahman，tapas，苦行或戒律，或你自己经常说的"搞清楚"，这就是梵，而门徒必须自己发现真相——虽然要一步一步来。亚给雅瓦尔克亚 (Yajnyavalkya) 和邬达罗伽 (Uddhalaka) 采取的方式更直接。亚给雅瓦尔克亚指导他的妻子梅特里依 (Maitrey)，用的是"neti-neti"法（"不是这个，不是这个"）。你无法正面描述什么是梵，但如果摒弃了所有不是的，它就在了。正如你那天说的，爱无法描述，无法说"这就是它"，只有摒弃不是爱的东西才能发现爱。邬达罗伽用一些类比法使门徒看到真相，然后用一句著名的"Tat-Twam-Asi"（"那就是你"）使他们抓住它。达克希那穆提 (Dakshinamurti) 用沉默不语和秦手印 (Chinmudra) 指导他的门徒。据说桑那特库玛拉斯(Sanatkumaras)曾去参访求教过他。达克希那穆提只是默然演示秦手印而已,门徒们看到这一幕就开悟了。人们相信,没有古鲁的帮助,我们就无法领悟真理。显然,即使是那些定期来萨能的人也在他们的追寻中获得了巨大的帮助。那么,您认为古鲁扮演着什么角色,是训诫者还是唤醒者?

克里希那吉: 先生,如果你所说的古鲁指的是这个词最传统的意思,即黑暗和无知的驱散者,那么,别人,不管他是怎样的,是开悟还是糊涂,真能帮人驱散内心的黑暗吗?假设"甲"愚蠢无知,你是他的古鲁——古鲁公认的意思即驱散黑暗的人,为他人承载负担、指出方向的人——这样的古鲁能帮到别人吗?更确切地问,古鲁能驱散别人的黑暗吗?不是理论上说说,而是真正地驱散。如果你就是个如此这般的古鲁,你能驱散"甲"的黑暗吗?你能为别人驱散黑暗吗?知道他不幸福、充满困惑,知道他不够有智慧、不够有爱心,或者充满悲伤,你能驱散那一切吗?还是他必须在自己身上下大功夫?你可能指出了方向,你可能告诉了他:"注意,穿过那道门。"但从开始到结束他完全得自己完成这个工作。因此,你并不是一般意义上的古鲁,如果你认为别人帮不上忙的话。

斯： 帮不帮得上忙，只是有不确定因素罢了。门就在那里，我得穿过它，但我不知道门的位置。而你，为我指出了方向，驱除了我的无知。

克： 但我还得走到那里去啊。先生，你是古鲁，你指出了那道门的位置。那么你的工作就结束了。

斯： 所以无知的黑暗就被驱散了。

克： 不是的，你的工作结束了，从现在开始，该由我站起来迈出步子了，并且还要了解一路的相关事宜。这一切都得我来做。

斯： 完全正确。

克： 所以你并没有驱散我的黑暗。

斯： 恕我不能同意，我可不知道怎样离开这个房间啊。我不知道某个方向上有一道门存在，而古鲁告诉了我，驱除了无知的黑暗。然后我才采取出去的必要步骤。

克： 先生，我们来弄清楚。无知就是缺乏了解，或缺乏对自我的了解，不是大我也不是小我。那道门就是"我"，我必须穿过它。它不是"我"之外的一个东西。它不是一道实在的门，像那道上了漆的门一样。它是我内心的一道门，我必须穿过它。而你告诉我："去做。"

斯： 正是。

克： 那么，你作为一个古鲁的作用就结束了，你没有变得重要起来。我没有给你戴上花冠，所有的工作都得我来做。你已驱散了无知的黑暗，更准确地说，你已为我指出："你就是那道你要自己穿越的门。"

斯： 但您赞成那指出的必要吗，克里希那吉？

克： 当然必要。我指出来了，我这么做了，我们都这么做。我在路上问一个人："请问去萨能怎么走？"他就告诉我该怎么走，但我不会因此耗费时间去赞美他："天啊，您是最伟大的人。"那就太幼稚了。

斯： 谢谢您，先生。跟什么是古鲁这个问题密切相关的，就是什么是修炼的问题，您曾把修炼定义为学习。吠檀多根据求道者的资质或成熟度把他们分为几类，并指定适当的学习方法。指导最有悟性的那个门徒是不落语言的，顶多一句简短的警句，比如"Tat-Twam-Asi"(那就是你)，他被称为"Uttamadhikari"(上等根器者)；对那个资质中等的门徒，则给予更为精心的指导，他被称为"Madhyamadhikari"(中等根器者)；而对迟钝的那个，就用故事、仪式等激发他的兴趣，希望他成熟起来，他被称为"Adhamadhikari"(下等根器者)。也许您可以评论一下这种分类？

克： 嗯，分出了上、中、下。那意味着，先生，我们得清楚我们所指的成熟是什么意思。

斯： 我能解释一下吗？您那天说："整个世界在燃烧，你们必须认识到问题的严重性。"那句话像闪电一般击中了我，甚至可以说让我领悟了那个真理。但很多很多人可能完全不在乎，他们不感兴趣。我们把那些人称为Adhama，最低下的。还有其他一些人，比如嬉皮士等，他们就是玩玩的，他们可能觉得故事很有趣，他们说"我们不快乐"，或告诉你"我们知道社会一团糟，我们会吸食LSD[1]"，如此等等。而另外一些人则对那个情形做出了回应，那个世界在燃烧的情形，一下子触动了他们。我们发现他们到处都有，要怎么对待呢？

克： 要怎么对待完全不成熟、部分成熟以及自认为成熟的人？

斯： 是的。

克： 要探究那个问题，我们得了解我们所指的成熟是什么意思。你认为怎样算成熟？取决于年龄、时间？

斯： 不是的。

克： 那我们就可以剔除那条。时间、年龄不是成熟的象征。接着还有学识渊博者的那种成熟、聪明能干者的那种成熟。

斯： 也不是。他可能会扭曲、改变那句话的意思。

克： 那么，我们把那种成熟也去掉。你认为哪种人称得上是成熟的人呢？

斯： 有观察能力的人。

克： 等一下。显然，上教堂、上庙宇、上清真寺的人去掉；理性的人、有宗教信仰的人以及情绪化的人也去掉。如

---

1   一种迷幻药。——译者注。

果那些人全都排除，我们可以说成熟就在于不以自我为中心——不把"我"放在首位，而其他所有人都靠后；或不把我的感受放在首位。所以，成熟意味着无"我"。

斯： 更恰当地说，意味着无分裂。

克： 制造分裂的就是"我"。那么，你要怎么吸引那种人？还有那种一半"我"一半"非我"，在两者之间晃荡的人？以及另一种完全都是"我"的人、享受自我的人？你要怎么吸引这三种人？

斯： 要怎么唤醒这三种人？这就是问题。

克： 等等！一心想着"我"的人是不会醒悟的。他不感兴趣。他甚至连听都不听你的。除非你承诺他什么，天堂啦、地狱啦、恐惧啦，或者世上更多的利益、更多的钱，这样他才会听你的，为了获利他会去做的。所以指望获得什么、达成什么的人，是不成熟的。

斯： 的确。

克： 不管要的是涅槃、天堂、解脱、成就，还是开悟，他都是不成熟的。对那种人你会怎么办？

斯： 给他讲故事。

克： 不，为什么我要给他讲故事，为什么要用我的故事或你的故事麻醉他？为什么不随他去？他不会听的。

斯： 那样很残忍。

克： 哪一方残忍？他不会听你的。我们现实点儿吧。你来到我面前，而我一心想着"自己"。除了"自己"，我什么也不关心，而你却说："听着，你正在把世界搞得一团糟，你正在造成人类的巨大不幸。"结果我就说，请走开。随便你怎么说，用讲故事的形式或包上美味的药片，但他依然故"我"。他要是改变了，那就达到了中等——"我"和"非我"皆具。这就是所谓进化，从最下等进化到中等。

斯：怎么进化？

克：生活会来敲门。生活会逼迫他、教导他。世上有战争，有仇恨，他被毁掉了，或者加入一个教会。教会对他来说是个陷阱，它并没有启迪他，它没有说"看在上帝的分上，突破吧"，却说它会提供给他想要的——想要的娱乐，不管是基督教的娱乐，还是印度教的娱乐，或者佛教的，伊斯兰教的，随便什么——它会提供给他，只不过是以上帝的名义。所以他们把他留在同一个水平上，稍稍有些改变，稍稍有些改善，有好一点儿的文化、好一点儿的衣服以及其他。世人就是这样。这种人可能占了(如你刚刚说的)世界人口的百分之八十，也许更多，达百分之九十。

斯：您能怎么办？

克：我不会再去添乱，我不会给他讲故事，我不会娱乐他，因为已经有其他人在娱乐他了。

斯：谢谢您。

克：接下来就是中等资质的人，"我"和"非我"皆具，他进行社会改革，到处行一点儿小善，但那个"我"总是在主导。社会上、政治上、宗教上，方方面面，都是那个"我"在主导，不过更不动声色一点儿，更冠冕堂皇一点儿。对他，你可以稍微谈一谈，比如"注意，社会改革本身是好的，但不会有任何结果",如此等等。你可以跟他谈,也许他会听听你的。另一种人却根本不会听你的。这个家伙会听听你的,稍稍用点儿心,也许会说,好吧,这太沉重了,需要大量的工作,接着就滑回他原先的模式中。我们会跟他谈,然后离开他。他想怎样取决于他自己。那么,有另一种人,他正从"我"中出来,正在步出"我"的圈圈。那好,你就可以跟他谈。他会用心听你说。所以,这三种人我们都会与之谈,并不区分谁成熟,谁不成熟。我们会跟这三类人谈,接下来就随他们去。

斯: 不感兴趣的话,他就会出去。

克: 他会走出帐篷,他会走出房间,那是他的事。他去找他的教堂、足球、娱乐,随便什么。然而你一旦说"你不成熟,我会教你变得更成熟",他就变得……

斯: 被催熟了。

克: 毒药的种子就已播下了。先生,如果土壤没问题,谷粒就会生根成长。但是说什么"你成熟,你不成熟",那就完全错了。我凭什么说别人不成熟?成不成熟得他自己去搞清楚。

斯: 可一个傻瓜能搞清楚他是个傻瓜吗?

克: 如果他是个傻瓜,他连听都不会听。先生,要知道,我们一开始就想要帮忙。

斯: 那是我们整个讨论的基础。

克: 我认为想要帮忙的态度是不合适的,除了在医学界或技术界。如果我病了,就有必要去找医生治疗。但在这一点上,在心理上,如果我是睡着的,就不会听你讲;如果我半睡半醒,我就会根据我清醒的程度,根据我的情绪来听。因此,对那个表示"我真的想要保持清醒,保持心理清醒"的人,对他,你就可以谈。那么,我们跟他们所有人都谈。

斯: 谢谢您。那澄清了一个很大的误解。我一个人坐着时,琢磨您那天一早说的话,忍不住就有念头跑出来:"啊,佛陀这么说过,或至富[1]这么说过"。虽然很快我就努力透过语言的意象找到了意义。您帮我们找到了意义,虽然那也许并非您的初衷,至富和佛陀也是如此。人们来到这里,就像当年的他们去找那些伟大的圣人。为什么?在人类的天性里是什么在寻找、在寻觅并紧抓拐杖?问题又来了,不帮他们可能残忍,但一勺一勺地喂给他们吃可能更残忍。该怎么办?

克: 问题是,为什么人们需要拐杖?

斯: 是的,以及是否要帮助他们。

克: 也就是说,是否应该给他们提供依赖的拐杖。两个问题是相关的。为什么人们需要拐杖?你是否是那个要给他们提供拐杖的人?

斯: 应该还是不应该?

克: 应该还是不应该,以及你是否有能力给他们提供帮助?这两个问题是相关的。为什么人们需要拐杖,为什么人

---

[1] Vasishtha,至富,印度史诗《罗摩衍那》中的圣人。——译者注。

们想依赖其他人,不管那是耶稣、佛陀,还是古代的圣人,为什么?

斯: 首先,有某个东西在寻找。寻找本身似乎是可取的。

克: 是吗?还是因为他们害怕无法达到那些圣人、伟人已经指出的境界?还是害怕出错,害怕不快乐,害怕不开悟、不领悟,怕这怕那的?

斯: 我可以引用一下《薄伽梵歌》中的巧妙说法吗?克里希那[1]说:有四种人来找我。身陷痛苦的人,他跑来找我就是为了消除痛苦;接下来是求知欲强的人,他只是想知道这个神是怎样的,真相是怎样的,是否有天堂有地狱;第三种人想要一些钱,他也来找神,祈求得到更多的钱;然后是吉阿尼,那个智者也来了。他们都很好,因为他们都在想方设法寻找神。但他们之中,我认为吉阿尼是最好的。所以,寻找可能出于各种各样的理由。

克: 是的,先生。这里有两个问题。首先,我们为什么寻找?其次,人类为什么需要拐杖?那么,我们为什么寻找,我们到底为什么要寻找?

斯: 为什么要寻找——因为我们发现我们丢失了什么。

克: 这意味着什么?我不幸福,我就想要幸福。那是一种寻找。我不知道开悟是怎么回事,我在书里读到过有关开

---

1 印度教崇拜的大神之一,《薄伽梵歌》中记载有关于他的神话,称他为"最高的宇宙精神"。——译者注。

悟的描述，很吸引我，于是我就寻找它。我也寻找一份更好的工作，因为会有更多的钱、更多的利益、更多的享受，等等。所有这些行为当中都存在寻找、寻觅、需求。一个人想要更好的工作，这我能理解，因为当前结构下的社会是那么畸形，它促使他寻求更多的钱、更好的工作。但心理上、内心中，我在寻找什么呢？如果我在寻寻觅觅中真的找到了它，我怎么知道我找到的就是真的？

斯： 也许在寻找的过程中会知道。

克： 等等，先生。我是怎么知道的？我寻寻觅觅，我怎么知道那就是真相？怎么知道的？我真的可以确定"这就是真相"？因此我为什么要寻找？什么在促使我寻找？什么在促使人们寻找才是更重大的问题，比寻寻觅觅，比说"这就是真相"更重要。如果我说"这就是真相"，那我一定已经认识了它。如果我已经认识了它，它就不是真相。告诉我那是真相的是某些僵死的、过去的东西。但僵死的东西是无法告诉我什么是真相的。

那么我为什么寻找？因为，我极其不快乐、极其困惑，内心深处有着巨大的悲伤，我想找个法子摆脱这一切。于是你出现了，你是古鲁、开悟的人或教授，你说"听好了，这就是出路"。我寻寻觅觅的基本理由就是逃避那些痛苦，并且假定自己能避免悲伤，我假定开悟就在那里或就在我心中。我能逃避它吗？我无法逃避，意思就是无法躲开它、抗拒它、逃开它，它就在那里。不管我去哪里，它始终在那里。所以我必须做的就是搞清楚内心为什么会形成悲伤，为什么我在痛苦。那么，这是在寻寻觅觅吗？不是的。如果我想要搞清楚自己为什么痛苦，那并不是在寻寻觅觅，甚至不是探索。那就像生病去找医生，告诉他肚子疼，他说是因为吃错了东西，那我就会避免吃错东西。如果我不幸的原因在我的内心，并不一定是我成长的环境造成的，那么我就必须自己找出从痛苦中解脱的方法。你，作为古鲁，可以指出那道门，但是一指出来，你的任务就结束了。接着我就必须下功夫，接着我就必须自己搞清楚该怎么做，怎么生活，怎么思考，怎么体验这种没有痛苦的生活方式。

斯： 那么在那个程度上，帮助、指出方向，就是合情合理的。

克： 不是合情合理，而是你自然而然就做了。

斯： 假设有个人在某个地方碰到了困难，假设在他前进的路上撞到了这张桌子……

克： 他必须了解有张桌子在那里。他必须了解在他走向那道门的时候，路上存在着障碍。如果他在质疑，他就会查明情况。但你要是出来说："门在那儿，桌子在那儿，别撞上它。"你就是把他当小孩子看，你是在领他到门口。这样是没有价值的。

斯： 所以大部分帮助、指出方向，是合情合理的？

克： 任何一个好心肠的正派人都会说，别走那儿，有危险。我在印度见过一位很著名的古鲁。他来看我，地上有个坐垫，我们礼貌地邀请他坐到垫子上，他不声不响地坐上去，摆出一个古鲁的坐姿，然后把拐杖放到腿前开始讨论——这完全是装腔作势！他说："人类需要古鲁，因为我们古鲁比那些门外汉更明白。为什么他要独自经历所有的危险？我们会帮他的。"跟这个人讨论是不可能的，因为他认为就他懂，其他人全是无知之徒。十分钟后他就气呼呼地离开了。

斯： 这是克里希那吉在印度很出名的事情之一！下一个问题是，虽然您正确地指出盲目地接受各种公式和信条毫无用处，但您并不会要求他们草草拒绝。虽然传统有时会是致命的障碍，但也许了解它及其根源还是值得的，否则，消灭了一个传统，另一个同样有害的东西可能又冒了出来。

克： 的确如此。

斯： 那么，我可以提供一些传统的信条让您细细检查吗？也许我们能发现您所说的"好心"在什么地方以及怎样办了坏事——制造了囚禁自己的牢笼。每一支瑜伽流派都规定了自己的戒律，坚信如果以正确的心态执行这些戒律，就会结束悲伤。我会列举出来供您评点。

首先是业瑜伽：它要求遵守"法"(Dharma)，或是一种道德的生活，这法经常扩大到包括被严重滥用的"社会四阶层和灵性四阶段制度"(Varnashrama Dharma)。克里希那的格言"Swadharme……Bhayavaha"似乎已经指出，如果一个人自愿服从某些行为准则，他的头脑就会在某种"Bavanas"的帮助下自由地观察和学习。您能评论一下这个吗？——法的概念以及准则和规矩:"这么做,那对,那不对"……

克: 实际上的意思就是,规定好什么是行为正确,而我自愿接受。有一位老师,他规定好什么是行为正确,我来之后就自愿地,用你的话说,开始习惯它、接受它。有自愿接受这回事吗?老师应该规定什么是行为正确吗?这意味着他设定了规范、模式和条件。规定产生正确行为、使人上天堂的条件。你明白他这样的行为有多危险吗?

斯: 这是一方面。另一方面我更感兴趣,就是接受那些规则,心就能自由地观察。

克: 我明白。但不是这样的,先生。为什么我要接受?你是老师,你制定了行为模式,我怎么知道你就是对的?你可能错了,我不会接受你的权威。因为我看到古鲁的权威、牧师的权威、教会的权威——他们全都失败了。因此,要是一个新老师制定了新法则,我会说:"天啊,你在玩相同的把戏,我不接受。"有自愿接受这回事吗——自愿地、自由地接受?还是我已经被影响了,因为你是老师,你是大人物,而且你承诺我最后会有回报,自觉不自觉地,就使我"自愿"接受了?我是不由自主地接受的。如果我是自由自主的,根本就不会接受。我生活,我正直生活就好。

斯: 所以正直必须来自内心?

克: 当然,否则还来自哪里,先生?看看行为研究有什么发现。他们说外界情况、环境、文化会导致某种行为。也就是说,如果我生活在某种集权的环境下,置身于它的统治、威胁和集中营中,这一切会促使我表现出某种样子:我戴上面具，惶惶不安，装模作样。而在多少有点儿自由的社会里，没有那么多规矩，因为没人相信规矩，一切都被允许，在那种社会里，我就游戏人生。

斯： 从灵性成长的角度看，哪一个社会更可以接受？

克： 两个都不可以接受。因为行为、道德是无法被我或社会培养的，我必须搞清楚怎样正确生活。道德并不是接受模式，也不是遵循一套无聊的常规。善不是例行公事。显然，如果我善是因为我的老师这么说，那就没有意义。因此，并没有自愿接受古鲁、接受老师制定的行为准则这回事。

斯： 我们必须自己来发现。

克： 因此我必须开始探究。我开始观察，开始去搞清楚怎样生活。只有恐惧消失了，我才能生活。

斯： 也许我本来该解释一下的。根据商羯罗的说法，那只是针对下等根器的人。

克： 怎样算下等根器，怎样算上等根器？怎样算成熟，怎样算不成熟？商羯罗或谁谁谁说："为那些下等根器和上等根器的人制定规则。"于是他们制定了。人们读商羯罗的书，或某些博学之士读给他们听，他们感叹书里说得多好啊，转身回家后，就照过自己的日子。这是摆在眼前的事实。你在意大利就可以看到。他们听教皇的训诫——热切地听个两三分钟，接着就继续过他们的平常日子。没人在乎，一点儿用也没有。这就是为什么我想问，为什么那些所谓商羯罗、古鲁要制定行为方面的准则？

斯： 不然就会乱。

克： 还不是乱了？乱得一塌糊涂。在印度，人们读商羯罗以及所有导师的书已经读了千百年。看看他们现在是什么样子！

斯： 可能是，据他们说，他们别无选择。

克： 还选择什么？困惑？他们正处于困惑中。为什么不去了解我们所处的困惑，而去研究商羯罗呢？如果他们了解了困惑，就能改变它。

斯： 我们可能要谈一下"Bhawana"这个问题了，其中涉及一点儿心理学。说到业瑜伽的成就法，《薄伽梵歌》在其他教法中指定了"Nimitta Bhawana"这个方法。"Bhawana"意为无疑的存在，"Nimitta Bhavana"是上帝或永恒存在的掌中没有自我的工具。不过也有人认为它喻示着一种态度或感觉，希望它能帮助初学者观察自己，从而"Bhavana"就会充满他的存在。对于悟性差的人来说这可能必不可少，或者这可能使他们永远自欺而偏离正道？我们要怎样使这种方法产生作用呢？

克： 先生，你的问题是什么？

斯： "Bhawana"法有技巧。

克： 那意味着一个系统、一种方法，你练习它，最后就会开悟。你练习是为了达到上帝的状态或随便什么。一旦你练习了某个方法，会怎么样？我日复一日地练习你制定的方法，那会怎样？

斯： 有句名言："你怎么想就怎么变。"

克： 通过练习这个方法就会开悟，那我怎么做？我就天天练习，就变得越来越机械。

斯： 但是有感觉的啊。

克： 机械的例行公事继续着，再加上一些感觉，"我喜欢，我不喜欢，真无聊"——你知道，有一场战斗正在发生。所以不管练习什么，任何修炼、任何一般意义上的练习，都会使我的头脑越来越狭隘、局限、迟钝，而你却承诺最后会有天堂。要我说，这就像日复一日被训练的士兵——操练、操练——直到他们沦为指挥官或警长的工具，只给他们一点点主动权。所以我质疑靠系统和方法开悟的整个处理方式。甚至在工厂里，那些只是动动按钮或按按这个那个的人，也没有那些自由地边走边学的人制造的产品多。

斯： 您能把那纳入"Bhawana"吗？

克： 为什么不？

斯： 那有用？

克： 这是唯一的方法。这是真正的"Bhawana"：边走边学。因此要保持清醒，要边走边学，就要在前进的路上保持敏锐。我出去散步，如果有一个散步的系统或方法，那就成了我唯一关心的东西，我就不会看飞鸟，看树木，看叶子上泛起的美丽光芒，什么也不看。为什么我要接受老师提供给我的这个方法、这个模式？他可能跟我一样奇怪，有些老师非常古怪。所以我拒绝那一切。

斯： 还是那个问题，初学者怎么办？

克： 谁是初学者？那些不成熟的？

斯： 或许。

克： 因此你就会塞个玩具给他玩?

斯： 开始的时候。

克： 是啊，弄个玩具，他会喜欢玩，练习上一整天，但他的心仍然很狭小。

斯： 或许那也是你对这个奉爱瑜伽 (Bhakti Yoga) 的问题的回答。反正，他们希望这些人能以某种方式突破。

克： 我很怀疑，先生。

斯： 我会详细讲讲对神的虔信 (Bhakti)。谈到奉爱瑜伽，一个奉爱瑜伽修行者 (Bhakta) 被鼓励去崇拜神，甚至崇拜庙宇和图像中的神，去感受内在的神的存在。在很多颂词中，"您遍及一切……您无所不在"等句子被一遍遍重复。克里希那要求奉献者在自然界的事物中看到神，然后把神看成"万物"。同时，通过唱颂或重复颂词并了解它的意思，奉献者还要领悟外在的神和内在的神是完全相同的。因此，那个人就认识到他跟集体是合一的。请问这个体系有什么根本性的错误吗?

克： 哦! 有的，先生。还有一部分人根本不信神，把国家置于神之上。他们自私、恐惧，但他们认为没有神，没有颂词，什么也没有。另一种人不知道颂词、唱颂、念诵，但他说："我想要搞清楚真相。我想要搞清楚到底有没有神。可能没这回事。"《薄伽梵歌》以及所有那些人假定有神。他们假定存在神。他们凭什么告诉我什么存在，什么不存在，包括克里希那或谁谁谁？我认为相信有神可能是你自己的制约，你出生于特定的氛围，有着特定的制约，特定的态度，你信那一套。然后你就制定规则。但如果我拒绝一切权威，包括西方和东方的权威，一切权威，那我会怎样？那我就必须搞清楚事情的真相，因为我不幸福，因为我痛苦悲惨。

斯： 但我可以从制约中解脱。

克： 那就是我要做的事——解脱。不然我就无法学习。如果我余生继续做印度教徒，我就完了。但是，有可能拒绝所有来自权威的制约吗？这才是真正的问题。我能真的拒绝所有的权威并独自搞清楚真相吗？我必须独自一人。否则，如果我不是独自一人，深层意义上的独自一人，我就只是在重复商羯罗、佛陀或谁谁谁说过的话。那有什么意义？我们很清楚重复并不是真实。所以，我不是必须——不管成熟、不成熟，还是半生半熟——他们不是必须学会独自一人吗？这充满痛苦，他们仰天长叹："我的天啊，我怎么能独自一人？"没有孩子，没有神，没有组织，要怎么过？这里就有恐惧在作怪。

斯： 您认为每个人都能做到那样吗？

克： 为什么不能，先生？如果你做不到，你就困在里面了。那时即使再多的神、再多的咒语、再多的招数也帮不了你。他们可能掩盖这个事实，他们可能把它装到瓶子里，他们可能隐瞒它，把它藏到冰箱里，但事实永远都在。

斯： 还有另一种方法、另一种独处法：智瑜伽。练习智瑜伽的学生一样要培养某种道德品质，即一方面，做一个好公民；另一方面，消除可能存在的心理障碍。其成就法主要是觉察思想，包括记忆、想象和睡眠，似乎跟您的教诲很接近。瑜伽的体位和调息法也许都是辅助法，甚至连禅宗瑜伽的目的也不是自我实现，众所周知，自我实现并不是采取一系列行动的最终结果。克里希那说得很清楚，瑜伽净化知觉："Atma Shuddhaye"。您赞同这个方法吗？这里没怎么涉及帮助，甚至内在的神 (Iswara) 也只是"内在的居住者"(Purusha Visheshaha)。那是某种古鲁，在内在转化的过程中看不见的古鲁。您赞同这个方法吗：端坐于冥想之中，一层一层深入探究。

克： 当然。接下来我们就必须探究一下冥想的问题。

斯： 帕坦伽利对冥想的定义是："没有一切世俗观念或任何外来观念。"那就是"奉爱的愿望"(Bhakti Sunyam)。

克： 注意，先生，我什么都没读过。这就是我：我一无所知。我只知道我很悲伤，另外我的头脑很健全。我没有权威——商羯罗、克里希那、帕坦伽利，没有任何人——我完全是一个人。我必须面对我的生活，我必须做一个好公民——不是根据谁的说法的好公民。好公民指的是行为，即不要在办公室一个样子，在家又是另一个样子。首先，我想搞清楚怎样摆脱悲伤。摆脱后，我就要搞清楚是否有上帝这回事或不管是什么。那么，我该怎样学会摆脱这沉重的负担？这是我的第一个问题。只有在跟他人的关系中我才能了解悲伤。我不能自己坐在那儿死抠，因为我可能理解有误。我的头脑太笨了,充满偏见。所以,我必须在关系中——在跟自然的关系中、跟人的关系中——搞清楚这恐惧、这悲伤是怎么回事。必须在关系中,因为我要是自己坐在那儿冥思苦想,很容易就会骗到自己,但只要在关系中保持清醒,我就能立即注意到。

斯: 如果你警觉的话。

克: 这就是关键。如果我警觉、留心,就会查明情况,而且那不需要花费时间。

斯: 如果一个人不警觉呢?

克: 问题是就要清醒,要觉察,要警觉。有什么方法吗?先生,听好了。如果有方法能帮我觉察,我就会练习它。但那是觉察吗?因为练习涉及例行程序、接受权威,一再重复,这慢慢就会使我的知觉迟钝起来。所以我不会那么做:练习警觉。我认为我只能在关系中了解悲伤,而那份了解只有靠警觉才能达到。因此,我必须警觉。我警觉,因为我强烈地想要结束悲伤。如果我饿了,想要食物,我就会去找东西吃。同样,我发现自己内心里怀着巨大的悲伤,我通过关系——我怎样跟你相处,我怎样跟人交谈——发现了它。在关系的进程当中,揭示了这个悲伤的真相。

斯: 换个说法的话,在那关系中,你始终在自我觉察。

克: 是的,我觉察,警觉、留心。

斯: 对于普通人来说,那很容易办到吗?

克: 很容易办到的,如果那个人严肃认真,表示"我想要搞清楚",但普通人,百分之八十或九十的普通人并不是真的感兴趣。严肃的人说:"我会搞清楚的——我想看看心是否能从悲伤中解脱。"只有在关系中才有可能发现悲伤,我不能虚构悲伤。在关系中悲伤就出现了。

斯: 悲伤在内心。

克: 当然,先生,那是心理现象。

斯: 您不希望大家静坐冥想,增强感官的敏锐?

克: 那我们就再回到冥想这个问题上吧。什么是冥想?不要听帕坦伽利以及其他什么人的说法,他们可能完全错了。如果我说我知道怎样冥想,我可能是错的。所以我们必须自己搞清楚,必须问:"什么是冥想?"冥想就是静静地坐着、集中思想、控制念头、留心吗?

斯: 留心,大概是。

克: 你走路时就可以留心。

斯: 有难度。

克: 吃饭时,听别人说话时,某些人说话伤害你、恭维你时,你都留心。那意味着你必须始终警觉——当你在夸大时,当你只说出一半真相时,都警觉——懂吗?要留心,你需要一颗非常安静的心。这就是冥想。这整个过程就是冥想。

斯: 在我看来,似乎帕坦伽利发展的一项静心练习并不是用在生活的战场上的,而是开始时先独自一人,然后拓展到关系。

克: 但如果你逃避生活的争斗……

斯: 一小会儿……

克: 如果你逃避争斗,你就是还不了解它。那争斗就是你。你怎么能逃开自己？你可以吸毒，你可以假装你逃掉了，你可以念咒、诵经，百般折腾，但争斗仍在继续。你说"静静地逃开，然后再回来"，这是一种分裂。我们的建议是："检视你卷入的这场争斗，你身陷其中：你就是它。"

斯： 我们推论到了最后那一句：你就是它。

克： 你就是那争斗。

斯： 你就是它，你就是那争斗，你就是战斗者，你逃开它，你跟它在一起——这一切都是你。也许这就是王瑜伽包含的内容。根据王瑜伽的教法，求道者要具备四个条件："Viveka"，追求真的，抛弃假的；"Vairagya"，不追求快乐；"Shat Satsampath"，切实地过一种有益于修习王瑜伽的生活；"Mumukshutva"，完全献身于寻找真理。修习王瑜伽的门徒会接近一个古鲁，他的成就法包括倾听(Shravana)、反省(Manana)、消化吸收(Nisyudhyajna)，就是我们大家在这里做的事。古鲁采用各种方法启发学生，经常需要认识宇宙万有或整体存在。商羯罗是这么描述的："只有梵是真实的，这个世界并不真实。个体跟梵无二无别，所以其中不存在分裂。"商羯罗说世界是幻境，他的意思是世界的表象并不是真相，我们必须探究并发现真相。克里希那在《薄伽梵歌》中这样描述："瑜伽士认识到，行动、行动者、行动中用到的方法以及行动的目标是一个整体，于是分裂就被克服了。"

您怎么看王瑜伽的方法？首先是"Sadhana Chaturdhyaya"，修习的弟子要做好自身的准备。接着他去找古鲁，坐下来听古鲁揭示的真理，然后思考、反省并消化真理，直到它变成他自身的一部分。真理常常用那些短语表达，不过，我们背诵的那些短语应该要了解其义。这种方法也许有一些合理性？

克： 先生，如果你没读过任何东西——帕坦伽利、商羯罗、禅奥义书、智瑜伽、业瑜伽、奉爱瑜伽、王瑜伽，什么也没读过——那你会怎么办？

斯： 我必须搞清楚真相。

克： 你会怎么办？

斯： 挣扎。

克： 不管怎样你都是在挣扎。你会怎么办？如果对别人说过的东西你一无所知，你从哪里着手？我就是这样，一个普通人，我一点儿都没读过，我想知道。我要从哪里开始？我必须工作——业瑜伽——做园丁，做厨子，到工厂做工，到办公室上班，我必须工作。而且我还有妻儿，我爱他们，我恨他们，我沉迷于性，因为那是生活提供给我的唯一出口。我就是这样的，那就是我的生活版图，我就从这里开始，我不能从那里开始。我从这里开始，我问自己这一切为了什么。我对神一无所知。你可以编造，可以假装。我憎恨假装，我不知道就是不知道。我不会引用商羯罗、佛陀或任何人的话。所以我说：我就从这里开始。我能为自己的生活带来秩序吗？秩序，不是我或他们虚构的秩序，而是美德。我能实现它吗？

要善良正直地生活，必须身心内外都没有争斗、没有冲突。因此必须不好斗、不暴力、不仇恨、不敌视。我必须从那一步开始。我发现自己的恐惧，我必须摆脱恐惧。要注意到它就必须觉察一切，觉察自己的处境，从那里开始，我会一路前行，我会用功。然后我发现我可以独自一人了——没有记忆的所有负担，没有商羯罗、佛陀以及其他古鲁的负担，你理解吗？我可以独自一人是因为我懂得了自己生活中的秩序。我懂得了秩序是因为我否定了混乱，因为我明白了混乱。混乱意味着冲突、接受权威、顺从、模仿，诸如此类。那就是混乱，社会道德就是混乱。摆脱那一切我就能实现我内心的秩序，我代表的不是自家后院里微不足道的人 (human being)，而是人类 (Human Being)。

斯： 怎么解释？

克： 正在遭受这苦难的就是人类。每个人都在遭受这苦难。所以我，身为人类的一员，如果懂得这一点，我就发现了某些所有人都能发现的东西。

斯： 但我们怎么知道自己不是在自欺呢？

克： 很简单。首先，要谦卑：我不想达成任何目的。

斯： 不知道您是否碰到过一种人，他会说："我是世上最谦卑的人。"

克： 我知道。那实在太傻了。不渴望成功并不是傻。

斯： 如果我已掉进功成名就的陷阱，我怎么知道？

克： 你当然会知道。如果你的欲望说："我必须像史密斯先生一样,他是总理、将军或总裁。"接着傲慢、自满、追逐就开始了。如果我想做个英雄,如果我想变成佛陀,如果我想开悟,如果欲望说"做个大人物",我就都知道。欲望说做大人物有巨大的快乐。

斯: 但我们说这些没有偏离问题的根本吗?

克: 当然没有。"我"就是问题的根本。自我中心就是问题的根本。

斯: 但那是什么?什么意思?

克: 自我中心是什么意思?就是我比你更重要,我的房子、我的财产、我的成就更重要,"我"是首要的。

斯: 但殉道者可能说:"我无足轻重,可以射杀我。"

克: 谁?他们不会这么说的。

斯: 他们可能说他们是完全无私、没有自我的。

克: 先生,我对其他人说什么不感兴趣。

斯: 他可能在欺骗自己。

克: 只要我自己内心很清楚,我就不会欺骗自己。一旦有了标准,我才会欺骗自己。如果我拿自己跟拥有劳斯莱斯的人比,或者拿自己跟佛陀比,我就有一个标准。拿自己跟某些人比就是幻觉的开始。如果我不比,我为什么要离开那里?

斯: 做自己?

克: 不管我怎样,即我丑陋,我充满愤怒、欺骗、恐惧或这个那个,我就从那里开始,看看到底可不可能摆脱这一切。我对上帝的思考就像打算爬上那些我永远爬不上的山。

斯： 虽然如此，不过你那天说过很有意思的话，你说：个人和集体是合一的。个人要怎样认识到自己跟集体是一体的？

克： 那就是事实啊。我现在住在格施塔德这边，有人住在印度，同样的问题、同样的焦虑、同样的恐惧——只是表达不同，但事情的根源是一样的。这是一点。第二点，环境导致了这样的个性，个性也导致了环境。我的贪婪造成了这个腐败的社会；我的愤怒，我的仇恨、我的生活的分裂造成了这个国家以及这一切混乱。所以我就是世界，世界就是我——逻辑上、理智上、语言上，都成立。

斯： 但我们怎样感受到这一点？

克： 只有你改变了，才会感受到这一点。如果你改变了，你就不再是某国的国民了，你不属于任何东西。

斯： 精神上，我可能说我不是印度教徒，或者我不是印度人。

克： 但是，先生，那不过是心智的花招。你必须从骨子里感受到这一点。

斯： 请解释一下什么意思。

克： 先生，意思就是如果你看到了国家主义的危险，你就脱离了它；如果你看到了分裂的危险，你就不再属于片段。我们并没有看到其中的危险。就是这样。

萨能

1969年6月

《奥义书》[1]中的四条箴言

你可能登上月球,你可能走得更远,登上金星、火星,登上所有的星球,但你永远都会带着自己。首先改变你自己!改变你自己——不是首先——就是改变你自己。

斯瓦米·凡卡特桑那达: 克里希那吉,我们坐在彼此身边,提问、倾听、学习。圣人和求道者也是这么做的,人们说那就是《奥义书》的起源。这些《奥义书》包括著名的圣人的箴言(Mahavakyas),它们在当时对求道者的作用,也许跟现在您的话对我的作用一样。我能请您谈谈您对那些箴言的看法吗?它们仍然有用吗?还是需要修正或更新?

《奥义书》在下列箴言中设想了真理:

---

1 Upanishads,梵语,意为"近坐传授"。——译者注。

> Prajnanam Brahma:"意识是无限的,是绝对的、最高的真理。"
>
> Aham Brahmasmi:"我是梵"或者"我即梵"——因为这里的"我"不是指"自我"(ego)。
>
> Tat Tvam-asi:"汝即彼"。
>
> Ayam Atma Brahma:"自我(the self)即梵"或是"个人即梵"。
>
> 这是四句箴言,是古代圣人用来为学生讲解道的信息的,他们当年就像您和我现在这样坐着,古鲁和门徒、圣人和求道者,面对面而坐。

克里希那吉: 往下说,先生,问题是什么?

斯: 您怎么看它们?这些箴言现在还有道理吗?它们需要修正或更新吗?

克: 这些箴言,像"我即彼,汝即彼,个人即梵"?

斯: 那句意思是"意识即梵"。

克: 先生,不知道意思却重复念诵不是有危险吗?"我即彼",那到底是什么意思?

斯: 是"汝即彼"。

克: "汝即彼"。那是什么意思?我可以说:"我就是河。"那条河波涛汹涌,奔流不息,流经了许多国家。我可以说:

"我就是那条河。"那跟说"我是梵"效果一样。

斯： 是的。是的。

克： 为什么我们说"我即彼"？为什么不说"我就是那条河",或者"我就是那个穷人",那个没本事、没智慧的人,那个迟钝的人——这迟钝是由遗传、贫穷、堕落等原因造成的！为什么我们不说"我也是那个人"？为什么我们总是把自己跟某些我们认为的至上之物联系起来？

斯： "彼",也许只是指不受制约之物。

YO VAI BHUMA TATSUKHAM。[1]

彼即不受制约的。

克： 不受制约的,往下说。

斯： 所以,因为我们内心急切地想要突破所有的制约,所以我们寻找不受制约之物。

克： 一颗受制约的心,一颗渺小、琐碎、狭隘、只喜欢肤浅的娱乐的心,那样的心能懂得、能理解、能领悟、能体会、能观察不受制约之物吗？

斯： 不能。但它可以解除自己的制约。

克： 那就是它唯一能做的事。

斯： 是的。

克： 不说"存在不受制约之物,我要思索它",也不说"我即彼"。我的意思是,为什么我们总是把自己跟我们认为

1　此句为梵语拟音。

的至上之物联系起来，而不跟我们认为的至下之物联系起来？

斯：也许在梵中，并不存在至上和至下之分，那就是不受制约吧。

克：这就是重点。如果你说"我即彼"或者"汝即彼"，那是在表达一个假定的事实……

斯：是的。

克：……那可能根本不是事实。

斯：也许我在这里应该再解释一下，人们相信，说出箴言的圣人已经直接经验到了箴言。

克：那么，如果他经验到了，他能传达给另一个人吗？

斯：(笑)

克：再一个问题，人能真正经验到不可经验的东西吗？我们如此轻易地使用"经验"这个词——"认识，经验，达到，自我认识"，所有这些东西——人能真正经验到极乐吗？我们暂时用一下那个词。能经验到它吗？

斯：梵？

克：人能经验到梵吗？这真的是个很根本的问题，不光是我们这次讨论的根本问题，也是生命中的根本问题。我们可以经验到已知的东西，比如，我经验了跟你的见面，这是一种经验，我见到你，或你见到我，或我见到某人，等我下次见到你，我就会认出你，不是吗？我说："对，我在格施塔德见过他。"所以在经验中存在识别的因素。

斯：是的，那是客观经验。

克： 如果我没见过你，我会跟你擦肩而过，你会跟我擦肩而过。在所有的经验中都存在识别的因素，不是吗？

斯： 也许吧。

克： 否则它就不是一个经验。我见到你——这是一种经验吗？

斯： 客观经验。

克： 它可以是一种经验，不是吗？我第一次见到你。那么，两个人第一次见面会怎样？会发生什么？

斯： 会产生印象，喜欢的印象。

克： 会产生喜欢或不喜欢的印象，比如"他是个非常有智慧的人，他是个笨蛋"或"他应该这样的、那样的"。这都建立在我判断的背景之上，建立在我的价值观、成见、好恶、偏见和制约之上。那个背景见到你、判断你。判断、评价就是我们所谓经验。

斯： 但是，克里希那吉，不是还有另一种……

克： 等等，先生，让我说完。经验毕竟是对挑战的回应，不是吗？是对挑战的反应。我见到你并做出反应。如果我根本不做反应，不带任何好恶、偏见，那会怎样？

斯： 你的意思是？

克： 在人际关系中，其中的一方——你，假如没有偏见、没有反应，那会怎样？你活在超凡脱俗的境界中，你见到我，那会怎样？

斯： 平静。

克： 我必须识别出你内心的平静，识别出你内心的品质，否则我就跟你擦肩而过了。所以,当我们说"经验至上之物"时,一颗受到制约、怀有偏见、充满恐惧的心能经验到至上之物吗?

斯: 显然不能。

克: 显然不能。恐惧、偏见、兴奋、愚蠢就是那个说"我要经验至上之物"的实体。如果那愚蠢、恐惧、焦虑、制约停止了,还会存在经验至上之物这回事吗?

斯: 经验"彼"。

克: 不,我说得还不清楚。如果实体——即恐惧、焦虑、内疚,如此等等——如果那个实体解放了自己,扔掉了恐惧等东西,还要经验什么呢?

斯: 嗯,那个巧妙的问题实际上包含了那么多话。他恰好问了同样的问题:

VIJNATARAM ARE KENA VIJANIYAT。[1]

"你就是知者,你怎么会知道知者?你就是经验!"

但吠檀多里给了一个建议,就是:我们到现在为止一直在谈论客观经验:

PAROKSANUBHUTI。[2]

不是还有另一种经验吗?不是我见了谁谁谁,而是体验"我是",即不是因为我在哪里邂逅了欲望,也

---

[1] 此句为梵语拟音。
[2] 此句为梵语拟音。

不是因为我面临了某些欲望，我不去找医生或什么人来证明"我是"，但存在这感觉，存在这知识——"我是"。这经验似乎与客观经验完全不同。

克： 先生，经验的目的是什么？

斯： 目的正是你所说的：摆脱恐惧，摆脱所有的复杂、所有的制约。当我不受制约时，在真相中看到我是什么。

克： 不是的，先生。我的意思是：我迟钝。

斯： 我迟钝吗？

克： 我迟钝。因为我见到你或谁谁谁，你们非常聪明，非常睿智。

斯： 这是在比较。

克： 是比较。通过比较，我发现我很迟钝。我说："对，我迟钝，我该怎么办？"接着只是继续我的迟钝。日子一天天过去，一个古人出现了，摇醒了我。我清醒了片刻，挣扎着——挣扎着不迟钝，挣扎要聪明起来，如此等等。所以，一般说来，经验的意义是唤醒你，给你一个你必须回应的挑战。你要么回应得充分，要么不充分。如果不充分，那回应于是就成了引发痛苦、挣扎和冲突的动因。但你要是回应得充分、完全，你就是那挑战本身。你就是那挑战，而不是被挑战的，你就是它。因此你根本不需要挑战，如果你总是在充分回应万事万物的话。

斯： 那就好了，但（笑）我们怎么能达到那种境界？

克： 哦，等等，先生。我们来看一下到底需不需要经验。我认为这真的是一个非同寻常的问题，你要是能探究它的话。为什么人类不但需要客观经验,这个能理解——登陆月球时,他们收集了很多信息、很多数据……

斯: ……很多石头……

克: 那种经验也许是必要的,因为它增长了知识——现实性的知识或对客观事物的认识。除了那种经验,还有任何获取经验的必要吗?

斯: 主观上?

克: 是的。我不喜欢用"主观,客观"。除了上面说的,到底还需要经验吗? 我们说过:经验是对挑战的回应。我挑战你,我问:"为什么?"你可能回应说:"对,完全正确,我赞成。""为什么?"但是一旦对那个"为什么"的问题有任何抗拒,你的回应就已经不充分了。因此我们之间、挑战和回应之间,就有了冲突。接着,有一种想去经验的欲望,让我们来看看,上帝、无上之物、至高之物,或者至高的幸福、至高的喜乐、极乐,或者一种平静——不管什么——心能经验到它的丝毫吗?

斯: 不能。

克: 那是什么在经验?

斯: 您想让我们探究心是什么?

克: 不是。

斯: 探究"我"是什么?

克: 不是! 为什么那个"我",我或你,要求经验? 要求至高的经验——那许诺了幸福、狂喜、极乐或平静的至高经验? 这就是我的意思。

斯： 显然因为目前的状态我们感到不满足。

克： 就是这样。就是这样。

斯： 没错。

克： 我们不平静，却想要经验绝对、持久、永远平静的状态。

斯： 并不是我不安而另有一种平静的境界。我想知道这种"我不安"的感觉是怎样的。"我"不安吗？或者"我"迟钝吗？是我迟钝，还是迟钝只是我可以摆脱的一个制约？

克： 那谁是摆脱它的实体？

斯： 醒悟了。那个"我"醒悟了。

克： 不，先生，那正是困难之处。让我们先解决这个。我不幸福，我悲惨，我满心悲伤。我想经验没有悲伤的滋味，那就是我的渴望。我有一个理想、一个目标，奋力进取，我将最终实现。那就是我的渴望。我想经验它并抓住这个经验。那就是人类想要的——除了所有聪明的箴言、聪明的谈话。

斯： 是的，是的。那也许就是另一位非常伟大的南印度圣人说那一番话的原因 (泰米尔语)：

ASAI ARUMIN ASAI ARUMIN。

ISANODAYINUM ASAI ARUMIN。

真的讲得非常好。

克： 什么意思？

斯： 他说："切断这一切渴望。甚至与神同在的渴望，也要切断。"

克: 好,我明白了。那么注意,先生。如果我——如果心——能从这痛苦中解脱,那时候还需要经验至上之物吗?没这个需要了。

斯: 不需要了。当然。

克: 不再被自身的制约所困。因此它不再是原来的它,它已在不同的维度。因此经验至高之物的欲望本质上是错的。

斯: 如果它是个欲望的话。

克: 不管是什么!我怎么知道至高之物?因为圣人谈论过它?我不相信圣人。他们可能被幻觉所困,他们说的可能有道理,也可能是一派胡言。我不知道,我没兴趣。我发现只要心在恐惧的状态中,它就想逃开,它投射了一个至高之物的观念,并想要经验那个东西。但它要是从自己的痛苦中解脱了出来,那就完全进入了一种不寻常的境界。它甚至不要那个经验了,因为它的层次已非比寻常。

斯: 确实,确实。

克: 那么,照你所说,为什么圣人说"你必须经验那个东西,你必须是那个东西,你必须领悟那个东西"呢?

斯: 他们没有说"你必须"……

克: 随便你怎么说。为什么他们要说那一套?这样说不是更好吗,"注意,我的朋友们,摆脱你的恐惧,摆脱你强烈的对抗,摆脱你的幼稚,如果你那么做……"

斯: ……就不需要多做什么了。

克: 不需要多做什么了。你会明白其中的美。那时,你就不必去求了。

斯： 太妙了！太妙了！

克： 你看，先生，另一种方式是那样伪善，它导致伪善。说什么"我在寻找上帝"，但我一直在踢人。(笑)

斯： 是的，那可能就是伪善。

克： 它就是伪善，就是。

斯： 最后的问题来了，可能非常无礼。

克： 不，先生，没什么无礼的。

斯： 坐在您身边，这样跟您谈，真是殊胜的经验，我这样说既不是在奉承您，也不是在侮辱您，克里希那吉。您的信息是殊胜的，您谈论您认为对人类非常重要的东西，已经谈了将近四十年。现在有三个问题：您认为一个人可以把它传达给另一个人吗？您认为其他人可以再把它传达给另外的人吗？如果可以，怎么传达？

克： 传达什么，先生？

斯： 这个信息，您奉献了一生去传达的信息。您怎么称呼它？您可能就叫它信息吧。

克： 没事，随便叫，那不重要。我——这个说话的人，他在传递一个信息？在告诉你一个信息？

斯： 我可能说错了。你可能会说是一种唤醒，一种质问……

克： 不，不。我只是在问，先生。看问题就好。

斯： 我想我们是那种感觉，听众们……

克: 他在说什么？他说："注意，检视你自己。"

斯: 没错。

克: 没有更多了。

斯: 不需要更多了。

克: 不需要更多了。检视你自己，观察你自己，探究你自己。因为我们现在这样下去，会导致一个可怕的世界。你可能登上月球，你可能走得更远，登上金星、火星，登上所有的星球，但你永远都会带着自己。首先改变你自己！改变你自己——不是首先——就是改变你自己。因此去改变，检视你自己，探究你自己——观察、倾听、学习。那不是一个信息。如果你想，你就可以自己做到。

斯: 但是有些人必须告诉……

克: 我在告诉你。我说："嘿，看这棵神奇的树，看这朵美丽的非洲花。"

斯: 你不说，我还真没看它。

克: 啊！为什么？

斯: (笑)

克: 为什么？它就在那里，就在你旁边。

斯: 是的。

克: 为什么你没看？

斯: 可能有无数个理由。

克: 不不。我请你看那朵花。在我请你看那朵花之前，你看它了吗？

斯: 我有看它的机会，没错。

克： 不是的。因为有人要你看，你就真的看那朵花了吗？

斯： 没有。

克： 没有，你做不到。这就对了。我跟你说，你饿了。因为我这么说你就饿了吗？

斯： 不会。

克： 饿的时候你知道，然而你需要有人告诉你看那朵花。

斯： 饿的时候我可能知道，但告诉我食物在哪里的是妈妈。

克： 不，不是的。我们不是在谈食物在哪里的问题，我们在说"饥饿"。你饿的时候你知道，但为什么看一朵花要有人告诉你？

斯： 因为我不急于看那朵花。

克： 为什么不？

斯： 因为我满足于其他东西。

克： 不是。为什么你没在看那朵花？我认为第一个原因是，对我们大部分人来说自然毫无价值。我们说："反正，那棵树我什么时候想看就可以看。"这是一个原因。还有，我们都全神贯注于自己的烦恼、自己的希望、自己的欲望以及经验，以致把自己关在了思绪的牢笼里。我们不看外面的东西。而他说："别那样。看万事万物，通过看万事万物你就会发现你的牢笼。"就这么多。

斯： 那不就是个信息吗？

克： 它不是信息，在某个意义上……

斯： 是信息。

克： 你怎么叫不重要，好吧，那就叫信息吧。我告诉你那个信息。你拿它玩玩,或者很认真对待。如果那个信息对你来说是非常严肃的事,你自然会把它告诉其他人。你不必说"我要宣传它……"。

斯: 不必,不必。

克: 你会说:"看那些花的美。"

斯: 是的。

克: 你那么说,而那个人不听你说。那就可以了,结束了!所以宣传(propaganda)有必要吗?

斯: 有必要的是传播(propagation),先生。

克: 对,传播,这个词合适——传播(propagate)。

斯: 是的。我们在谈这四十年来的谈话……

克: ……四十多年……

斯: 是的,无数人一直谈论了几个世纪,消耗了他们的……

克: 我们一直在谈,是的。我们一直在传播……

斯: ……传播极其重要的东西,您肯定认为那是极其重要的。

克: 否则我不会继续。

斯: 我读过一些您已经出版的书,但是坐在您身边跟您交谈的这个经验……

克: ……跟读书的感觉不一样。

斯: 完全、完全不一样!

克: 我也这么想。

斯: 我昨晚读了一本,稍稍多了一些领悟。一个人怎样能引发别人的领悟？

克：你是个认真的人，而另一个人也认真，那就会有接触，会有关系，会在认真的状态中产生思想的交会。但要是你不认真，你只会说"嗯，这些东西说得都不错，但到底有什么用呢"，然后就走开了。

斯：是这样的。

克：显然，先生，任何一种有意义的关系，必须会合于相同的水平、相同的时间，有着相同的强度，否则就不存在交流，不存在关系。我们坐在这里一起交谈，也许就是这么回事。因为我感受到了某种急切和强度，有一种关系确立了，那跟读一本书是截然不同的。

斯：书没有生命。

克：印刷文字没有生命，但你要是认真，就可以焕发印刷文字的生命。

斯：那么，怎么从那一点继续探讨？

克：从那一点看，你认为可以传达给他人这份急切、这份强度以及当下发生的行动吗？

斯：……真正的当下……

克：是的，不是明天也不是昨天。

斯：行动，那意味着同一水平上的观察。

克：并且一直在运作——看、行动，看、行动，看、行动。

斯：是的。

克：这该怎么产生呢？首先，先生，大多数人，我们昨天说过，对这一切并不感兴趣，他们拿它玩玩。认真的人确实非常非常少。百分之九十五的人说："好吧，如果你在娱乐大众，那没问题；如果不是，你就不受欢迎。"娱乐，指的是他们认为的娱乐。那你会怎么办？知道这个世界上只有很少很少真正极度认真的人，你会怎么办？你跟他们谈，也跟想被娱乐的人谈。不过，你并不在乎他们听不听你的。

斯： 谢谢。谢谢。

克： 我没有说"有需要拐杖的人，就给他提供拐杖！"

斯： 你没那么说。

克： 也不去满足想要安慰、想要一条逃避之路的人："去别的地方吧……"

斯： ……去皇宫大酒店吧！

克： 我想，先生，那也许就是这一切宗教中、一切所谓导师身上发生的事。他们说："我必须帮助这个人、那个人、另外的人。"

斯： 意思是？

克： 无知的、部分无知的、非常聪慧的人。每种人必须吃适合他的特质的食物，他们可能那么说过。我并不关心。我只提供花朵，让他们闻它，让他们摧毁它，让他们烧煮它，让他们撕碎它。那跟我无关。

斯： 不过，他们赞赏另外那种态度，赞赏菩萨的理想。

克： 又来了，菩萨的理想——那不是我们自己编造的吗？那不是我们自己因为绝望而生出的希望吗？渴望某种安慰？弥勒菩萨，有个说法是他放弃了生命中的一切，开悟了，正等待着所有的人类……

斯：谢谢！

克："吠檀多"是什么意思？

斯：这个词的意思是，"吠陀经的结束"——并不是像"句号"那样的结束。

克：一切知识的终结。

斯：完全正确，完全正确。对，一切知识的终结。在知识不再重要的地方结束知识。

克：那就丢弃它。

斯：对。

克：但为什么接下去描述的不是这回事？

斯：由于坐在您旁边聆听，我就想起了另一位圣人，据说他曾经去找另一位更伟大的圣人。他说："看我的头脑一刻不停。请告诉我必须怎么做。"前辈说："列一张你已知之物的清单，我就可以从那里着手。"他回答说："哦，那会花很长时间，因为我脑子里有所有的公式、所有的圣典，全都有。"圣人回答说："但那只是一系列词汇而已。一切词汇词典里都有，没有任何意义。那么你还知道什么？"他说："那就是我知道的。其他一无所知。"

克：吠檀多，它字面的意思就是知识的终结。

斯：是的，这么表述真是精彩，我以前从没听过这个说法——"知识的终结"。

克：从知识中解脱。

斯：是的，确实如此。

克： 那为什么他们不遵守？

斯： 他们的论点是，要去掉它，必须先经历它。

克： 经历什么？

斯： 经历这一切知识、一切垃圾，然后丢弃它。

PARIVEDYA LOKAN LOKAJITAN。[1]

BRAHMANO NIRVEDAMAYAT。[2]

意思就是："检查完这一切，发现它们对你无益后，那就必须从中走出来。"

克： 那为什么我必须获取它？如果吠檀多的意思是知识的结束，即那个词本身的意思就是吠陀经即知识的结束——那我为什么要经历获取知识的所有艰苦过程，然后再丢弃它？

斯： 否则你就不在吠檀多中。知识的结束就是，获取这个知识，然后结束它。

克： 为什么我要获取它？

斯： 那样它就可以被结束。

克： 不对不对。为什么我要获取它？为什么我不一开始就看到知识的本质并舍弃它？

斯： 看到知识的本质？

克： 然后舍弃，舍弃那一切，永不积累。吠檀多的意思就是知识积累的结束。

---

[1] 此句为梵语拟音。
[2] 此句为梵语拟音。

斯： 是的。正确。

克： 那为什么我要积累？

斯： 也许是为了经历一下。

克： 经历一下？我为什么要经历一下？我知道火烫人；如果我饿了，必须吃饭了，我知道；我知道我绝不能打你，我就不打你。我不会去经历一下打你的过程，我不会去获取会让我再次受伤的知识。所以每一天我都舍弃。每一分钟，我都从我学到的东西中解脱。所以，每一分钟都是知识的结束。

斯： 对，没错。

克： 现在你我都相信那一点，那是事实，是唯一的生活之道，否则你无法生活。那么，为什么他们说"你必须经历所有的知识，经历这一切"？为什么他们不告诉我"听好，我的朋友，你一天天生活，获取知识，但每一天也要结束知识"，而不是"吠檀多这么说那么说"？

斯： 对，对。

克： 照此生活！

斯： 完全正确。但我们又恢复了分别、分类。

克： 没错。我们又回来了。

斯： 又回来了。

克： 我们又回到一个片段——生活的一个碎片。

斯： 是的。因为我太迟钝，我到不了那境界。所以我最好还是获取这一切……

克： 嗯，然后再舍弃它。

斯： 在印度宗教或灵性历史中，有一些圣人是圣人的儿子，像拉玛那尊者 (the Ramana Maharishi) 和苏卡尊者 (the Shuka Maharishi) 等很多，他们被允许一开始就舍弃知识，不必去获取。当然他们这种情况，通常的理由就是他们已获取完毕……

克： 在他们的过去世。

斯： 过去世。

克： 我不认为如此，先生。除了获取知识和结束知识，吠檀多还说了些什么？

斯： 吠檀多描述了个人和宇宙之间的关系。

克： 永恒之物。

斯： 宇宙或梵，不管什么。开头是这样的：

ISAVASYAM IDAM SARVAM。[1]

YAT KIMCHA JAGATYAM JAGAT……[2]

"直到整个宇宙弥漫着那个……"

克： 那个东西……

斯： ……如此等等。接下来几乎都是大师和门徒之间的对话。

克： 先生，难道不奇怪吗，印度总是有老师和门徒这样的关系。老师和门徒？

斯： 是的，古鲁。

---

[1] 此句为梵语拟音。
[2] 此句为梵语拟音。

克： 可他们从不说"你是学生也是老师"。

斯： 他们偶尔也这么说。

克： 但总是带着犹豫，带着忧虑。为什么会这样——如果事实就是，你是老师也是学生？不然你就是迷失的，你要是依赖他人的话。这是事实。另外我还想问，为什么，在歌曲中、在印度文学中，他们歌颂自然的美丽，歌颂树木、花朵、河流和飞鸟，而印度的大多数人却对这一切没有感觉？

斯： 因为他们虽生犹死？

克： 为什么会这样？然而他们谈论美，谈论文学，他们引用梵语，而梵语本身是最美的语言。

斯： 他们没有感觉，对……

克： 他们对穷人没有感觉。

斯： 是的，这是最悲哀的地方。

克： 对肮脏、污秽没有感觉。

斯： 天知道他们哪来的这个想法，因为经典中找不到这样的内容。那表示我们重复着经文，却不知其义。

克： 就是这样。

斯： 克里希那说，
ISHWARA SARVABHUTANAM。[1]
HRIDDESSERJUNA TISTHATI。[2]

---

[1] 此句为梵语拟音。
[2] 此句为梵语拟音。

"我坐于万物之心。"没人在意万物之心。你认为是什么原因?他们每天背诵,传统要求他们每天早上背一章《薄伽梵歌》。

克: 他们每天早上做礼拜,背经文。

斯: 为什么他们丢失了经义?作者当初写下的那些词句显然富有深意。传统要求我们每天背诵是为了保持它们的……

克: 鲜活意义。

斯: 保持它们的鲜活意义。我是什么时候,又是怎样扼杀了它的精神?怎么会这样?要怎样防止?

克: 先生,你认为是什么原因呢?不要问我,你更了解印度。

斯: 我感到震惊。

克: 你认为是什么原因?是因为人口过多吗?

斯: 不,人口过多是果,不是因。

克: 是的。是因为他们接受了这个传统、这个权威……

斯: 可传统说了有益的东西啊。

克: 但他们接受了。他们从不质疑。先生,我在印度见过硕士、学士,他们有学位,聪明,有头脑,但他们不知道怎样在桌上摆放一朵花。他们就知道记忆、记忆、培养记性。这是原因之一吗?

斯: 也许是。一味在记忆。

克: 记忆一切。

斯: 却不思考。为什么人类拒绝思考?

克： 哦，那是另一回事——因为无知、恐惧，总想踏上传统的路子以便不会犯错。

斯： 但我们已抛弃了传统，他们说不适合我们。

克： 当然。但我们找到了适合我们的新传统——我们安全了。

斯： 我们从不觉得有益身心的传统是要保持的好传统。

克： 扔掉所有的传统！先生，我们来搞清楚，看看这些老师、古鲁、圣人是否真正帮到了人类。

斯： 他们没有。

克： 他们强加自己的观念给人类。

斯： 而另外的人用了同样的观念……

克： 因此我质疑这整件事，因为事实上他们并不关心人类的幸福。

斯： 虽然他们嘴上这么说。

克： 如果自认为权威的人真的关心人类，那就不会有集中营。那就会有自由，而不会有镇压。

斯： 不过我想他们认为，我们得关押疯子……

克： 对了。疯子就是质疑我的权威的人。

斯： 昨天的统治者可能就是今天的疯子。

克： 这种事总是会发生，不可避免，这就是为什么我要问"让人类认识到他要独自负责"这个问题重不重要。

斯： 每一个人都负起责任。

克： 当然！为他的所作所为、所思所想负起责任。否则我们就会在这种记忆和彻底的盲目中毁灭。

斯： 那就是你传达的信息。怎么抓住它？

克： 每天敲它（笑），把它敲进心里。因为人类是那么热衷于把自己的责任推到别人身上。军队是逃避责任最安全的地方——万事由别人来告诉你怎么做，你没有任何责任，一切都已详细安排好了，你该怎么做，该怎么想，怎么行动，怎么拿你的枪，怎么射击——然后就完了！他们供给你吃饭、睡觉的地方，要解决性欲你可以去村子里。那就结束了。奇怪的是，他们竟然谈论因果报应。

斯： 那就是因果报应。PRARABDHA KARMA。[1]

克： 他们坚持宣称因果报应。

斯： 那就是因果报应。我以前是婆罗门，我知道怎么回事。我们把因果报应当儿戏，于是报应就来了。

克： 现在印度在玩大浩劫。

斯： 我们玩弄因果报应的概念，我们说：这是你的业报，你必须受苦。我的业报是好的，所以我根本不用受报，我是地主。现在，报应来了。

克： 没错！

斯： 有个素食者——一个狂热的素食者——问我："有必要在瑜伽练习中奉行纯净素食吗？"我回答说："没么重要。我们谈点儿别的吧？"她惊

---

[1] 此句为梵语拟音。

呆了。她反驳我说:"你怎么能这么说?你不能说素食是次要的,你必须说它是首要的。"我回应:"请原谅,我说的话并不重要。"我接着问她:"你赞成战争,赞成防御性军力吗?还有保卫你的国家诸如此类的事?""赞成,"她说,"否则我们怎么生存——我们不得不那么做。"我回应她:"如果我称你为食人者,你会怎么反应?这个人为了维系他的生命杀了一只小动物,但你为了维系自己的生命愿意去杀人。就像食人者。"她听了不舒服,不过我想她后来领会意思了。

克: 不错。

斯: 真是不可思议。人类不想思考。我认为你,克里希那吉,如果你说了真理,就会变得非常不受欢迎。一位神父说过:

APRIYASYA TU PATHYASYA VAKTA SROTA NA VIDYATE。[1]

说得非常精彩!意思是"人类喜欢听好听的。说的人乐意,听的人也乐意"。

萨能

1969年6月26日

---

1 此句为梵语拟音。

第五章

心的品质
马德拉斯的三次演讲

看的艺术

> 要是从那个小角落往外观望,你是看不到的,你看不到世界在发生什么,你看不到绝望、焦虑、隐隐作痛的孤独,你看不到母亲的眼泪、妻子的眼泪、爱人的眼泪,看不到那些被杀害的人们的眼泪。

那天我们在说观察有多么重要。那是了不起的艺术,我们必须大加关注。我们只能用一部分看,我们从未全身心看过什么——用我们全部的头脑、全部的心灵。在我看来,除非学会这项非凡的艺术,否则我们就会一直通过心的一小部分、脑子的一小部分运作、生活。因为种种理由,我们从不曾全身心看过什么,我们不是太关切自己的问题,就是太受制约,受到信仰、传统和过去太沉重的压迫,这事实上阻碍了我们,以致无法看也无法听。我们从未看过一棵树,我们看树是透过我们对树抱有的意象、透过关于树的概念在看。但是概念、知识、经验跟现实的树是截然不同的。在这里,我们很幸运地置身于树的世界,当讲者在谈论"看"这个主题时,如果你环顾四周,如果你真正去看,你会发现要看到树的全部,要抛开夹在看和实物之间的意象、屏障是多么困难。就这么做,请别看我——看树,搞清楚你是否能用全身心看它。我说全身心的意思就是用你的头脑和心灵的全部去看,而不是只用一个片段，因为我们今晚要探究的问题就需要这样的观察、这样的看。除非你真正这么去做，不是把它理论化、合理化或者扯出各种不相关的东西，否则恐怕你会无法理解我们要一起探讨的内容。

我们从不看，也从不真正倾听别人在说些什么。我们要么情绪化、多愁善感，要么非常理性——显然这阻碍了我们真正看到颜色，看到光的美，看到树，看到鸟，听到那些乌鸦的鸣叫。我们跟这一切从没有直接的联系。我很怀疑我们是否跟任何东西有直接的联系，我们甚至跟自己的观念、思想、动机、印象也没有直接的联系。总是有一个意象在观察，甚至在我们观察自己的时候。

所以，了解看就是唯一的真理是非常重要的，别无其他真理。如果我懂得怎样看一棵树、一只鸟、一张可爱的脸庞，还有孩子的微笑，那就够了，不需要再多做什么。然而，由于我们对自然、对他人建立的意象，看一只鸟，看一片树叶，听鸟儿的喧闹这样的事变得几乎不可能了。这些意象事实上阻碍了我们去看、去感受，毕竟感受万物跟多愁善感以及情绪化是截然不同的。

我们说过，我们看什么都是片段地看。从小到大，我们受到的训练就是片段地看，片段地观察，片段地学习，片段地生活。心有一片我们从未接触、从未了解的浩瀚领域，那片空间浩瀚广阔，不可测度，但我们从不接触它，我们不了解它的品质。因为我们从未全身心看过什么，从未用上我们头脑的全部、心灵的全部、神经的全部、眼睛的全部、耳朵的全部。对我们来说，语言、概念无比重要，而不是看和行动。然而，抱有概念，即信仰、观念，抱有这些去概念化地生活，阻碍了我们真正去看，去行动；因此我们说我们有行动方面的问题、做什么或不做什么的问题，我们还有行动和概念之间产生的冲突。

请务必观察我在说的问题，不要只是听到讲者的话，要观察自己，把讲者当作一面可以看清自己的镜子。讲者必须说的东西无足轻重，讲者这个人也毫不重要，但你从观察自己的过程中理解的东西是重要的。之所以这样，是因为我们的心、我们的生活方式和感受方式、我们日常的所作所为必须全面革命、彻底转变。只有我们懂得了怎样观察，这样重大、深刻的革命才有可能实现。因为如果你确实在看，那就不仅用上了你的眼睛，也用上你的心。不知道你们有没有开过车，如果开过，开车的时候你不只是眼睛注意到靠近的车，你的心早早就在观察拐弯、岔路以及来来回回的其他车辆了。这种看不只是用你的眼睛、用你的视觉神经在看，还用上了你的心灵、你的头脑。如果你的生活、你的思考、你的行为只局限于整颗心的一个片段，你是无法这样全身心观察的。

看看这世上在发生什么：我们被社会、被我们所处的文化制约，而那文化就是人类的产物，文化中没有任何神圣、圣洁、永恒的东西。文化、社会、书籍、收音机，我们听到看到的种种，我们意识到或没有意识到的许多影响，这一切都促使我们局限于内心浩瀚的领域中非常狭小的片段里。你读书，上大学，学一项技术谋生，在接下来的四十或五十年里，你就把你的生活、你的时间、你的能量、你的思想耗费在那个狭小的专业领域。然而心有着浩瀚的领域。除非我们彻底改变这种分裂，否则根本没有革命可言。虽然会有一些经济上、社会上以及所谓文化上的修修补补，但人类将继续受苦，继续身陷冲突、战争、不幸、悲伤和绝望。

不知道前阵子你们有没有读到俄国军队的一个官员向政治局做的报告，报告说他们在用催眠法训练军队的士兵——知道那是什么意思吗？你被催眠，你被训练怎样杀人，怎样无条件服从命令，怎样完全独立行动却不过界、不犯上。如今的社会和文化就在对我们每个人做一模一样的事。社会和文化催眠了你。请务必仔细听，不只是俄国的军队里在这么做，整个世界都在这么做。如果你没完没了地读诵《薄伽梵歌》《古兰经》，或重复某些咒语、某些念叨个没完没了的话，你就在做与那些俄国士兵做的一模一样的事。如果你说"我是印度教徒，我是佛教徒，我是穆斯林，我是天主教徒"，你就在重复同一个模式，你已经被催眠，而技术也在做一模一样的事。你可以是个聪明的律师、第一流的工程师，或者是个艺术家、了不起的科学家，然而你总是局限于整体的某个片段。不知道你们是否看到了这一点，不是因为我的描述，而是确实看到了正在发生的事实。大家都在这么做，父母、学校、教育，他们都在塑造头脑，使它在某个模式、某个片段里运作。我们总是关心在那个模式、那个片段的范围内实现改变。

所以，我们要怎样了解这种状况，不是理论上了解，也不是仅仅把它当作一个观念，而是看到其中的现实——明白吗，看到现实？现实就是每天都在发生的事，现实就是体现在报纸上、体现在政客身上、体现在文化和社会中、体现在家庭中的事，现实促使你把自己叫作印度人，或不管你认为的什么。那么，如果你看到了，你就一定会质疑自己，你要是看到了肯定会质疑，这就是为什么了解你怎样看非常重要。如果你确实看到了，那么接下来的问题就会是："整个心可以怎样运作？"我指的不是心的片段，不是受制约的心，也不是受了教育、思想复杂的心，那个怕这怕那的心，那个念叨着"有上帝，没上帝，我的家庭，你的家庭，我的国家，你的国家"的心。那么你会问："心的全部会是怎样的？它可以怎样完整地运作，甚至在学习技术的时候？"虽然这颗心不得不学习技术，与他人共处，活在我们目前这个混乱的社会——记住，我们必须问这个问题，这问题非常重大："可以怎样让整个心完全敏感，甚至每个片段都变得敏感？"不知道你们是否听懂了我的问题，我们会再换种方式探讨。

我们目前并不敏感，只有某些地方敏感。如果我们特有的个性、特有的气质或特有的快乐被否定了，那战斗就来了。我们在某些片段、某些地方是敏感的，但我们并不是彻底敏感。那么问题就是："怎样让那个片段，即整体的一部分、被每天的重复钝化的部分，可以像整体一样敏感？"这个问题够清楚吗？告诉我。

也许对你们来说这是个崭新的问题，很可能你们从未问过自己。因为我们全都满足于活在那个领域中的那个小小部分,麻烦和冲突越少越好,那就是我们的生活,相对于其他文化——西方的、古代的或其他种类的文化而言,评价着那一小部分的璀璨文化。我们甚至没有意识到这样的生活会有什么结果——生命浩瀚,我们却活在其中极小的一个片段里、一个角落里。我们自己没有看到我们是多么在乎那一小部分,我们试图在那个片段里找到问题的答案——生命如此浩瀚,我们却指望在那个小角落里找到问题的答案。我们问自己,心怎样能(因为我们只关心那一小部分,所以那浩瀚领域的一半是沉睡的),我们怎样能变得完全了解全部,变得完全敏感?

首先,方法是没有的。因为任何方法、任何体系、任何重复或习惯,本质上都是那个角落的一部分。我们在一起前行吗,一起踏上一段旅程,还是你们落下了?首先要看到存在那个小角落的现实并理解它的需求。然后我们可以提出这个问题:"我们怎样才可以让心的整个领域完全敏感起来?"因为唯一真正的革命就在那个问题中。如果整颗心完全敏感了,我们就会有不同的行动,我们的思考、感受就会有一种不同维度的完整,但是并没有方法。不要问"我该怎样到达,怎样达成,怎样变得敏感",上大学是不会让你敏感的,读一堆书也不会让你敏感,别人也无法告诉你怎样变得敏感。这就是你在那个角落里一直在做的事,你变得越来越不敏感,从你的日常生活中,从你的麻木、残忍、暴力中就可以看出来。不知道你们有没有在杂志上看到美国和越南的士兵受伤的照片。你可能看到了,你说"真遗憾",因为这件事并没有发生在你身上,没有发生在你的家庭、你的儿子身上。所以,我们变得麻木就是因为我们缩在一个扭曲的琐碎的小小角落里劳作、生活和行动。

没有什么方法来令自己完全敏感,请务必认识到这一点。因为如果你认识到了,你就摆脱了一切权威的沉重负担,从而也摆脱了过去。不知道你们是否看清了这一点。过去包含在我们的文化中,我们认为我们的文化是如此光辉灿烂(传统、信仰、记忆以及对它们的遵从),如果你认识到在那个"小角落"里没有任何实现自由的方法,你就会把那一切完全放到一边,永远不碰,但你必须了解那个小角落的一切。然后你就会摆脱导致你不敏感的负担。士兵被训练去杀人,他们日复一日、残酷无情地操练,最终人性全无。一直以来,全世界各个地方的报纸、政治领袖、古鲁、教皇、牧师、主教每天对我们做的,就是那一类事。

既然没有方法,那我们该怎么办?方法意味着练习、依赖,意味着你的方法、我的方法、他的路、另一个人的路,或意味着我的古鲁水准更高一点,这个古鲁是个骗子,那个古鲁不是(不过所有的古鲁都是骗子,你可以一开始就这么认定,不管他们是西藏喇嘛,还是天主教徒或印度教徒)——他们全是骗子,因为他们仍然在那个非常狭小的角落里发挥作用,那个角落已经被鄙视、被践踏、被毁灭。

我们该怎么办?现在明白我的问题了吗?问题是:我们不知道心的深度和广度。你可以读这方面的书,你可以读现代心理学家的理论,或者古代导师的说法,但别信他们,因为你得自己去搞清楚,而不是按照其他人的说法。我们不了解心,你们不了解它,所以不能对它抱有任何概念。明白我们在讨论什么吗?你不能对它抱有任何观念、见解和知识,这样你就从任何建议、任何理论中解脱了出来。

那么再问一遍,我们该怎么办?我们只需要看。看那个角落,看我们在那个不可测度的浩瀚领域的一个角落里建造的小房子。我们在那里生活、争斗、吵架、提升(你们知道那里发生的一切),看它。这就是了解"看是怎么回事"非常重要的原因,因为一旦有冲突你就属于那个隔绝的角落。哪里在看,哪里就没有冲突。这就是为什么一开始你就必须学会——不,不是一开始,而是现在——学会看。不是明天,因为不存在明天——对快乐、恐惧或痛苦的寻寻觅觅才发明了"明天"。事实上不存在心理上的明天,但心、头脑发明了时间。我们会以后再探究这个问题。

所以我们必须做的就是看。如果你不敏感,你就看不到;如果你在你和所看的事物之间夹了一个意象,你就是不敏感的。明白吗?所以看就是爱的行为。你知道是什么使整颗心敏感吗?唯有爱。你可以学习技术,同时还懂得爱,但如果你有技术却没有爱,你就会毁灭世界。先生们,务必在你们的内心观察这一点,务必在你们自己的头脑和心灵中探究,你们会自己看到这个事实。看、观察、倾听,这些都是了不起的行为,你要是从那个小角落往外观望,你是看不到的,你看不到世界在发生什么,你看不到绝望、焦虑、隐隐作痛的孤独,你看不到母亲的眼泪、妻子的眼泪、爱人的眼泪,看不到那些被杀害的人们的眼泪。然而你必须看到这一切，不情绪化，也不多愁善感，不说"嗯，我反对战争"或者"我支持战争"，因为多愁善感和情绪化是最具破坏性的东西——它们逃避事实，所以也逃避实然。因此，看就是最重要的。看就是领悟。你无法靠头脑、靠智力或靠一个片段领悟。只有心彻底安静，即没有意象的时候，才有领悟。

看摧毁一切障碍。注意，先生们，只要你和树之间、你和我之间、你和你的邻居之间（那个"邻居"可以在一千里之外或就在隔壁）是分裂的，就一定有冲突。分裂就意味着冲突，这很容易理解。我们生活在冲突中，我们习惯了冲突，习惯了分裂。你们把印度看作一个单位——看作一个地理、政治、经济、社会和文化单位，欧洲、美国、俄国也一样：不同的单位，一个反对另一个，这样的分裂必定会滋生战争。这并不表示大家必须都同意，或者如果大家不同意我就会跟你们争论。如果你如实看到了事物，就根本没有什么同意或不同意。只有你对你看到的事物抱有观点时，才有不同意，才有分歧。如果你和我看到月亮，那就不会有不同意，月亮就是月亮。但如果你认为那是其他什么，而我认为是另外的什么，那时就一定有分歧，于是就有冲突了。所以，看一棵树的时候，如果你真正看到了它，你和树之间是无二无别的，并不存在观察者在看那棵树。

一天，我们在跟一个很博学的医生谈话，他服用过一种叫LSD的毒品，很小的剂量，当时他旁边有两位医生用录音机录下了他说的话。他服用之后没一会儿，就看到前面桌子上的花和他之间的空间消失了。这并不是说他把自己当成了那些花,而是空间消失了,意思就是观察者没有了。我们不是在怂恿你服用LSD,因为它对人体有害。另外,如果你服用那种东西,就会沦为它们的奴隶。但有更简单、更直接、更自然的方法,就是你自己去观察一棵树、一朵花、一个人的脸,随便看哪一样,用心去看,看到你和它们之间的空间不复存在。只有心中有爱的时候你才能那样看——可惜爱这个词已经被严重滥用了。

暂时我们不会探究爱的问题,但你要是能在这个意义上真正地观察、真正地看,那就会神奇地消弭时间与空间,这就是有爱的时候发生的状况。不认识美,你就不会有爱。你可能谈论美,描写它,设计它,但如果你没有爱,那就没有什么是美的。没有爱意味着你没有完全敏感。因为你没有完全敏感,所以你在衰败,这个国家就在衰败。不要说"其他国家不也在衰败吗",当然,它们确实在衰败,但你就是在衰败,虽然你在技术上可能是个卓越的工程师、了不起的律师、技术专家,知道怎样操作电脑,但你在衰败,因为你对生命的整个过程不敏感。

那么我们的根本问题就是——不是怎样结束战争,不是哪个上帝更好,不是哪个政治体系或经济体系更完善,不是哪个党更值得投票支持,反正他们是狡诈的一丘之貉,不管在美国、印度、俄国还是其他任何地方,对人类而言最根本的问题都是从"那个小角落"中解脱出来。那个小角落就是我们自己,那个小角落就是你粗劣狭小的心。我们打造了那个小角落，因为我们狭小的心支离破碎，因此没有能力对整体敏感。我们想把那个小角落打造得安全、和平、宁静、令人满足、令人愉快，从而避免所有的痛苦，因为，我们说到底就是在追求快乐。如果你检查过快乐——你自己的快乐，如果你观察过、留意过、探究过，就会看到哪里有快乐哪里就有痛苦。你没法要一个而不要另一个，我们一直在要求更多的快乐，因此一直在招引更多的痛苦。我们所谓人类生活就建立在那个基础上。看就是密切接触人类生活，如果你抱有概念、信仰、教条或观点，就无法密切地、实实在在地接触它。

所以重要的不是学习，而是去看、去听。听鸟鸣，听你妻子的声音，不管多么恼人，多么好听或不好听，听就好，听你自己的声音，不管多么好听，多么不好听，或者可能多么急切。从这样的倾听中，你就会发现观察者和被观察者之间所有的分别都结束了，因此冲突就不存在了。你观察得仔细，那观察就是纪律，你不必再强加纪律。那就是美，先生们，如果你们只能认识美的话，那就是看的美。如果你能看，你就别无他事，因为在看当中就有所有的纪律、所有的美德，即关注。在看当中就有所有的美，而有美就有爱。那时，如果有了爱，你就无须再做什么；那时，不管你在哪里，你都身在天堂；那时，一切追求全都告终。

马德拉斯
1968年1月3日

自由

> 要看那棵树,你必须从忧愁、焦虑、内疚中解脱出来。要看,你必须从知识中解脱出来。自由是心的一种品质,弃世和奉献都无法达到它。

如果心没有饱受煎熬,如果它在根本上是自由的,没有障碍,如果它如实看事物,看到时间的插手使人与自然以及与他人失去了联系,看到时间和空间可怕的一面,知道爱的真谛,如果我们可以一起分享这样的心,那会相当有趣,相当值得。如果我们能分享这一切——不是在智力上,不是在哲学、形而上学的层面玩狡猾、复杂的智力游戏,而是真正地分享,如果能那么做,我想我们就能终结所有的问题了。但这样的分享并不是指从别人那里分享到,你必须首先就具备。如果你具备了,你就是丰足的。具有了这种丰足,是一个人还是多个人都一样。就像枝叶繁茂的树,它的一片叶子就具足一切,同时它又是整棵树的一部分。

今天晚上,如果我们能分享这样的品质,不是跟讲者分享,而是因为你已具足所以拿来分享。那时候也就不再有分享的问题了。就像一朵花儿,芳香四溢,它并不分享什么,它只是一直在那里,任何路人都可享受它的芳香。不管那个人近在花园还是远在他乡,对于这朵花来说都是一样,它芬芳具足,它与万物共享。如果我们能邂逅它,也许会赞叹这真是一朵不可思议的花。它看起来不可思议，只因为我们是那样多愁善感，而善感，在那种情绪化的意义上，并没有多少价值。你可能具有同情心，可能慷慨、善良、温柔、彬彬有礼，但我所说的品质跟这些是截然不同的。你们不想知道吗？不是抽象意义上的想知道，也不是那种希望通过一种体系、一种哲学或追随某些古鲁得到某些东西的想知道。你们不想知道为什么人类缺乏这个东西吗？他们生孩子，他们享受性，享受体贴，享受伴侣之间、朋友之间、伙伴之间共同分享的感觉，但是这个东西——为什么我们还不具备？如果有一天我们具备了它，所有的问题，不管会是什么，就结束了。你不曾偶尔懒懒地生出一点儿疑惑吗？当你独自走在脏乱的大街上，坐在公车里，当你在海边度假，在林中跟许多飞鸟、树木、溪流和野兽在一起，你难道不曾想问问自己——人类繁衍生息了几百万年，为什么还不具备这个东西，为什么还没采到这朵非凡的永不凋零的花？

如果你问过这个问题，就算只是出于偶尔的好奇，你一定得到过一些隐约的暗示。但是，很可能你并没有问过。我们过着单调、无聊、马虎的生活，满脑子都是自己的难处和焦虑，这样的问题根本没在脑子里出现过。如果我们问这个切身的问题，就像我们现在就要做的，在这个宁静的夜晚，坐在这棵树下，耳边鸦鸣阵阵，不知道我们会有怎样的答案。不含糊其辞，也不滑头滑脑，我们每个人会怎样直接回答呢？如果你问自己这个问题，答案会是什么？为什么我们饱受痛苦的折磨，为什么我们有那么多的问题，有排山倒海的恐惧，而这一个东西似乎离开了，似乎毫无立足之地了？如果你问为什么，为什么我们还没有找到这个品质，不知道你的回答会是什么？你的回答要看你追问的强度和热切度。可是，我们既不强烈，也不热切，因为我们没有能量。要看任何东西，看一只鸟，看一只坐在枝丫上打理自己的乌鸦，用你的眼睛、耳朵、神经、头脑以及心灵，用你的整个存在看它，全身心地看它，这需要能量，但那种能量不是一颗涣散的心所具有的，不是一颗不停挣扎、自我折磨、背负数不清的包袱的心所具有的那点儿廉价的能量可比拟的。大部分心，99.9%的心背负着可怕的包袱，饱受折磨。所以他们没有能量，能量就是激情。没有激情，你找不到任何真理。"激情"(passion)这个词源自拉丁语的苦难(suffering)一词，而那个词又源自希腊语以及别的语种；从这个"苦难"出发，整个基督教国家崇拜悲伤，而不是激情。他们甚至让"激情"蒙上了某种特殊的含义。我不知道你们怎么理解激情，那种满怀激情的感觉，暗藏怒火，饱蘸能量，那种激情中没有任何隐秘的欲望。

如果我们倾尽所有的激情而不只是一点儿好奇来发问，那么答案会是什么？不过很可能你们害怕激情，对大多数人来说，激情就是欲望，激情源自性以及类似的别的东西。或者，激情可能来自对我们所属国家的认同，还有对某些手工或头脑打造的平庸小神灵的激情。所以，对我们来说，激情是个相当可怕的东西，要是有了那样的激情，我们不知道它会把我们带向哪里。所以，我们小心翼翼地疏导它，用各种哲学概念和信仰围困它，能量就这样折腾没了，但我们需要能量来解决这个不寻常的问题,如果你诚实直接地问自己,这个问题确实极不寻常,我们人类组建家庭、生儿育女,置身于这个世界的一切纷乱和暴力之中,当有一样东西可以化解这一切,为什么我们却没有具备它?我在想,是不是因为我们其实并不想搞清楚它?要搞清楚任何东西,必须有自由,要搞清楚我们的想法、感觉、动机,搞清楚而不只是智力分析,必须有看的自由。要看那棵树,你必须从忧愁、焦虑、内疚中解脱出来。要看,你必须从知识中解脱出来。自由是心的一种品质,弃世和奉献都无法达到它。你们在听吗?还是我在跟风说话,跟树说话?自由是心的一种品质,是看的必要条件。自由并不是摆脱某样东西。如果你摆脱了某样东西,那并不是自由,那只是一种反应。你抽烟然后戒烟,就说"我自由了",事实上你并不自由,虽然你可能摆脱了那个特定习惯。自由涉及习惯形成的整个机制,要了解习惯形成的整个问题,我们必须自由地检视它的机制。也许我们也害怕自由,因此就把自由远远推开,推入某个天堂。

所以,也许恐惧就是原因,就是为什么我们没有那种激情的能量去自己搞清楚,搞清楚我们的内心缺乏爱的品质的原因。我们具备其他的一切,我们具备贪婪、羡慕、迷信、恐惧、苟且偷生的丑陋,接下来的四十年或五十年日复一日去上班——不是说我们不该去上班,很不幸,我们必须得去,但它变成了例行公事,而那种例行公事,那种日复一日没完没了地上班,做同样的事情,一干就四十年,把心定型了,把它磨得无聊、愚蠢或者只在某方面机灵。

可能，很可能是，我们每个人都太害怕生活了，因为不了解这生活的整个过程，我们永远无法领会什么不是生活。明白吗？我们的所谓生活，就是每日的无聊、每日的挣扎、每日身心内外的冲突、隐秘的需求，以及隐秘的欲望、野心、残忍外加有意无意背负的巨大悲伤，那就是我们的所谓生活，不是吗？我们可能试图逃开它，上寺庙或俱乐部，追随一个新古鲁或做个嬉皮士，或沉溺于酒精，或加入某个对我们许下某些承诺的社团——不管承诺什么，只要可以逃避。恐惧中藏着我们所谓生活的主要问题，恐惧死亡，恐惧执着，恐惧执着带来的所有痛苦——怎样摆脱——是否存在身体上、情感上、心理上的安全——对那种情况的恐惧——恐惧未知，恐惧明天，恐惧妻子离你而去，恐惧没有信仰被大众孤立、孤独凄凉、每一刻都深陷绝望，这就是我们的所谓生活，一场战斗、一种饱受折磨的日子，尽是些没用的心思。我们活成这样，我们的生活就是这样，只是偶尔神志清醒，偶尔死死抓住一丝清晰的理性。

先生们，请不要只是听到表面的字眼，不要被它们迷惑，解释、定义、描述并非事实本身。你的生活才是事实，你对生活了解与否才是事实，你没法靠讲者的片言只字来了解生活，讲者只是描述了你的状况，你若被描述所困，被字眼所限，肯定就迷失一辈子了。那就是我们的现状——我们迷失了，我们孤独凄凉，因为我们困在了无尽的字眼里。所以，我恳求你们，请千万不要掉进字眼里出不来，但请留意观察你自己，观察你的生活、你的日常生活、你的所谓生活——上班、考试、求职、失业、恐惧、家庭和社会压力、传统、不得志的痛苦、生活的无常、极度无聊、毫无价值。你可能会赋予生活一些意义,你像哲学家、理论家,像宗教人士那样编织生活的意义,那就是他们的工作。然而,在你需要真正的养分时,你却在以字眼为食,你用字眼喂养自己,你满足于字眼。所以要了解这样的生活,我们必须观察它:密切地接触它,不让时间和空间阻拦在你和它之间。你身体痛得厉害时,你不会有这个时空的间隔,你会行动,你不会把它理论化,不会去争论是否存在宇宙的大我,是否存在灵魂,你不会开始引述《薄伽梵歌》《奥义书》《古兰经》《圣经》或某些圣人的言教。那时你会直面现实生活。生活就是那生生不息的运动,就是行动、思考、感受、恐惧、内疚、绝望——那就是生活。我们必须密切接触它。但如果有恐惧,我们就无法强烈地、热切地、生气勃勃地接触生活。

恐惧产生信仰,不管我们信仰的是大同社会,还是牧师、神父的神权观念,这一切都脱胎于恐惧。显然,所有的神灵,所有的,都是我们的苦难臆造的,崇拜他们就是崇拜我们的苦难,崇拜我们的孤独、绝望、不幸和悲伤。请务必听听这一切——这是你的生活,不是我的。你必须面对它,因此你必须了解恐惧。不了解生活,你就无法了解恐惧。你必须了解你心中的嫉妒和羡慕——它们不过是恐惧的象征罢了。你可以全身心地了解,不是理智上了解,没有理智上了解这回事,只存在全身心地了解,你可以全身心地了解,这就像投入你的头脑、你的心灵、你的眼睛以及你的神经去观赏落日,那时你才算了解。要了解嫉妒、羡慕、野心、残忍、暴力，了解它们，一旦发生什么，一旦你感到羡慕、愤怒、嫉妒或满腹仇恨，或感到内心的不诚实，就加以全身心的关注，如果你了解了那一切，你就了解了恐惧。但你不能把恐惧当成抽象概念。毕竟，在跟事物的联系中才存在着恐惧。你不怕邻居、不怕政府、不怕妻子、不怕丈夫吗？你不怕死亡吗？你得去观察，而不是恐惧，你得探究是什么造成了恐惧。

现在要检查一下生活是怎么回事，检查这个我们死抓不放的东西，我们的日常生活，检查单调、悲惨的生活，检查庸庸碌碌、备受蹂躏的中产阶级生活——我们全都遭受着社会、文化、宗教、牧师、领袖和圣人的蹂躏。除非了解这一点，否则你永远也无法了解恐惧。所以我们要了解这个生活以及恐惧最大的源头，那个被称为死亡的东西。要了解它，你必须有巨大的能量和激情。大家知道我们是怎么浪费能量的，我并不是指性浪费能量，性是小事一桩，没必要夸大它，但我们必须直接探究，不要听商羯罗或任何这类人的现成说法，他们发明了自己的一套方式逃避生活。

要搞清楚生活，我们必须兼具能量和持久的激情，而智力绝不能滋养激情。要拥有那种激情，我们就得探究能量的浪费。我们可以看到，追随任何人都是浪费能量，明白吗？因为，如果你追随一个领袖、一个古鲁，你就是在效法、在模仿、在服从，你在建立权威，你的能量因而涣散了。务必观察这一点，请务必这样做。不要回到你的古鲁、你的社团、你的权威那边了，像扔掉烫手山芋一样扔掉他们吧。你也可以看到你妥协的时候是怎样浪费能量的。知道妥协是什么意思吗？只有存在比较的时候，才存在妥协。我们从小就受到训练：我们是怎样的，学校里的尖子生是怎样的，彼此之间比来比去。我们拿自己跟昨日的我比，或高贵或卑贱；跟昨日感受到的幸福比，不期然降临的幸福来得突然；看一棵树、一簇花，看一个可爱的女子、一个孩子或一个男人的脸，这种种的欢乐，于是我们就拿今日怎样跟昨日怎样比。这种对比、这种衡量，就是妥协的开始。请务必自己检视。搞清楚其中的真相，搞清楚一旦你作了衡量，即比较，你就已经在跟实然妥协了。如果你说那个人是I.C.S.的会员[1]，他收入很高，他是这个或那个的老板，你就是在比较，在判断，你重视他们，因为他们是个人物，而不是因为他们是人，你的依据是他们的地位、才能、赚钱能力、工作、博士头衔以及名字后面的一连串字母。所以你在比较，拿你跟另一个人比，不管这"另一个人"是圣人、英雄、神灵、观念、意识形态。比较、衡量——这一切都滋生妥协，妥协就是能量的严重浪费。浪费能量不是你过性生活时发生的问题，我们身后有一个浪费能量的传统。那么，我们明白妥协怎么就是浪费能量了。你要是耽于构建观念、耽于理论，也是在浪费能量：研究有没有灵魂，有没有宇宙的大我，这不是浪费时间、浪费能量吗？如果你没完没了地阅读，如果你听某些圣人、某些托钵僧宣

---

1 I.C.S.即国际外科医生协会。——译者注。

扬的那一套，如果你评注《薄伽梵歌》或《奥义书》——想一想！想想这有多荒谬！多幼稚！有人郑重其事地解释某本实质上没有用的书，解释某个已经作古的诗人写的书，把它捧得很高。这些都是不成熟的表现，本质上都是浪费能量。

不成熟的心把实然和应然比来比去——唯有不成熟的心才作比较。成熟的心不作比较，不作衡量。不知道你们是否探究过自己的内心，是否留意过自己怎样跟别人比来比去："他多俊美、多明智、多机灵、多出色，我什么也不是，我要向他看齐。"或者："她多美、身材好、性格好、又伶俐又聪明，她比我好。"我们就在这个比较、衡量的世界里思考、过活。你要是质疑，观察过，或许你就这样表示过："不再比较，不再跟任何人比较，包括最美的女演员。"要知道，美跟女演员无关，美是某种全然的东西，跟脸蛋无关，跟身材无关，跟笑容无关，谁能全然领悟，全然存在，然后流露出来，那时就有美。在你的内心里留意这件事，请试试看，准确地说是，就这么做。当你用"试试看"这个词，你就知道这样的心为什么是最可悲、最愚蠢的；当它说"我在尽力，我在尝试"，这就表明它本质上就是中产阶级，善于衡量，每天都在改善。所以，自己去搞清楚，看看你能否，不是理论上而是事实上，能否不作比较、不作衡量地活在世上，绝不用"更好"或"更多"这种字眼。看看会怎么样。只有这样成熟的心，没有在浪费能量的心，只有这样的心，才能过一种非常简单的生活，我指的是真正简单的生活，不是一日一餐或只缠一条腰布的人所说的简单——那是刻意表现——不作衡量的心才是简单的，因此不浪费能量。

接下来要讲到重点了。我们在浪费能量，而你需要这能量来了解这畸形的生活。我们必须了解它，这是我们仅有的东西，而不是神灵、《圣经》《薄伽梵歌》或理想。你有的就是这个——每日的痛苦、每日的焦虑。了解它，接触它，不要做旁观者，不要在你和绝望之间制造距离，要做到这样，你必须有强大充沛的能量。要具备那样的能量，就不能耗散它。如果能做到这样，你就会了解生活的真谛。那时，你就不再恐惧生活，恐惧生活的变动。你知道什么是变动吗？变动无始无终，变动本质上就是美，就是荣耀。明白吗？

所以生活就是变动，了解它必须有自由，必须有能量。了解死亡就是了解与生活紧密相关的东西。你知道，美，不是指图片上的美，不是某个人的美，不是一棵树、一朵云的美，也不是落日的美，美与爱密不可分。有爱和美，就有生和死。你不能把一个跟另一个分开。一旦分开两者，就会出现冲突，关系就不存在了。那么我们已经检视了生活，虽然不是巨细靡遗，但我们检视过了。

现在让我们来思考、探究死亡这个问题。你们问过自己为什么怕死吗？显然大多数人都怕。有些人甚至不愿去了解它，他们要是想了解，就想美化它。有些人发明理论、信仰、逃避现实的出口，比如复活、轮回之类的说法。大多数东方人都信轮回——很可能你们都信。轮回的意思就是，有一个永恒的实体，或者累积的记忆，会在下辈子再生——不是吗？你们都信这一说：下辈子要有更好的机会，要活得圆满，要完善自己，因为这辈子是如此短暂，这辈子无法给你所有的经验、所有的快乐、所有的知识，因此，让我们下辈子再来！你需要下辈子来获得时间和空间完善自己，所以你信轮回。这是逃避事实。我们不关心到底有没有轮回或有没有延续，那需要截然不同的分析方式。我们暂时可以看到，有延续性的东西怎样从昨天的状态延续到今天，再通过今天延续到明天。这种延续是在时间和空间中进行的。这并不需要什么智慧，你自己就可以很轻松地观察到。我们怕这个叫作死亡的东西。我们不但怕生活，也怕这个未知的东西。我们是怕未知，还是怕已知、怕失去已知的东西？就是说，怕失去家庭，失去你的经验、你每日单调的存在——已知的东西——房子、花园、你习惯的笑容、你吃了三十年的食物、同样的食物、同样的天气、同样的书本、同样的传统——你怕失去那一切，不是吗？你怎么可能怕某些你不知道的东西呢？

那么，思想不但怕失去已知的东西，也怕叫作死亡的未知之物。我们说过，我们无法摆脱恐惧，只有了解引起恐惧的东西，比如死亡，才能了解恐惧。从古至今，人类把死亡推得远远的，比如古埃及人虽死犹生。死亡远在天边，生与死隔着一段时空。思想，分开了生与死，让生死分离。务必探究一下，先生们，如果去做的话，那非常简单。思想把死亡分开，因为思想说"我不知道未来会怎样"。我要是信轮回，会有很多理论支持，那意味着我必须表现、用功、有所作为，现在就开始——我要是信那一说的话。你现在的所作所为关系到死后会怎样,但你并不那么信。你把轮回当作一个观念来信,一个令人安慰的观念,但相当模糊,所以你不在乎你现在的作为。事实上你并不信因果报应,虽然你嘴上口口声声在说相信。如果你真的信,的确信,绝对信,就像你相信赚钱的实实在在,相信性爱的实实在在,那么你的每一句话、每一个姿态、每一个动作都会与这份相信息息相关,因为你下辈子都要一一偿还。于是,那信仰就会令人极其自律——但你并不是真信,那只是一个逃避现实的出口。你怕,是因为你不想放手。

你在放手什么?检视一下。当你说"我怕放手",你怕的是什么?放手什么?仔细检视。怕放手你的家庭、你的母亲、你的妻子、你的孩子?你跟他们有联系吗?还是你只是跟观念、跟意象有联系?当你说"我怕放手,怕分离",你认为你在跟什么分离?是记忆吗?显然是记忆,关于性快感的记忆、成为大人物的记忆或一个往上爬的小人物的记忆,还有关于你的个性、你的友情的记忆——就是这些记忆,你怕放手这些记忆。然而,不管是多愉快或多不愉快的记忆,它们到底是什么?它们根本没有实质的东西。所以你怕放手根本没有价值可言的东西,记忆不过是延续,不过是一大把的回忆、一个个体、一个中心。

所以,当我们了解了生活,也就是说,当我们了解了嫉妒、焦虑、内疚和绝望,当我们超越了这一切,生和死就紧密相连了。那时,生就是死。要知道,如果你按照记忆和传统生活,按照"你应该怎样"生活,你就不是在生活。但你要是把那一切都推开,那意味着对一切已知死去——从已知中解脱——那就是死亡,那时你就是在生活了。你不是活在某些虚幻的概念世界,你不是跟在《吠陀经》《奥义书》这些没用的东西后面亦步亦趋,而是实实在在地活着。你每天过的生活才是有价值的,那是你唯一的生活,不了解它,你就永远不会了解爱,了解美或死亡。

我们回到最初的问题,即为什么我们心中没有这份激情。如果你非常仔细地检查刚才说过的内容,不是在口头上或理智上检查,而是在你自己的头脑和心灵中检查,你就会知道为什么你还不具备它。如果你知道了为什么,如果你体会它,跟它共处,如果你在探索原因的过程中非常热切,那时你就会发现你已具备了它。通过彻底的否定,那个唯一肯定的东西,也就是爱,就在了。跟谦卑一样,你无法培养爱。当所有的自负、虚荣完全结束时,谦卑就在了,但你永远不会知道谦卑是怎样的。一个知道怎样显得谦卑的人是虚荣的。同样,如果你投入你的全副心神、投入你的整个存在去搞清楚生活之道,去看清楚真实"存在"并超越它,彻底、完全地否定现在所过的生活,正是对丑陋、残忍的否定,在完全的否定中,另一个东西就在了。但你永远不会知道那是什么。一个知道自己寂静的人,知道自己在爱的人,并不知道什么是爱,什么是寂静。

马德拉斯

1968年1月10日

神圣

出于恐惧，出于这个传统不变的习惯，你赋予了它神圣的意义，你献身于你认为神圣的东西，听任它摆布。寺庙中的塑像并不比路边的一块石头更神圣。

我们可以没完没了地阅读、讨论、堆砌语言，而不采取任何行动。这就像一个人总是耕地却从不播种，因此从来没有收获。我们大部分人都停留在那个层面。语言、观念、理论变得比现实生活即行动更重要。不知道你们是否琢磨过，为什么全世界都那么重视科学上和神学上的观念、公式、概念。我想知道这是为什么。是为了逃避现实，逃避日常单调的生活？还是因为我们认为观念理论会帮助我们活得更好——会开拓我们的视野，增加生活的深度？因为我们认为如果不树立观念、不追求意义、不胸怀目标的话，生活就会非常肤浅、空洞、毫无价值。那可能就是原因之一，或者因为我们发现日常生活的单调、例行公事和无聊当中，缺乏一种敏感的品质，从而希望能从构建观念中得到？

我们所过的生活显然非常冷酷，我们变得迟钝、苛刻、愚蠢、不敏感，所以我们指望借助观念，借助构思观念的精神活动来造就某种敏感的品质。因为我们注意到我们的生活不可避免地沦为重复乏味的事（性、上班、吃饭、没完没了地念叨毫不重要的事、关系中经常的摩擦），这一切确实导致了残忍、冷酷和无情。觉察到这种情况，也许不是有意识的觉察而是内心深处的感受，我们以为观念、理想以及关于上帝和来世的理论没准儿能让我们高雅起来，没准儿能让这无聊、痛苦的生活焕发出一点儿价值、一点儿意义和目的；也许我们以为那些东西能磨砺头脑，使它们锐利起来，使它们形成一种品质，一种每天在地里或工厂里干活的普通人所没有的品质。所以，也许那也是我们沉迷于这个怪异游戏的原因之一。然而，即使我们借助争辩、讨论、阅读获得了智力上的锐利和敏捷，实际上那并没有造就敏感的品质。你们知道，那些博学的人、那些阅读的人、那些构建理论和可以精彩讨论的人，全都非常无趣。

所以我认为，了解敏感是非常重要的，它能摧毁平庸。因为我们大部分人恐怕正在变得越来越平庸。我们用那个词，并没有任何贬低的意思，只是在观察平庸的事实，它意指普普通通、受过良好教育、正在赚钱谋生、也许还能聪明地讨论问题。尽管这样，我们还是成了中产阶级，不管是态度还是行为都平凡庸碌。年龄的成熟并没有改变平庸，这一点可以非常清楚地观察到，虽然我们的身体可能已经成熟了，平庸却以各种面貌继续着。

也许我们可以探究一下敏感，不仅指身体感官的完善——显然这也是必要的，探究一下最高状态的敏感，即最高状态的智慧。你要是不敏感，就不会有智慧。去聆听那只乌鸦，去觉察它的存在，感受它的活动，与它合二为一，这并不表示把自己当成那只乌鸦，那就太荒谬了，而是指心的那种品质，即高度锐利、高度关注。在其中，观察者即那个中心、那个审查官以及它累积的记忆和传统，不存在了。说到底，那是长久以来的习惯问题，是我们思考的方式、所吃的食物、选择朋友的方式，那些不反驳我们、不太扰乱我们的人显然就是我们的朋友。于是生活变得重复乏味，陷入了惯性和例行公事，所以敏感需要关注。

你们知道专注是最致命的东西。你们接受这种说法了，是吗？我的意思是，讲者在说的跟你们全都觉得必要的事完全矛盾。那么，不要接受，也不要拒绝，而是检视它，摸索着探究什么是真、什么是假。讲者在说的东西可能蠢透了、荒谬极了，也可能是真的。但不管接受还是拒绝，都会使你继续你现在的样子——迟钝、苛刻、不敏感、被习惯操纵。不要接受我们等一会儿要说的甚至现在说的内容，也不要拿你已经知道的、别人告诉你的或你从书上读到的东西来对比，听就好，这样你就能自己搞清楚什么是真的。去关注，去倾听，你必须投入你全部的关注。如果你只是在学着专注，或试图专注在一些词语或词语的意思上，或专注在你已经听到的东西上，你就没法投入全部的关注。投入你全部的关注，这意味着听的时候毫无障碍，毫无干扰、比较、责难，那就是投入全部的关注。然后，不需要别人告诉你，你自己就会搞清楚什么是真、什么是假。然而这是最难的一件事——投入关注。关注不需要任何意志或欲望。我们就是在欲望的模式中行动的，欲望即意志，也就是，我们会说："我会注意的，我会尽量倾听，抛开障碍，抛开讲者和我之间的一切屏障。"然而运用意志并不是关注。

意志是人类所培养的最具破坏性的东西。你又接受这个说法了吗？接受或拒绝都发现不了其中的真相；要发现其中的真相你必须关注，关注讲者在说些什么。意志，说到底，就是极致的欲望——我想要某些东西，我渴望某些东西，我想要，我追求。欲望可能是一缕非常微弱的思绪，但不断的重复却强化了它，于是变成了意志——"我决心"和"我决心不"。在那个坚定自信的层面，也可以是消极泄气的层面，我们运作，我们运行并处理生活的问题。"我要成功，我要成为，我要伟大"——全是非常强烈的欲望。而我们此刻在说的意思就是，关注跟欲望或意志毫无关系。

那么，我们该怎样关注？请听好。认识到我们没在关注，认识到自己有某种程度的专注，在运用意志，在排斥，在抗拒，认识到作任何努力都是退回到意志，并不是关注，那该怎么关注？因为，你要是能对你所做的一切都投入全部的关注（因此你做不了太多的事），做什么你都会全心全意、全身心地投入，毫无保留，不努力，不运用意志，不利用关注谋取他物，这样的关注该怎样自然而然地产生呢？希望你们在仔细听。要知道，如果不是逐步了解，你会发现极难听懂，因为你很可能不习惯这种方式。你已习惯了别人来告诉你怎么做，你反反复复地做，并以为自己已经领会，但我们现在要说的东西是截然不同的。

当你意识到自己没在关注，那种关注就自然而然、毫不费力地出现了——不是吗？当你觉察到自己没在关注，没在注意，觉察到那个事实就是在关注了，别无其他要做的。明白了吗？你通过否定达到了肯定，而不是直接去追求肯定。如果你漫不经心地做事，那么觉察到漫不经心的行为状态，就是关注。这使头脑非常敏锐、极其警觉，因为那时不存在能量的浪费。然而，正如专注是能量的浪费，运用意志就是能量的浪费。

我们说过这种关注是必要的——别要求"定义一下你所说的关注是什么意思"，你直接去查字典好了。我们不是要定义它，我们想做的是，通过否定什么不是关注，让你自己发现什么是关注。我们认为，这个关注是敏感所必需的，在更深的层面上，也是智慧所必需的。再提醒一次，这些词语很难用好，因为我们并不是要衡量——当你说"更深，更好"时，你就是在比较，而比较就是能量的浪费。那么，如果这一点清楚了，我们就可以运用词语来传达意思，那并不是比较而是传达事实。

这种敏感包含着智慧，我们需要极大的智慧来生活，来过我们每天的生活，因为只有智慧才能全面革新我们的心灵、我们存在的核心。这样的转变是必要的，因为人类几百万年来一直活在愤怒与绝望中，一直在跟自己斗、跟世界斗。他发明了一种和平，但那根本不是和平，那和平不过是战争和战争、冲突和冲突之间的休整。随着社会日益复杂、混乱、充满竞争，必须有根本的改变，不是改变社会，而是改变造就这个社会的人类。眼下的人类非常混乱——他很困惑，他有信仰，他没有信仰，他满腹理论，如此等等，他活在矛盾中。他制造了一个矛盾的社会、一种矛盾的文化，其中生活着富人和穷人。不但我们的生活混乱，外在的社会也混乱。秩序是绝对必需的。你知道世界在发生什么，印度这里在发生什么，看看！现在怎样了？大学被关闭，整整一代年轻人没有受到教育，他们会被政客毁掉，那些政客争论着某些语言方面的愚蠢分歧；接着还有越南战争，在这场战争里，因为一个想法，人类正在被毁灭；美国存在种族暴力，那是极具破坏性的事；苏联施行暴政，压制自由，所谓自由充其量只是一种缓慢的开放——存在民族分歧、宗教分歧，这一切都是彻头彻尾的混乱。这种混乱是我们每一个人造成的，我们对此负有责任，请务必看到责任所在。老一辈人把世界搞得一团糟，你用你的礼拜、你的古鲁、你的神灵、你的民族把世界搅得混乱不堪，因为你只关心谋生，只关心耕耘心的一部分，而忽视了其他部分，弃之不顾。每个人都要为他心中的混乱负责，也要为他所处的社会的混乱负责。所有形式的暴政都不会带来秩序，正好相反的是，他们会造成更多的混乱，因为人类需要自由。

所以世界一片混乱，而秩序是必需的，否则根本不可能有和平。只有在和平、宁静和美当中，善才能绽放。秩序就是美德，不是指狡猾的头脑培养出来的美德。秩序就是美德，并且秩序是鲜活的东西，正如美德也是鲜活的东西。所以，美德不像有些事情，它是无法培养的。我们要探究这个问题，好好听。你无法培养美德，正如你无法培养谦卑，你也找不到方法搞清楚什么是爱。

所以，这个意义上的秩序跟数学有着同样的模式。在最高等的数学中有着最高的秩序、绝对的秩序，我们内心必须拥有那种绝对的秩序。正如美德无法被培养，无法拼凑而成，秩序也无法被头脑拼凑而成，但头脑能做的就是搞清楚什么是混乱，明白吗？你们熟知混乱——我们所过的生活就是完全混乱的。照眼下的情况看，每个人都想为自己谋求，没有合作，没有爱，在越南、中国或你隔壁邻居家发生的一切，只有彻头彻尾的冷酷无情。觉察到这种混乱，出于对这种混乱的了解，了解它是怎样发生的、它的起因，等你清楚了造成这种混乱的起因和作用力，真正地了解，不只是在理智上了解，然后，从那份了解中就会产生秩序。现在我们来设法了解混乱，也就是我们的日常生活，了解它，不是在理智上了解，也不是在口头上了解，而是观察它，观察我们是怎样受制于印度教徒、穆斯林、基督教徒的身份而跟他人产生了分歧(基督徒有基督徒的上帝和信仰，印度教徒有印度教徒的信仰，穆斯林有穆斯林的特别信仰，如此等等)，观察它，密切地接触它，不要带有偏见，否则你无法直接接触到另一个人。

所以，秩序出自混乱，如果你直接接触你心中的混乱，秩序就自然而然地出现了，自如无碍，毫不费力，有着巨大的美和活力。如果你不知道怎样看自己，你就不是在直接接触混乱，接触自己。要了解怎样看你自己，我们探究过这个看的问题了，怎样看一棵树、一朵花，因为我们以前说过，看就是爱，看就是行动。我们要稍稍探究一下这个问题，因为它真的非常重要。

如果你全身心投入关注，就是说，投入你的头脑、你的眼睛、你的心灵、你的神经——如果你投入全身心的关注，你会发现根本没有中心，没有观察者，因此也就没有观察者和被观察者之分，你彻底根除了冲突——这区分、分别所造成的冲突。只是看起来有些难罢了，因为你并不习惯这样看待生活。真的很简单，真的非常简单，如果你懂得怎样看一棵树，如果你懂得怎样重新看树、看妻子、看丈夫、看邻居，如果你重新看天空，看那漫天的星辰、无言的深度——去看，去注视，去倾听，你就解决"了解"的整个问题，因为那时候就根本不存在"了解"，那时候，只有头脑不分别的状态，因此就没有了冲突。

要自然而然、毫不费力、完全充分地邂逅这种状态，必须有关注。这关注只有在你懂得怎样看、怎样听的时候，懂得怎样抛开任何意象看树、看妻子、看邻居、看星辰，甚至看你的老板的时候才能毫不费力地产生。说到底，意象就是过去。过去，即通过经验累积的种种，快乐的、不快乐的。你带着意象看妻子、看孩子、看邻居、看这个世界，你带着意象看大自然。所以在接触万事万物的是你的记忆，是记忆拼凑而成的意象。是意象在看，因此就不存在直接的接触。你知道，你痛苦的时候，没有意象，只有痛苦，因此就有即刻的行动。你可能不会赶紧去看医生，但总会有所行动。同样，在观察和倾听的时候，你就会知道即刻行动的美，其中没有丝毫冲突。这就是为什么懂得看的艺术是重要的，也是非常简单的——投入全身心的关注去看，投入你的心灵、你的头脑去看。关注意味着爱,因为如果你和落日的美没有合二为一,你就欣赏不了天空,你就不会有非凡的敏感。

只有我们看的时候,即真正接触我们内心的混乱——我们自己——的时候,秩序才能产生。我们不是在混乱中,"我们"就是混乱。那么,当你抛开关于自己的任何意象看自己,看真实的你(不是商羯罗、佛陀、弗洛伊德、荣格或者谁谁说的那套东西,否则你就是在根据他们的意象看你自己),你看你内心的混乱、愤怒、残忍、暴力、愚蠢、漠然、冷酷无情,看你时时冲动的野心以及它特有的残忍——如果你能抛开任何意象、任何字眼觉察那一切,检视它,那你就直接接触了它,有直接的接触就有即刻的行动。你痛得厉害时,就有即刻的行动;出现巨大的危险时,就有即刻的行动。这即刻的行动就是生活,我们至今为止的所谓生活根本算不上生活,那是一个战场,交织着痛苦、绝望、隐秘的欲望等,那就是我们的所谓生活。请务必观察你内心的这一切。把讲者当作镜子,从镜子里看现在的你,讲者所说的一切只是向你揭露你自己。因此,去看,去听,去彻底地接触吧,与它全身心共处,如果你这么做,就会看到即刻的行动。

于是过去就被摧毁了。过去是无意识的。你懂无意识是什么吗?不要去求助弗洛伊德、荣格那一类人,你自己去检视,去搞清楚,不是借助经验主义的理论,而是实实在在地观察它。你身上的过去就是你的传统,你读过的书本,你作为印度教徒、佛教徒、穆斯林、基督教徒等的民族遗传,你所处的文化和庙宇,一代代传下来的信仰。这一切构成了你所受到的宣教，你就是你的宣教——那五千年宣教的奴隶。基督教徒则是两千年宣教的奴隶。他信仰耶稣基督，你信仰克里希那，不管你真正信仰什么，我们大家就是宣教的结果。你认识到这是什么意思了吗？我们是语言的结果，是其他人影响的结果，所以根本没有什么原创的东西。要搞清楚任何事的根源，我们必须有秩序。只有我们内心全部的混乱停止了，秩序才能产生。因为，我们所有人，至少那些稍稍认真、深思、热切的人一定问过，到底有没有任何神圣的东西、任何至善的东西。当然，答案是：庙宇、清真寺、教堂都不是至善的、神圣的，其中的意象也不是至善的、神圣的。

不知道你们有没有自己做过实验。拿一块石头，把它放到壁炉架上，每天供奉鲜花——赠上一朵花儿——放在它前面并念念有词——"可口可乐，阿门，欧姆"，念什么词并不重要——随便你念什么——听好，不要一笑了之，实验一下你就会知道。你要是去做，一个月后你就会看到那块石头变得有多神圣。你认同那根拐杖、那块石头或那个观念，你把它变神圣了，但它并不神圣。出于恐惧、出于这个传统不变的习惯，你赋予了它神圣的意义，你献身于你认为神圣的东西，听任它的摆布。寺庙中的塑像并不比路边的一块石头更神圣。所以，搞清楚什么真正神圣、什么真正圣洁、究竟有没有这样的东西是非常重要的。

你知道，人类几百年来都在谈论这个话题，在寻觅某些不朽的存在，它不是头脑创造的，它本质上就是至善，它从未被过去染指。人类一直在寻找它。人类寻而不得，就发明了宗教，组织起信仰。一个认真的人必须搞清楚，不是通过某块石头、某个寺庙或观念搞清楚，而是他必须找到真正的、永不凋零的至善之物。如果找不到它，你就会一直残忍，一直身陷冲突。今晚，你要是愿意倾听，也许就能邂逅它，不是通过讲者，不是通过他的语言、他的讲述，而是通过对混乱的了解，如果在这样的了解过程中存在着纪律，你就可能邂逅它。你留心时，就会看到混乱，要看到混乱正需要关注。请务必听好，你知道，对我们大部分人而言，纪律就是训练，就像对士兵的训练，从早到晚不停地训练，最后磨尽一切，只剩下对习惯的奴性，那就是我们的所谓纪律。压抑、控制——那是僵死的东西，根本不是纪律。纪律是鲜活的，它有它自己的美，有它自己的自由。如果你懂得怎样看一棵树，怎样看妻子的脸，看丈夫的脸，如果你能看到树木的美、落日的美，这纪律就自然而然产生了。去看，去看那天空，看它的光辉，看那树叶折射光线的美，看那橙黄的颜色，那颜色的深浅和变幻——看到它！要看到，你就必须投入你全部的关注。投入你全部的关注就有它自己的纪律，你不需要任何其他纪律。关注是鲜活的东西，它是变动的、生气勃勃的。

这关注本身就是美德。你不需要其他伦理规范，不需要道德。无论如何你都没有道德可言。一方面是你制造的社会告诉你的道德，另一方面是你想要做的，这两者都跟美德毫无关系。美德就是美，美就是爱，没有爱你就没有美德，因此也没有秩序。所以，再说一遍，如果你现在这么做了，如果你在讲者谈论的时候用你的整个存在去看天空,看的行动就具有它自己的纪律,因此有它自己的美德、它自己的秩序。于是,心就达到绝对秩序的制高点,从而,因为它极其有序,它本身就成了神圣之物。不知道你们明不明白。你知道,如果你爱树,爱鸟,爱水面泛起的光芒,如果你爱邻居,爱妻子,爱丈夫,没有嫉妒,那爱从未被仇恨染指,如果有那样的爱,那爱本身就是神圣的,不会有比这更神圣的东西了。

所以,神圣之物不在人类拼凑而成的东西里,只有当人类完全切断跟过去即记忆的联系时,它才会存在。这并不表示人类要变得健忘,在某个方向上,他必须有记忆,我们会发现记忆是这整个状态的一部分,跟过去并无关系。只有当你如实地看事物并与它们直接接触时,比如与那炫目的落日直接接触时,过去才会停止。那时候,在这秩序、纪律、美德之中，就存在着爱。爱极具激情，因此动作神速。在看和做之间，并不存在时间的间隔。如果你有了那样的爱，你就可以收起所有的圣书、所有的神灵。你必须收起你的圣书、你的神灵、你每日的野心来邂逅那份爱，那是世上唯一的神圣之物。要邂逅它，善之花必须绽放。善——明白吗，先生们——善之花只能在自由中绽放，不是在传统中。世界需要变革，你的内心需要彻底的革命，世界需要这彻底的革命，不是经济革命、某种主义革命，不是人类在历史长河中尝试的流血革命，那只会带来更深重的不幸。我们真的需要根本的心理革命，这革命就是秩序，秩序就是和平。只有当你直接接触你日常生活中的混乱时，才能产生这样的秩序以及它的美德与和平。那时，善之花就会从中绽放；那时，就再也不必寻觅，因为那存在就是神圣。

马德拉斯

1968年1月14日

第六章

活跃的当下

马德拉斯的四次对话

冲突

> 这是根本问题——活得没有冲突,却不迷糊。
>
> 抛开概念,生活需要非凡的智慧和巨大的能量。

克里希那穆提: 我想实际上这不叫"讨论",准确地说是两个人或我们几个人之间的谈话——谈谈我们大部分人感兴趣的正事,我们不只是感兴趣,还相当关切,打心底里想要了解相关的种种问题。所以谈话就不只是客观地泛泛而论,而会深入内心。就像两个人一起谈论事情,轻松、友好、彼此坦诚,不然我看不出这样的谈话有什么意义。我们想要做的,就是了解(不是理智上或口头上或理论上了解,而是实实在在地了解)什么是生活中最迫切的需要,以及怎样能解决人人关心的深层的根本问题。那么清楚了吗?我们要像两个朋友一样谈话,让对方知道自己的想法,不只是辩证地给出自己的观点,而是一起切实地探查、思考自己的问题。如果这一点清楚了,我们要一起谈谈什么呢?

提问者: 前几天你在谈观察者和被观察者的问题,以及怎样解决他们之间的冲突……

克: 这是你想讨论的?先生,请让我们大家都搞清楚每个人想要讨论的问题,然后汇总起来,看看会怎样。

问: 为什么你说研究印度文化艺术以及印度哲学就是

暴力?

问: 解除我们自身的制约要采取什么步骤?

问: 头脑制造意象,但头脑看到的东西本来就不真实啊。

克: 那是我们在日常生活中全都关心的问题吗?先生们,今天早上,我们要把这次聚会变成仅仅是理智上、口头上的观念交流吗?

问: 清晰思考是指什么意思?

问: "现实的"是什么……

问: 你认为暴力和非暴力是两个极端?

问: 我们不能用某些原则指导生活吗?

克: 问题够多了吧?先生们,你们觉得这些问题哪个最重要?

问: 怎样是关注?

克: 先生们,你们认为哪个问题最重要?我们可以选这个涉及观察和思考的问题吗?好不好?就是,什么是观察?什么是倾听?谁在倾听?谁在思考?我们会把它跟日常生活联系起来,而不是联系一些抽象概念,因为这个国家——就像世界上的其他国家——除了技术上的事情,全是在概念的层面上运作。我们所说的看是指什么意思?你们认为是什么意思?

问: 就是稍加留心地观察。

克: 为什么你说"稍加"?先生,我们说"我看树,我看你,我看到或了解你说的意思"——我们所说的"看"是什么意思?如果不介意,我们慢一点儿,一步一步来。如果你看到一棵树，那是指什么意思？

问： 我们只会表面地看。

克： "表面地看"是什么意思？当你看到一棵树，你所指的"看"是什么意思？请别脱离那个词。

问： 看了一眼。

克： 首先，先生们，你们看过一棵树吗？如果你看过，透过你正在"看"的眼睛，你看到了什么，是树的意象还是那棵树？

问： 树的意象。

克： 请务必仔细，先生们。你是看到了意象，指关于那棵树的思维解读或概念，还是真的看到了那棵树？

问： 那棵树的物质存在。

克： 你真的看到了？先生们，有棵树……你一定能像我一样看到窗外的一棵树或一片叶子。你看到的时候，真正看到了什么？你看到的只是那棵树的意象，还是真的看到了树本身，没有意象？

问： 我们看到了树本身。

问： 我们开始了解它。

克： 在我们开始了解之前，当我说"我看到一棵树"，我是真的看到了那棵树，还是看到了我对那棵树抱有的意象？当你看你的妻子或丈夫，你看到她或他了吗，还是看到了你对她或他抱有的意象？(停顿) 当你看你的妻子，你透过记忆，透过关于她的行事风格的经验，透过那些意象，你看到了她。我们看树的时候，是不是也一样？

问： 我看树的时候，我看到的就是一棵树。

克： 对了，你不是植物学家，你是律师，所以你如实地看到了那棵树。然而，如果你是个植物学家，如果你真的对树感兴趣，好奇它是怎么生长的，好奇它的样子、它的生机、它的木质，那么你就会有意象，你会有图像，你会拿它跟其他树比较，如此等等。你在带着比较的眼光看它，不是吗？你在带着你的植物学知识看它，看它是不是你喜欢的，是不是有树荫，美不美，等等。所以，如果你对那棵树抱有这一切意象、联想和记忆，那么你是真正在看那棵树吗？你是直接在看那棵树，还是你在那棵树和对它的视觉感知之间安了一道屏障？

问： 我在心里告诉自己它是一棵怎样的树。

克： 作为一个象征。所以你没有真正看那棵树。其实很简单，不是吗？

问： 树就是树。

克： 那棵"树"，先生们，被看到是相当困难的。让我们换个角度。你看妻子或丈夫，是透过你建立的关于她或他的意象在看吗？你形成一个印象，那个印象留下一个意象、一个观念、一个记忆，不是这样吗？

问： 关于妻子的印象累积起来……

克： 是的，这些印象加固、加深，变得牢不可破。所以当你看妻子或丈夫，你是透过你建立的关于他或她的意象在看。没错。这很容易理解，不是吗？我们全是这样的。那么，我们是真的在看她，还是在看那个象征、那些记忆？那不就是屏幕吗,我们就是透过它去看的?

问: 我们可以怎样预防那种事?

克: 不是预防的问题。我们先来看看到底是怎么回事吧。

问: 如果是初次看一个女人或男人,你并没有先前的印象。

克: 当然没有。

问: 那时候,我们不是在看那个女人或男人吗?

克: 你当然在看,但为什么你把看这件事如此抽象化了?日常生活实际上是怎么回事?你结婚,或你跟某人同居,其间有性、快乐、痛苦、侮辱、烦恼、无聊、冷漠、唠叨、霸道、支配、顺从,等等,这一切在你心中构成关于另一个人的意象,你们透过那个意象看彼此,对吗?所以我们在看那个男人或女人吗?还是意象在看意象?

问: 意象就是那个人。

克: 不是的,它们之间有巨大的差别,难道没有差别吗?

问: 我们不知道其他的方法。

克: 你们只知道那样看。

问: 我们改变我们的印象……

克: 先生,那还是在意象里打转——添加和削减。注意,先生,你对讲者抱有意象吗?你对讲者抱有意象,这个意象的基础就是他的名望、他以前说过的话、他谴责或赞成的东西,等等。你建立了一个意象,你透过那个意象听或看,对吗?那个意象随着你的快乐或痛苦时而加强时而减弱,那个意象显然正在解读讲者说的话。

问： 我们感到一种强烈的冲动，想来听你的演讲……

克： 不，不，先生，你可能只是喜欢我的"蓝眼睛"什么的！那一类东西都包含在其中。刺激、灵感、动力——你可以把很多东西加进那个意象！

问： 我们不知道还能怎么看。

克： 我们会搞清楚的，先生。我们不只是那样看人或树，连概念也是那样看的，不是吗——看共产主义思想，看社会主义思想，等等。我们透过概念看万事万物，对吗？透过概念、信仰、观念、知识或经验，以及其他吸引我们的东西。一个人受到共产主义的吸引，而另一个人并无兴趣；一个人相信上帝，而另一个人不相信上帝。这些都是概念、乌托邦，我们就生活在那个层面上。那么，它们有任何价值吗？它们处于抽象的层面，是概念化的，有任何价值吗？它们在日常生活中有任何重要性吗？生活就意味着去生活，去生活意味着与外界发生关系，关系意味着联系，联系意味着合作。在那个意义上，在关系中，一切概念有任何重要性吗？然而我们唯一有的关系就是概念上的关系，是不是？

问： 那么我们必须找到一种正确的关系。

克： 不，先生，这不是关系正不正确的问题。我们只是在检查。请务必了解这一点，先生。我们慢慢探究，不要突然转换话题。我们生活在概念中，我们的生活是概念化的。我们知道我们所说的"概念化"是指什么意思，所以我们就不必分析这个词了。那么，有一种现实的日常生活和一种概念化的生活，或者，全部生活都是概念化的，我是按照概念在生活吗？我们假设，一个人相信人必须是非暴力的。

问：我还没有碰到过真的相信暴力的人。

克：好吧，先生，我的问题是：全部生活都是概念化的吗？

问：创建概念是由于习惯，并且它本身变成了习惯。

克：也许等一会儿我们能讨论到那个问题，要是能首先处理以下这个问题的话，我们的问题是：我的全部生活都是概念化的吗？

问：没有一种自发的生活吗？

克：有一种概念化的生活和一种自发的生活，但如果我们深受制约，如果我们继承了那么多的传统，我懂得什么是自发的生活吗？还有自发性留下吗？不管你是有一个概念还是一打概念，仍然是概念问题。先生们，请暂时不要偏离这个问题。全部生活、全部关系都只是概念上的吗？

问：这怎么可能？

克：先生，你头脑中没有观念吗，就是你应该这样生活、不该那样生活的想法？因此当你说"我必须这么做，我绝不能那么做"的时候，那就是概念化的。那么，全部生活都是概念化的吗？还是存在非概念化生活和概念化生活的不同——因此就有两者的冲突？

问：我会说我们有一个概念，但经过体验后，那个概念就被改变了。

克：是的，先生，概念被改变了，显然改变了一点点，但概念化的生活不同于日常生活吗，还是……

问：是不同的。

克： 等等，先生，等等！我想再分析一下这个问题。概念化的生活不同于日常生活吗，或者两者之间存在隔阂？我认为存在隔阂。这隔阂是什么？为什么会存在隔阂？

问：（听不清）

克： 对了！我的概念不同于此刻正在发生的现实，对吗？所以在实然和应然或概念之间存在一个间隔、一个隔阂。我仍然没有偏离"概念"这个词。

问： 你谈论的"现实"，对我来说，却是个概念。

克： 先生，你牙疼的时候，那不是概念；我牙疼的时候，那不是概念；我饿的时候，那不是概念；我有性欲的时候，那不是概念，那都是现实。但接下来我说"不，我绝不能"或"我必须""那是有害的"或"那是好的"，所以现实、实然和概念性的东西之间存在差别，所以存在二元性，对吗？

问： 如果我饿了，那可不只是概念。

克： 先生，那就是我们的意思。饥饿、性等的主要冲动是现实的，但我们对它们也抱有概念，比如阶级划分的概念等。所以，我们想搞清楚为什么存在这个隔阂，是否可以没有隔阂地生活，只是活在实然中，知道吗？那就是我们想搞清楚的。

问： 动物饿了就吃。

克： 但你我不是动物。可能有时候我们是，但实际上，现在，我们并不是动物。所以，我们不要退化为动物，退化为婴儿，回到前几代人的状态，让我们只谈我们自己。所以，存在此时此刻的生活和观念的、概念化的、非事实的生活，对吗，先生们？我有某个信仰，但那个信仰跟现实毫无关系，虽然现实可能导致了那个信仰，但现实跟那个信仰并无联系。"我相信博爱"，天知道谁会相信，但我说"我相信博爱"——虽然实际上我正在跟你竞争，所以跟你竞争的现实和那个概念完全是两回事。

问：(听不清)

克：到现在为止，我们已经说得很清楚了，现实就是"实然"——事实。这个国家充斥着饥饿、贫穷、人口过多、腐败、低效、暴行，如此等等。那就是事实，但美好的构想是我们不应该那样，对吗？在我们的日常生活中，"现实，实然，事实"跟真正的事实完全是两回事，那就是概念上的东西。是不是？

问：但你所说的现实只是另一个概念罢了，显然如此。

克：不是的。我饿了——那不是概念，我是饿了。这感觉不是昨日饥饿的记忆引发的。如果它是昨日饥饿的记忆引发的，它就不是现实。以性为例——你们不介意我谈论性吧，介意吗？我们都……还是算了 (听众笑)。性冲动可能潜伏在那里，也可能没有，但虚构的不现实的意象会挑起它。所以，我要问到底为什么我们抱有概念？

问：也许是……

克：别，别，先生，别简单地回答我，去搞清楚你自己到底有没有概念，到底为什么抱有概念？

问：有些东西，比如生气，它是心理上的……

克：那些都是相关的，先生。我生气、恼怒的时候，那是事实。它就在那里。但一旦我说"它不可以在那里",它就变得概念化了。如果你说"嗯,印度的饥饿问题只有某个政党才能解决",那就是概念化的——那时你就不是在处理一个事实。社会党、国会议员——不管什么党派,他们都认为他们会解决饥饿问题,要是你遵从他们的方法的话——当然,那是一派胡言。饥饿是事实,概念是观点、方法、体系。所以,我问自己,到底为什么我抱有概念?不要回答我,先生们,你们问自己吧!为什么你相信大师,相信古鲁,相信上帝,相信完美的政府?为什么?

问: 不知道……

克: 听听第一位先生说的。他说抱有概念让他改变了自己。每个人都那么想,不止你。通过抱持一个理想、一个目标、一个原则、一个英雄,等等,你认为你将得到助益,提升自己。那么,实际上怎么样呢?它提升了你吗,还是造成了冲突——实然和应然之间的冲突?

问: 我们害怕,于是遁入这些概念当中。

克: 没错。那么,我们可以抛开概念生活吗?请让我们继续探究,一步一步。我们可以抛开信仰生活吗——慢慢理解这句话——可以抛开概念,抛开希望或绝望吗?

问: 我们当然得有一些信仰……

克: 探究它,去搞清楚。首先,搞清楚为什么你抱有概念,是因为害怕?

问: 为了生命的基本需求,我们必须和他人战斗。

克: 你说一个人不得不去战斗。

问：（听不清）

克： 你没有回答另一位先生的问题。这样质问，你们对彼此不尊重！我们来搞清楚另一个小伙子想要知道的问题。你知道，存在两种理论：一种涉及"适者生存"，那意味着无休止的战斗、战争、高等种族、关于完美的概念，等等；另一种理论认为，借助暴力根本不可能有改变——就改变这个词最基本的意义而言。不知道你们为什么相信这些——一种方法或另一种。现实是，在世上生存你必须战斗，要么很狡猾、很聪明、很野蛮，要么以一种温情的方式不动声色地剥削大众，那就是事实。为什么我们对此或对别的什么抱有概念？

问：（听不清）

克： 等等，先生，慢慢来，你太快了。首先，我们观察日常生活时，发现有非概念和概念，我问自己——希望你们问自己——到底为什么我抱有概念？为什么我相信共产主义或资本主义是最佳生活方式？或者为什么我认为世上有上帝或没有上帝？到底为什么我们抱有概念，包括关于罗摩和西塔[1]的概念？

问： 没有概念，我们就会空虚。

克： 你搞清楚了吗？事实如此吗？是那样吗？探究这个问题你真的不是很认真。你的头脑必须很精确、很清晰，而不是从一个概念突然转换到另一个概念。你不是在回答问

---

[1] 罗摩是印度史诗《罗摩衍那》的男主人公，后成为印度教崇拜的神。西塔是他的妻子。——译者注。

题。到底为什么你抱有概念,如果你有的话?你想要逃避现实,逃避实然,不是吗?这就是那个先生的意思,先生……让我们先了解那个问题——"逃避实然"。为什么你想要逃避实然?如果实然令人快乐,你是不会想要逃避的,你只想逃避痛苦的实然。

问: 我们一点儿也不懂"实然"是什么意思,我们在设法了解。

克: 你难道不懂实然?你说设法是什么意思?你不肚子疼吗?你不生气吗?你不害怕、不痛苦、不困惑吗?这些就是现实,先生,不需要你"设法"对它们怎样。先生们,请务必思考这一切。如果是快乐的情形,我们根本不会抱有概念,我们只会说"给我所有能带来快乐的东西,其他都不要";但如果是痛苦的情形,我们就想逃开实然,逃到概念中去。这就是我们的日常生活,先生们。没什么好争辩的。所以,你的上帝、你的信仰、你的理想、你的原则就是为了逃避日常的痛苦、日常的恐惧、日常的焦虑。所以,要了解什么的话,我们能不能问:"概念是必需的吗?"明白吗,先生?我害怕,我还看到了逃开那恐惧遁入某些东西的荒谬,即遁入一个概念、一种信仰,信仰大师、上帝、来世,幻想过一种完美的生活——你知道,就是那类东西。为什么我不检视那恐惧?到底为什么我必须抱有概念?概念不是阻碍了我对恐惧的检视吗?是不是,先生们?所以概念就是阻碍,它们像栅栏一样挡住了我们的视线。

问: 请把你刚才说的再讲清楚一些。

克： 讲清楚什么？

问： 请分析得更清楚一点儿。

克： 分析得更清楚一点儿？也许你可以自己来，先生。

问： 你会比我分析得好。

克： 谁分析得好还是糟，有什么关系？重要的是我们是否清楚了解这件事。那很容易理解，先生们。我的生活很无聊，我跟一个丑老婆住在简陋的小房子里，我痛苦、焦虑，我想要满足，我想要快乐，我想要难以言传的刹那的极乐，于是我就逃到某个厉害人物那里，可以随便称之为甲。整个原理就是这样，不是吗？不需要进一步解释吧，需要吗？我活在那里，活在那个意识形态的世界，一个我设想或继承的世界，一个由别人告诉我怎么做的世界。在那个抽象的世界里思考，那种生活带给我巨大的快乐，那就是在逃避现实生活的无聊，知道吗？于是我问自己：为什么我要逃避？为什么我不跟这可怕的无聊待在一起？为什么我不去了解它？为什么我浪费能量去逃避？

你们对此全都一言不发！

问： 你在设想一种不一样的生活方式，不同于我们熟知的任何东西。

克： 我什么也没设想。我只说，看。我在看，我曾逃避，我正在逃避，我在看这个事实，我看到这是多么荒谬。我必须处理实然，要处理实然我需要能量。因此我就不会逃避，逃避浪费能量。因此我就不会跟信仰、上帝、概念扯上任何关系。因此我就不会抱有任何概念(当然不会了，先生们，当然不会了)。

如果你烧伤了手指，烧伤的疼痛形成一个概念，那就是永远不要把手放进火里，那么这概念是有价值的，不是吗？你们也已经饱尝了战争的滋味，无数的战争。为什么你们还没有学乖，不要再有战争呢？(别扯了，先生，你很清楚我的意思)我们不必把讨论中谈到的每件事都细细分析。我烧伤手指，我叮嘱自己以后一定要小心；或者，你踩到我的脚趾，这可以是一个比喻，也可以是真的踩到，因此我气恼，怒火中烧，我吸取教训，我说"我绝不能"或"我必须"。这是一回事——避免，建立防御——我很清楚这些事，它们是必要的。

问： 如果有人惹恼我，我会记住。下次遇到他，我就有所防备。

克： 对了，先生，就是这么回事！下次碰到他，我能抛弃前嫌吗？他可能已经改了，但如果我心怀旧怨，带着对他的成见，记着他曾踩到我的脚趾，那么我跟他就无法产生关系。因此，虽然你有过某种经验，但可不可以抛开已有的概念呢？所以我们必须回到那个问题："活在这个世界上却没有任何概念，可能吗？"

问： 我认为不可能做到。

克： 不要简单地说可能或不可能，我们来搞清楚。先生们，身为印度教徒，你们已经把自己跟他人分开了。这是一个概念。(不，你们确实如此！天哪，你们确实如此！)你会把女儿嫁给一个穆斯林吗？别搞错了，我在举例，先生。你伤害了我，那创伤留在我的记忆中，我尽可能避开你。但不幸的是，我们住在同一幢房子里或同一条街上，我不得不天天见到你。我有一个意象、一个明确的意象、强化的记忆，每天见到你的就是它。因此，我们两个人之间在暗暗交战。所以我问自己，可不可以抛开那个意象，真正与你相遇？你可能已经变了，也可能还是老样子，但我不会抱着那个意象不放了。我就不能搞清楚怎样抛开意象生活，不让我的头脑被意象搅得乱糟糟吗？懂吗，先生们？那样一来，我的头脑就自由了，自由地看，自由地享受，自由地生活。

问： 这是一个观念。

克： 哦，不是的！对你来说那是个观念，但对我来说不是。我说："他伤害过我，但我为什么要背着那个包袱不放？"

问： 我下次小心就是了。

克： 是的，但我不会不停地念叨"我必须小心"，那只会强化记忆。我认为那就没法儿活了，但我只是说给自己听的，不是在告诫你。我不想要那个意象，不想一直背负着它，那不是自由。你可能已经变了，况且我也喜欢抛开意象。这不是观念，而是事实，我真的不想要。对我来说，对任何人抱有意象是荒谬的。所以我们回到其他话题吧。

问： 如果我遇见一个好人，记住他是个好人，留下这个印象，不好吗？

克： 坏印象、好印象都是印象。意象就是意象，没有什么"好的意象"和"坏的意象"。(一段话，听不清)(视力差，你就必须去看一个好一点儿的眼科医生。)概念和现实之间的这种差别滋生了冲突。一个想要探究并超越现实的人必须有充足的能量，那能量不能浪费在冲突中。所以我对自己说——我不是在告诉你怎么做——我对自己说:"带着概念生活是非常荒谬的。"我会处理事实,处理实然,一直这么做,永远不陷入概念中。那么接下来我就要面对这个问题:"我怎样检视事实,检视实然?"我一点儿不关心概念,我只关心实实在在地观察实然,对吗?

问: (听不清)

克: 是的,但你带着一连串的习惯随遇而安。带着你可能意识到,也可能没意识到的习惯……先生们,我们一再偏离了主题。那么问题是"我能与实然共处而不造成冲突吗",懂吗?我生气,这就是事实;我嫉妒,我喜欢、不喜欢,这就是事实。我能跟那些共处,跟实然共处,而不从中制造问题和冲突吗?

问: 这种思想让我不安!我不知道怎么办……(听不见)

克: 那位先生说他不知道怎么办,因为他处于某个层次,而他的妻子、孩子和邻居处于另一个层次——更高或更低。所以他说,不存在合作,我继续老样子,他们也继续老样子。我们全都那样,先生。那么然后呢,什么?……你瞧,我们不会谈到核心问题,那就是"我能与实然共处,而没有冲突吗",没有冲突但不是迷糊,冲突确实能让你保持半分清醒。我在问"跟实然共处,没有冲突,并且超越实然,做得到吗"。我嫉妒,那是一个事实,我在生活中看到了那一点。我嫉妒我的妻子,嫉妒那个拥有更多世俗利益、更多才智的人——我羡慕。我知道羡慕是怎么来的,是由于比较——但我不必分析羡慕是怎么出现的。那么,我能跟它共处,了解它,抛开关于它的概念吗?通过检视它、了解它、研究它的结构和本质,我就能真正了解它并进而超越它,那样一来,羡慕将永远无法染指我的心了,对吗?瞧,你们不感兴趣。你们确实不感兴趣,不是吗?

问:不,我们是感兴趣的。如果我们不感兴趣,就不会来这里,但我们没有跟你产生交流。

克:为什么?为什么你没有跟讲者产生交流,没有了解他在说的话?他已经讲得很清楚了,可不可以抛开概念生活?他举了一个羡慕的例子。我们知道羡慕的本质和结构,你能跟它共处,并没有冲突地超越它吗?那么,为什么你没有跟讲者的话产生交流?如果你不在交流(不是指你,不是指个人,先生),可能是因为你喜欢羡慕吧。(听不清)注意,先生们——是怎么回事?我在羡慕,衡量导致了羡慕。我拥有的少,而你拥有的多;或者我迟钝,而你很聪明;我地位卑下,而你身居高位;你有车,而我没车。因为比较,因为衡量,产生了羡慕,对吗?这不清楚吗?所以,我能抛却衡量来生活吗?这不是概念。

问:这是调和我们自身和不平等现实的问题。

克:那不是在调和,先生。我问你一个问题,你却在谈论调和黑白,那么你只是调制出了灰色。(听众笑)我问的是一个截然不同的问题。先生,请务必听好。在日常的职场生活和家庭生活中,你可以不衡量,可以不比较吗?做不到?为什么你心存比较?因为你从小就受到比较的制约。注意听,先生们。这成了习惯,而你继续重复那个习惯。虽然那个习惯造成了痛苦、困惑,等等,但你不在乎,你继续那个习惯。那么,什么可以让你觉察到比较这个习惯的本质?让某人来强迫你觉察那个习惯?如果政府宣布"禁止羡慕",你就会找到其他羡慕的途径,某些更不易觉察的方式。宗教作了这种尝试,但你打败了一切宗教。所以,用强迫的方式要求你不要羡慕,你会反抗,而反抗就是暴力。明白吗,先生们?如果我把你逼入一个角落,威胁说"你必须这么做",你就会踢我一脚。但如果你开始觉察到你培养了四十年、二十年或十年跟他人比较的习惯,那会怎样?瞧,你们对此不感兴趣。我已经失去了你们的注意,因为你们没兴趣打破习惯。共产主义者有他的习惯,非共产主义者也有他的习惯,这两种人会斗来斗去。这就是世上正在发生的事。你有你信仰某个东西的习惯,而我没有信仰的习惯。那么,我们有什么关系?什么关系也没有!

所以我们回到一个很简单的事情上来,天知道你们为什么坐在这里听我讲。这正在变成习惯吗?

问: 我们希望如此。

克: 你希望这变成习惯!

问: 我们希望得到启迪。

克: 你不会得到的。先生,要得到启迪你必须有一颗清明的心,你必须有能力看。

问: 你说过……(听不清)

克: 不,先生,我没说过那个,我没说过那个。我不会再回头重复——没用的。你瞧,你不愿面对现实——"实然"!你想活在概念中,我可不想在概念里打混。醒醒吧,看在老天的分上。爱并不是概念,因为你没有爱,所以才寄身在概念中。(你们全都点头称是,然后继续你们的习惯。)那么,你们还有什么好听的,来这里做什么?讲到这些实际问题,你们就扯开话题!不知是幸还是不幸!讲者已经讲了四十二年,当讲到关键处——不羡慕地生活——你们却心不在焉了!

问: 事实上我们不想被打扰。

克: 那就别被打扰了。走开吧!你们为什么要来?你们在这里得不到任何"poonyum",poonyum就是好处。这里有一个根本问题,请务必听好,这是根本问题——活得没有冲突,却不迷糊。抛开概念生活需要非凡的智慧和巨大的能量。我认为,你要是活在概念中就是在浪费能量。你会说"哦,这个看法很不错",然后照旧活在概念中。你会说"我相信上帝,我不相信上帝",诸如此类。所以我问自己,"问题出在哪里"!

问: 是因为有一个想要知道更多的强烈需求。

克: 那就去翻百科全书或词典看吧,你可以知道更多。真正地知道更多,意味着更多地了解自己,否则就只有无知。你可能在技术上出类拔萃,但如果你不了解自己,你就是个无知之徒。好,我来了,我说"我必须搞清楚我为什么活在概念中。我想分析它,了解它"。不是我一定要活在概念中,也不是我绝不能活在概念中,但我想知道为什么。当我看的时候,我知道了原因。因为我的妻子是那么丑、那么平庸、那么琐碎，为了逃避，我躲入概念中——我抱有的美好的概念、宏大的概念，那是列宁、托洛茨基或尼赫鲁、甘地创建的概念。我逃入那些概念中，但我还是生气，还是羡慕，还是无聊。那么，我到底为什么要活在概念中？于是我说"我不会了，因为很蠢"。我不会那么做了！但你们没那么说。

问： 我们领会那些话的意义了吗？

克： 恐怕我们什么都没领会，所以不得不重新开始。真糟糕！

问： 因为有些东西需要探究，我们必须考虑一下。

克： 是吗！我要是打你，你就清楚得很！你要是被侮辱了或哪里痛，你不会说你要考虑一下。一切都明摆着，你们却说些陈词滥调，还以为自己懂了。所以，如果不谈概念，我们就搭不上话。一谈论概念，我们就搭上话了。如果谈论上帝（如果我傻到谈论上帝的话），我们两个就搭上话了。但是一涉及现实——谈到贪婪、羡慕——我们就搭不上话了。你们知道吗，先生们，世界正在发生着什么？世界也就是印度。印度在怎样堕落，你们不知道吗？不止这里，全世界都一样。或许你们无能为力，但至少能有一小部分人会让光明长照。就是这样，不过那取决于你们，先生们。

马德拉斯

1968年1月2日

追求快乐

> 我发现我在哪里追求快乐，哪里就一定深藏着冷漠的根源。哦！请务必看到这一点！天堂不在快乐中，快乐中只有冷漠和痛苦。

克里希那穆提： 今天早上我们要一起谈些什么？（停顿）

提问者： 能继续上次我们在这里聚会时谈的话题吗，有关概念的？我们能抛开概念、信仰生活吗？

克： 你们不认为，在探究那个问题或其他任何问题之前，质疑、批判性地质疑很重要吗？不但质疑别人，而且，更重要的是，批判性地自我觉察。对我来说，质疑自己的动机，质疑自己的态度、信仰、生活方式、习惯、传统、思考的方式以及为什么那么思考，是更为重要的事。因为，如果不觉察自己的理性或非理性，如果不觉察自己的情感态度以及自己狭隘或开阔的信仰，我看不出我们怎么能有理智。除非我们批判性地觉察谈论的内容，因而质疑一切，不盲目接受关于我们自己或他人的任何事情，否则我看不出我们怎么能为生活带来任何理智（理智表示一种相当健康的生活方式）。我认为如果我们能从那一点开始——这并不表示必须怀疑一切，那会是另一种不理智，但如果我们能质疑，我想我们今天早上将要发现的东西，将要一起谈论的东西，就会有一些价值。

问： 我们能继续你刚刚谈的内容吗？

问： 你能谈谈空间和时间的主题吗？

问： 那个服用LSD的医生，摧毁了观察者与被观察者之间的空间，你能解释一下吗？

问： 我们能讨论一下羡慕及其表现行为吗？

克： 先生，如果我可以问的话，我想知道，什么是你生命中强烈的、根本的、不变的志趣？

问： (听不清)

克： 那是你内心深处的根本志趣吗，先生？相当站不住脚，不是吗？如果你跳过所有这些不一致、不直接、躲躲闪闪、不在重点上的问题，如果你直接、诚实地对待那同一个问题，你能知道自己重大的、持久的、全部的志趣是什么吗？

问： 自由。

问： 我们想要快乐。

问： 我对自己很感兴趣……

克： ……我们大部分人，感兴趣的就是自己的发展、自己的工作、自己的小家庭，还有获得更好的职位、更高的声望、更大的权力以及支配他人，等等。我想你们得承认，我们大多数人感兴趣的就是自己，自己第一，别人第二，这么承认合乎情理，不是吗？

问： 那非常错误。

克： 我不认为错了。有什么错的？你知道，先生，我们一贯如此。那就接受这个事实吧。我们大部分人只对我们所处的那个小角落感兴趣，外在内在都如此。我们对它感兴趣，却从来不愿大方诚实地自己承认。如果承认了，我们会羞得无地自容，于是就加上类似的评论，"我不认为那是对的，那是错的，那无助于人类"诸如此类的废话。所以事情就是这样。说到底我们是对自己感兴趣的，却又认为那不对（理由多样，意识形态上的、传统的，等等）。日常的事实是我们对自己感兴趣，你却认为那不对。但是，你怎么想并没有关系，那一点儿用也没有。为什么引入那个因素？为什么说"那不对"？那是一个观念，不是吗？是一个概念。实然才是事实，事实就是我们对自己感兴趣。

问： 不知道是不是可以问个问题。

克： 完全可以。问吧，先生。

问： 为别人做些什么会使我更满足。我看到，太自我中心并不令人满足，但在学校里做义工或帮助别人比考虑自己更令人满足，为自己考虑感觉并不是太好。

克： 有什么区别？你想要满足——那就是自我中心。你自己搞清楚，先生。如果你帮人是在寻求满足，而那给了你更大的满足，那么你还是在关心自己，关心什么能给你更大的满足。为什么把任何意识形态的概念带进来？我们想要自由就是因为自由更令人满意，过一种渺小的生活并不那么令人满足。那为什么要有这样的双重思维？为什么说一个令人满足，另一个不是？明白吗，先生？为什么不说——我真的想要满足，不管那满足来自性、自由，还是来自帮助他人，来自成为伟大的圣人或政治家、工程师、律师。那都是同样的过程，不是吗？很多种满足，或微妙或明显，那就是我们想要的，对吗？我们说我们想要自由，我们想要，因为我们认为也许自由能带来极大的满足。当然，终极满足就是"自我实现"这种奇谈怪论。

问：所以我们必须从寻求满足中摆脱出来。

克：啊，不，先生，等等。摆脱满足并不是自由。自由不是摆脱什么后获得的东西，它是截然不同的。如果我摆脱满足或从满足中解脱，是因为我要寻找更大的满足，不是吗？所以，为什么不去搞清楚我们为什么想要满足呢？别说什么"我们不应该"，那不过是一个概念、一句套话，那样一来就会有矛盾，有冲突。所以，我们承认这一点吧，我们大部分人想的、要的、寻求的、渴望的无非就是满足，对吗？

问：我认为不是这样的。

克：你认为不是这样的，为什么，先生？

问：我对满足没有特别的兴趣，我倒是有兴趣知道为什么我不满足。

克：哦，我的天！你怎么知道你不满足？就因为你知道满足！(听众笑) 不要笑，先生们，看在老天的分上，不要笑。拜托，这可不是巧妙的辩词。为什么我不满足？因为我结婚，那并没有带给我满足；因为我去寺庙，那并没有带给我满足；我去参加集会，那也毫无意思；我看树木，什么也感觉不到。所以，慢慢地，我不满足于我看到的一切、拥有的一切、感受到的一切，那意味着什么？我在寻求没有任何不满足的满足！不是吗？这不是句漂亮话，事实显然如此，不是吗？你认为不是这样吗，先生？注意，每个人都在寻求满足，因为他不满足，对吗？那么，我们为什么寻求满足？不是对错的问题，而是这寻求背后的机制是什么？(长久停顿)

你们期待我分析给你们听？

问： 在某些领域，为了生存我们不得不寻求满足。

克： 是的，先生，当然有一些基本的需求。但是，别着急，先生，在谈到那个之前，能先搞清楚我们为什么寻求满足吗？探究进去，先生，什么是满足？

问： 你为了帮我们辨别什么能带来永恒的幸福所说的那些，我想我们还需要一点儿认知。

克： 不要只是动嘴皮子，认真一点儿思考，认真思考就好。我不知道什么认知——我建议我们别说这个了。我们没在讨论这个，先生，我们也没在讨论永恒或暂时。我们想搞清楚为什么人类总是在寻求满足。

问： (提出了许多理由，但几乎都听不清) 我们寻求满足是因为想改变。

克： 等一下，先生们，食物能满足你，不是吗？美餐一顿能满足你，为什么？因为我饿了，摆脱肚子空空的感觉很好。需求再高一点儿，说说性欲。显然，性带给人很大的满足。你们都不说话了！接着，拥有一个能支配他人的地位，那也非常令人满足，不是吗？你感到有权有势，你感到身居要职，可以指使他人，所以那也非常令人满意。我们寻求不同的途径来找到满足——通过食物、性、地位，通过各种美德，等等。为什么？当你需要食物的时候，你吃得很满足，那是可以理解的，但为什么还要寻求另一层面上的满足，有这回事吗？食物让我感到满足，我想要各种美食，如果我有钱、有胃口的话，就能得手。我也想在社会上谋取高位、受人尊敬的地位，那也非常过瘾，因为高高在上很安全，有一幢大房子，门口有警卫站岗……接着，我就想要更多——更大的房子，再多两个警卫，等等。那么，对满足的这种渴望是什么？先生们，你们了解渴望吗，那是什么？我渴望食物，我就吃了它——如果我能得到的话。但是渴望地位——让我们承认这一点——我们大部分人想要地位，成为最好的工程师，或最好的律师，或某些社团的社长，这个那个，为什么？抛开地位带来的金钱、舒适不说，这种渴望还为了什么？

问： 我想证明我的能力。

克： 换句话说，想让邻居们眼红。

问：（插进来几句话。听不清）

克： 是那样吗？等等，先生——你没听见另一位先生说什么。如果没有地位，你就什么也不是。剥去教皇的长袍、托钵僧的表演，他就什么也不是，是这么回事吗？那么，我们怕自己什么也不是，那就是我们想要地位的原因？想要被尊为伟大的学者、哲学家或老师的原因？你要是发现自己有了那样的地位，那感觉好极了——名字被印在报纸上，人们拥向你，如此等等，那就是我们追求地位的原因吗？换句话说，内心里，我们只是个普通人，有着普通人的伤痛、冲突、家庭中的争斗、辛酸、焦虑以及始终都存在的恐惧。于是，获得一个外在的地位，被誉为备受尊敬的公民，就令人十分满足了，对吗？我问，为什么我想要这个外在的地位，你说，我想要是因为我在

日常生活中只是个可怜的小人物，对吗？是这样吗？(长久停顿)

问：(一些建议，听不清)

克：到底是怎么回事？我们已经探索到了某一点，先生，让我们继续下去。这一点是，我们发现一个人之所以想要满意的地位，是因为在内心里他不过是个微不足道的小人物。但是，如果门口有个警卫站岗，他就会觉得自己举足轻重，对吗？显然如此，不是吗？我们不必面面俱到吧？

问：我们必须揭露自己，先生。

克：我现在就在揭露你！或许你并不想被揭露，但那是事实！我的内在可怜而渺小，一肚子各种各样的教条、信仰、仪式、等等，内心里搅动着伤害和痛苦的旋涡，外在我却想要个警卫站岗！为什么我渴望外在的地位？明白吗？为什么？

问：(听不清)

克：不，先生，请探究它。为什么我想要？是什么理由？不要轻描淡写地归结为"自私"，先生。

问：(很长的一段，听不清)

克：听着，先生！难道你不渴求地位、权力和名望吗？难道你不渴望被大众奉为伟人，拥有美名、恶名、等等？你没有这个欲望吗？

问：(一段听不清的话)

克：看看你们在怎样顾左右而言他！你没有这个欲望吗？

问：有。

克：终于承认了！那为什么？探究一下，先生，为什么？你为什么渴求地位？不要说环境如此，不要说你被社会放到了那个位置上,不要说受到了那种制约。

问: 我渴求地位就像饥饿时想要食物一样。

克: 哦,不,先生!不是的!看看,我们根本就不肯面对这个事实!

问: (提出进一步的想法。听不清)

克: 我们认真点儿吧。插进来这些话是非常傻的。你根本没有真正在思考。先生,问题非常简单。全世界的人都想要地位——无论是社会上的地位、家庭中的地位,还是上帝身边的地位——"坐到圣父的右手边"。大家都想要地位,都在渴求,为什么?

问: (听不清)

克: 不,先生!不要随口说说。分析问题,先生,不要只是回答!为什么你想要?

问: 这种渴求是自然的。

克: 是自然的?不,先生!你一会儿这么说,一会儿又那么说。先生,你注意过动物吗?如果你的院子里有养鸡,你有没有注意到总是有那么一只鸡在啄其他的鸡?这世上存在一种啄食类生物。所以,也许我们遗传了这个基因——支配、好斗,寻求地位就是一种好斗,不是吗?当然是的。我的意思是,寻求神圣地位的圣人就跟那只在院子里到处乱啄的鸡一样好斗!不知道你们有没有听懂。你们没懂。也许我们遗传了这个好斗的欲望,想要支配,也就是,想要地位,对吗?这个欲望跟什么有关——这种好斗的欲望、想获取社会地位的欲望(必须是被他人承认的地位,否则根本不是地位)?我必须总是高坐在讲台上，为什么？(停顿)请务必继续探究，先生们。全是我在说，我在思考。为什么你们好斗？(听众提出一些想法)不是的，先生。这不是缺乏不缺乏的问题。天啊，跟一群永远不想探究的人该怎么讨论呢？

问：(听不清)

克：那是原因之一，先生。不过，让我们再来检视一下，我们好斗，对吗？如果我想要社会地位，想要被社会承认，那就是一种好斗。为什么我会好斗？

问：(听不清)

克：看看，你们就是不把问题跟自己联系起来。你不去从自己身上搞清楚好斗的原因。暂且不谈我们刚刚分析过的"社会地位"，现在想想我们为什么好斗。

问：为了达到我们想要的，实现我们的目的。

克：你的目的是什么？我们谈过那个话题了，先生。我们已经没在谈那个了。现在的问题是，我们为什么好斗？请探究一下，先生。政客好斗，大人物好斗——不管是商界还是宗教界的大人物都好斗——为什么？

问：好斗是因为恐惧。

克：是那样吗？也许！你自己去搞清楚，先生。你在家里好斗，为什么？在办公室，在公车上也一样。为什么你好斗？不要解释，先生，去搞清楚为什么你这样就好。

问：为什么我害怕自己什么都不是？

克：注意！那位先生刚刚说了，恐惧也许是这好斗心的原因，因为社会就是这么建构的，一个公民如果有可敬的地位，就能得到极大的礼遇，而一个毫无地位的人则会被欺负——被派去越南参战，去送死。所以，我们为什么好斗？是因为我们怕做小人物吗？不要回答，先生们，探究它！往你自己内心探究！或者，我们恐惧是因为那已经成了习惯。寻求地位已经成了习惯。我们并不是真的恐惧，而是那已经成了习惯。不知道你们有没有听懂。如果是恐惧促使我们好斗，那是一个原因，但可能是社会的推动在促使我们好斗。知道吗，有人做过一个实验，把成千上万的老鼠放进一个很小的房间。它们进了那个房间后，感官就全部失衡。快要生小宝宝的鼠妈妈，不关心它肚里的孩子了，因为空间的压迫，因为缺乏空间，那么多老鼠挤在一起，它们就快疯了。听好，同样，如果人生活在非常非常拥挤的城市，没有空间，那也会让他们变得非常好斗而暴力。动物确实需要空间来猎食，它们有领土权，就像鸟儿。它们建立自己的领土，它们会猎食任何闯入自己领土的其他动物。所以，它们有领土权以及交配权——所有动物都有的权利。交配权没有领土权那么重要，对吗？当然，这些事你们有些人可能都知道。所以，我们好斗可能是因为我们没有足够的外在空间。这些听得懂吗？这可能就是我们好斗的原因之一。一个家庭，有十口人，却住在一个小房间或小房子里，你会爆炸的，你会动不动就怒气冲冲。所以人类必须有空间，没有足够的外在空间可能就是他好斗的原因之一。另外，人好斗还因为恐惧。那么，你们属于哪一类？你们好斗是因为恐惧吗？

问：（提出想法，听不清）

克： 你是说，保证我的物质安全，我就不会好斗。但是，人生有保证安全这回事吗？所以，可能这就是我们恐惧的基本原因——知道世上没有长久的安全。越南没有安全，在这里你们可能还有一点儿安全可言，但有战争就没有安全。如果地震来了，一切都会被摧毁。所以，你们自己探究一下，先生们，搞清楚你们好斗是因为恐惧，还是因为你的身心内外被圈得太紧了。你内心没有自由——智力上你并不自由，你人云亦云。各种技术发明、社会、集体，那一切时常让你感到压力重重，你应付不了，于是就爆发了，感到受挫。那么，你属于哪一类？搞清楚，先生们。(长久的停顿)如果你是因为恐惧才好斗，你要怎样处理恐惧？如果你摆脱了恐惧，你会失去好斗的乐趣吗？知道你会失去好斗的乐趣，你就不介意恐惧了，是不是？明白吗？(停顿)恐惧让人不舒服，好斗却很有快感，对吗？所以我不介意一点点恐惧，因为好斗的乐趣补偿了恐惧。

问： 我意识到现在的局面有些困难。

克： 哦，我不知道你意识到了什么，先生。我只是在请求你探究问题。所以你可能更喜欢争斗，但同时又感到恐惧。所以，你真的不介意自己是恐惧还是好斗。

问： (听不清)

克： 先生们，这个问题非常难搞清楚，因为每个人都有他们自己对好斗的解读。但如果我们能面对恐惧这个问题，看看我们是否能了解恐惧，看看是否有从恐惧中解脱的可能，那么，如果那一点仔细检查过了，还会有你的好斗、我的好斗、他或她的好斗吗？明白了吗，先生？所以先看那个问题，是恐惧引起好斗吗？显然是的。我怕毫无信仰，因此谁敢挑衅我的信仰我就跟他斗！那么，在涉及信仰时，恐惧制造了好斗。这很好理解，对吗？(你们一大早都在睡觉吗？不然在干什么！)所以，有可能从恐惧中解脱吗？只有一个人真的想从恐惧中解脱时，他才会提出这个问题。可以活得无所畏惧吗？这个问题非常复杂。这不是嘴上说一句"是的，我们必须活得无所畏惧"的事情。它意味着什么？本质上，它意味着什么？我们会一步一步来。活得无所畏惧本质上意味着什么？在当前这个社会结构中有可能吗？在当前这种文化中，不管是共产主义文化还是当前社会的文化或古代社会的文化，有可能无所畏惧地活在社会中吗？

问：不可能。

克：为什么？太奇怪了，先生们！一谈到这些基本问题，你们全都不出声了。

问：我只是在想到时候我的生活会怎么样。

克：你害怕要是社会稳定、天下太平，你就没什么好恐惧了？(来自听众的声音，听不清)好的，先生，我理解了。所以，如果你能得到保证，保证你习惯的日常生活不被打乱，不会跟你习惯的那个模式不同的话，你就不会怕，是吗？我们的社会就建立在那个基础上，所以，你的意思是无所畏惧地活在社会里是不可能的，是这样吗？

问：我想一定有可能，但我不知道怎么去实行。

克：哦！如果你觉得一定有可能，那就只是个概念罢了。

事实是，我们害怕抛开恐惧活在眼下的社会，对吗？

问：（听不清）

克： 我们正在这么做，先生，我们就在讨论这个。我们的恐惧之一就是生活在这个不得不好斗的社会。我们暂且接受这一点——不管生活在哪种社会，共产主义社会、资本主义社会、印度教社会或穆斯林社会，你都不得不好斗，因此为了生存不得不提心吊胆。先不管这个。那么，我们怕的是生存的哪一层面？我怕明天没有食物吃，因此囤积了一个月或两天的食物，我会看好它，确保食物不被偷走，这种恐惧可以理解。我怕政府会冒出来折腾点儿什么，这种恐惧可以理解。那么，我们只是在那个层面上好斗吗？

问： 我们的内心也一样好斗。

克： 你说"内心"是什么意思？你指的是什么，先生？

问：（听不清。一些解释）

克： 所以存在另一层面上的恐惧。有人提出在人际关系中也有恐惧，因此我们在人际关系中也好斗。那么，在人际关系中，我们为什么怕？为什么我们在人际关系中也惴惴不安？你怕你的妻子、你的丈夫、你的邻居、你的老板吗？我知道承认自己怕妻子相当不舒服！在每一种关系中我们都心有所惧。为什么？

问：（听不清）

克： 我为什么怕？请简单面对这个问题，因为目前问题已经变得很复杂了，如果一开始不能简单面对，我们就理解不了任何东西。我为什么怕妻子、邻居或老板（这就是关系）——

为什么？

问：（一些解释，听不清）

克： 亲爱的小伙子，你没结婚！那就暂时别管这个。你的灾难不久就会降临的！

问： 人际关系中有恐惧是因为"他"或"她"或"我的老板"会对我隐瞒一些东西。（进一步解释，听不清）

克： 如果不一步一步来，问题还怎么讨论！不要跳过去，不要下结论。你怕邻居，怕老板？恐惧——你知道，他可能拿走你的工作，他可能不给你晋升，他可能不给你打气。同样你也可能因为妻子的支配、唠叨、霸道或不漂亮而怕她。所以，我们怕。为什么？因为我们渴望日子能继续。让我们再慢一点儿。很抱歉我坚持一步一步很慢地推进问题。我怕妻子，为什么？我怕是因为——很简单——她凶我，而我不喜欢被凶。我相当敏感而她咄咄逼人，由于仪式、婚姻和孩子，我被她绑住了，所以我怕。她支配我，我不喜欢那样，对吗，先生们？我怕就因为我相当敏感，我喜欢别出心裁，我喜欢看树，喜欢跟孩子们玩，喜欢晚去办公室，喜欢这个那个，她却凶我，我不喜欢被她凶，于是对她的恐惧就开始了，对吗？还有，如果我反抗说"不要凶我"，她就会收回性爱的快乐，我跟她的快乐，所以我怕那样，是不是，先生们？关于这个问题，你们还是全都一声不吭！你们真是奇怪的一代！我怕，因为她想找茬吵架，等等。那么我该怎么办？我怕，却又跟她脱不了干系。她支配我，凶我，把我使唤来使唤去，她轻视我。如果我是个强势的男人，我就轻视她。你们清楚得很！那么，我该怎么办？我怕，我是承认这个事实，还是掩盖事实，口口声声说"这是我的业，这是我的制约"，你知道——你们抱怨社会和环境。

问： 我觉得我们不得不默默忍受。

克： 默默忍受！不管怎么说，你们确实那样。

问： 跟她离婚。

克： 离婚相当昂贵，而且费时很长，那你该怎么办？

问： 忍着。

克： 那么结果会怎样？听好了，先生们，你怕却又忍着，所以你会怎样呢？你怕却习以为常，你习惯了被凶，习惯了环境，所以慢慢地，你就变得越来越迟钝；慢慢地，你的敏感荡然无存；你不再看树，你再无笑容。所以慢慢地，你迟钝了，先生们，女士们，这就是你们的真实写照，因为你们已经习以为常了。你习惯了这个腐败的社会，习惯了肮脏的街道。你既不看肮脏的街道，也不看夜晚动人的天空。所以，恐惧（你们还没了解它）把你磨钝了。你会怎么做，先生们？不要只是说"是的，你说得完全正确"。医生已经诊断出你的病症，他现在问你会怎么办？你们习惯了《奥义书》《薄伽梵歌》，习惯了肮脏、悲惨，习惯了妻子的霸道、政客的霸道，你们变得毫不敏感，完全迟钝了。或许你能聪明地演讲、阅读、引经据典，以及做别的漂亮事，但内心你是迟钝的。那么，你会怎么办？（停顿）没人回答？

问： 全都摆脱掉。

克： 怎么摆脱！潇洒地一甩？

问： 从关系中摆脱出来。

克： 抛弃她，抛弃孩子？接着掉进另一个陷阱？那么你会怎么办，先生？

问： 搞清楚她为什么凶我。

克： 她不会告诉我的，她有她的痛苦，天知道她有什么问题。她不满足，也许欲壑难填，也许她病了——哦，可能有一打的原因。你知道，她觉得她必须歇一歇、度个假，必须享受一段远离丈夫的时光，好好度个假。所以，从她身上我搞不清楚她为什么凶我，我必须首先处理自己身上的问题。天啊，你们这些人太……好，那我该怎么办？

问： 反抗她。

克： 我做不到。

问： 尽量调和。

克： 我的天！她禀性难改，我也一样。那我该怎么办？

问： 你会冷漠起来。

克： 你们已经冷漠了。你们对万事万物都漠不关心——对树、对美、对雨、对云、对肮脏、对妻子、对孩子都漠不关心。你们彻底冷漠了。

问： 或许，我们不得不质疑我们目前已接受的一切。

克： 注意，先生，这个问题相当严肃，比这样随意的语言交流要严肃得多。因为你已经变得冷漠无情——恐惧导致了你的冷漠，神灵、《奥义书》、《薄伽梵歌》、政治家、妻子的强势霸道统统导致了你的冷漠。你已经迟钝了，不是吗？你怎样觉悟到这样的迟钝并舍弃它呢？明白我的问题吗？妻子、重复死气沉沉的圣书、我所生活的社会都造成了我的冷漠。我会怎样,别人会怎样,我概不在乎。我无情、冷酷,我承认那是事实,你可能不承认。你可能会说"但有些小地方我还是相当敏感的"。如果在主要方面迟钝,这些小地方的敏感毫无价值。那么,我该怎么办?我承认那是事实。而问题不在于怎样摆脱它!我不谴责。我说"那是事实"。我该怎么办?好啦,先生们,我该怎么办?

问: 我茫然无助。

克: 那你就爱莫能助,那你就看着整个印度这样下去!但我想有所行动,我真的想。你的神灵、你的宗教书籍、社会、你生于斯长于斯的文化,这一切都导致了你惊人的无情和冷漠。那该怎么办?

问: 与一切决裂!

克: 决裂?我怕决裂,不是吗?首先,我意识到、觉察到自己的冷漠了吗?你们觉察到了吗,先生们?你们这代人真是!(长久停顿) 好吧,先生们,我继续讨论。我已变得冷漠无情,我看到导致我冷漠无情的种种原因——妻子、家庭、人口过剩、几千年传统的重压、没完没了的仪式、屋里屋外的肮脏,等等。我看到了我的心迟钝的原因,那是由于教育等因素,那是事实。现在我该怎么办?首先,我不想那样生活,对吗?我不能过那种日子,那种日子连畜生都不如。哦!你们没兴趣听。

问: 请继续。

克: 所以,首先我看清楚原因和结果,我明白不可以那样过。什么促使我说"不可以那样过"?请听好每一句话,(先生们，请不要咳嗽。）这需要极大的注意力。促使我说"我绝不可以那样过"的是什么？（长久停顿）我不敏感，如果那很痛苦，我就想要改变，那么我改变是因为我认为其他东西将带给我更大的快乐。哦！你们一点儿也不明白！我想改变，因为我明白心这么迟钝根本不叫活着，必须改变。如果我改变是因为痛苦——请听好——如果我改变是因为痛苦，那么我只是在追求快乐，对吧？而对快乐的追求正是这冷漠的原因。正因为我寻求快乐才导致了今天的冷漠——在家庭中、神灵中，在《奥义书》《古兰经》《圣经》中，在一切权威中寻求快乐。这一切导致了我这般的——冷漠。整个变化的根源就是快乐，如果我反抗冷漠，就又会去追求快乐！

这些都听懂了吗？我已经有所领悟！我已认识到，如果我改变的动机是快乐，就会重回老路。拜托，先生们，务必了解这一点——用你们的心，不要用你们愚蠢渺小的头脑，用心了解这一点——了解如果你开始寻求快乐，你就一定会以惨败告终，落个迟钝的下场。如果你是因为想品尝不同的快乐才摆脱迟钝，那你就回到老路上了。所以我说"瞧我在干什么啊"，所以我必须对快乐非常警惕。我不是要拒绝快乐，因为如果我拒绝，我就是在寻求另一种更大的快乐。于是我看到快乐让心陷入习惯，造成彻底的迟钝。我把那幅画挂到墙上，因为它带给我巨大的快乐。我在博物馆或画廊欣赏过它，我感叹"多美的画啊"！我买下了它——如果有钱的话，然后把它挂到我的房间里。我每天看它，嘴里赞叹着"多美啊"，然后我就习惯了它，明白吗？日复一日地看它，那快乐成了习惯，从而阻碍我真正去欣赏，不知道你们明白了没有。就好像性！所以，习惯，对什么习以为常，就是冷漠的开始，都理解了吗？你每天都路过隔壁那个村子，你习惯了它的脏乱。小男孩、小女孩们在路上随地大小便——肮脏、污秽，你先是习惯它，然后变得习以为常。同样，你已习惯一棵树的美，你不再看它了。所以，我发现我在哪里追求快乐，哪里就一定深藏着冷漠的根源。请务必看到这一点！天堂不在快乐中，快乐中只有冷漠和痛苦。

那么，如果很清楚地看到了那一点，会怎么办？快乐很有诱惑力！明白吗？我看树，那是巨大的快乐；看饱蕴雨水的乌云，看彩虹，似乎都妙不可言。那就是快乐、喜悦、极大的乐趣。为什么你不能享受完就离开？明白吗？为什么我一定要说"我必须把它存起来"？不知道你们懂不懂。于是当我第二天再看到饱蕴雨水的乌云，看到在风中舞动的树叶，昨天的记忆就跑出来破坏了眼前的景象。我已迟钝，该怎么办？我不能拒绝快乐，但那并不表示我就耽于快乐。所以我现在明白了，快乐不可避免会滋生冷漠。我看到了，我把它看作事实，就如我看到麦克风——那不是观念、理念、概念，而是事实，对吗？所以现在我正在留意快乐的运作，懂吗？快乐运作的过程就是我正在留意的对象。比如，"我喜欢你"和"我不喜欢某个人"，那又是同一个模式，我的所有判断都建立在喜欢和不喜欢的基础上。因为你受人尊敬，所以我喜欢你；因为你不受尊敬，所以我不喜欢你。你是穆斯林或印度教徒，或者你有性方面的变态行为，我更喜欢其他的变态方式,等等,懂吗?喜欢和不喜欢,所以我留意它。喜欢和不喜欢又是一个习惯,我通过快乐培养它。心现在留意着快乐的整个活动,如果你谴责它就无法观察它,懂吗?那么我的心会怎样?注意观察,先生,我的心会怎样?(哦!你们就会随口说说。你们不知道自己在说什么。)

没错,先生,心变得敏感多了,对吧?因此也智慧多了。现在那智慧正在运作——不是我的智慧或你的智慧,就是智慧,不知道你们听懂没有。之前只有冷漠,而且我不在乎,心不在乎我是不是活得像头猪。后来我认识到自己必须改变。我还看到,改变如果是为了另一种更大的快乐就只是重回肮脏的老路。所以心已有所领悟,有所明了。不是因为有人这么说,而是因为它非常清楚地明白一些东西,明白追求快乐不可避免会滋生冷漠。于是心变得敏锐了,它在留意着快乐的一举一动。只有抛开疑惑、谴责和判断,你才能自由地留意万事万物,所以心在留意。它说"我是怎么回事,为什么我看不到一棵树,为什么我看不到小孩或女人美丽的脸庞"。我不可以闭上眼睛,盲目地逃到喜马拉雅山上去。它就在那里,是吧?我该怎么办?不看?当我经过一个女人,把头扭开?托钵僧就是这么做的,他们知道所有类似的古老花招。那我该怎么办?我看,明白吗?我看。我看树,看树枝的美,看树的曲线的美,我看美丽的脸庞,那么匀称,那笑容,那眼睛——我看。听好,我看的时候,不存在快乐。你注意到了吗?明白这是什么意思吗?了解我们在说什么吗?我看的时候,哪里还有快乐存在的空间?我没有带着恐惧在看,叫着"我的上帝！我掉进了快乐的陷阱吗"。我只是看，不管是看树，看彩虹，看飞虫，还是看一个美丽的女人或男人。我看，那样的看当中不存在快乐，只有思想跑进来时才会产生快乐。

不了解这整个过程——那些圣人，那些所谓圣人、瑞希圣哲、作家，又丑陋又不成熟，他们谴责对美的关注。不要看，他们说。所以——看吧。如果你看得非常清楚，那就既没有快乐也没有不快乐。它就在那里：那脸庞的美、那步态、那裙子、那树的美。很快思想就跑进来说"那是个漂亮女人"，紧接着种种臆想、性、暗示、激动就开始了。听懂这一切了吗，先生们？你们要怎么办？发生了什么？思想跑进来了，现在重要的不是快乐，因为我们已经了解快乐了，那没什么。看看发生了什么。头脑变得极其敏感，因此高度守纪，高度守纪但并不是勉强而为。通过留意我的无情、冷漠——留意它，通过这种留意头脑变得敏感。留意就是纪律。不知道你们听懂了没有！这种纪律当中不存在压抑。为了看，纪律是必要的，但其中并无压抑。所以，头脑变得高度敏感、高度守纪，因此非常简朴——不是表现在衣服和食物上的简朴，那一类简朴太不成熟、太幼稚了。头脑说，它正在留意着快乐，它看到思想造成快乐的延续，是吧？于是我就进入了截然不同的维度，明白吗？在那个维度中，我必须非常用功，没人能告诉我。我可以告诉你，但你必须自己用功。那么，我说"到底为什么思想跑了进来"，我看那棵树，我看一个女人，我看到一个男人经过，坐在一辆华贵的好车里，有专门的司机驾驶，我说"不错"，但思想为什么跑进来？为什么？（长久停顿)(听众提出想法)不是的,先生,我没有学过看的艺术。请务必听好,我没学过。我过去说"我看到冷漠和无情"时,我并没有真的看到。看到无情——而不是改变它,只是看到就好。那么现在,我问自己到底为什么思想跑进了画面,为什么我不能只是简单地看树,看那个女人、那辆车子?为什么?为什么思想跑了进来?

问: 记忆跑进来,成了障碍。

克: 问你自己这个问题,先生,不要简单地说"记忆跑进来成了障碍"。你只是听过别人这么说。你听我说过很多次,你重复那些话,把它们抛回给我。它们对我不再有任何意义。我在问一个截然不同的问题。我在问到底为什么思想会跑进来。(听众提出想法)问你自己,先生,搞清楚答案。为什么思想不断来干扰,明白吗,先生?如果你自己探究,那是个非常有意思的问题。目前,你们无法抛开思想、意象、符号看任何东西。为什么?(长久停顿)你们想要我来回答吗?那个先生很舒服地坐着,嘴里说"是的,请告诉我们答案,好吗",那个答案不会对他产生一点儿影响的。没错,那已经成为习惯。在过去五十年里,不管你做什么,思想都会跑进来。如果那是习惯,那我该怎么办?我把习惯看成一个观念还是一个现实的习惯——看到两者的差别了吗?如果看到了,你就必须搞清楚要怎么办。

马德拉斯

1968年1月5日

时间、空间和中心

> 只要它是个中心,它的空间就必定永远受限,对吗?所以只要存在中心,空间就必定永远受到限制——就像一个住在监狱里的囚徒,他有在院子里散步的自由,但他永远是个囚徒。

克里希那穆提: 今天早上我们要一起思考什么?

提问者: 心理记忆是什么,它是怎样铭刻在脑子里的?

问: 能探究一下快乐和思想的主题吗?

问: 关于生活,关于这个世界的概念是怎么一回事?

克: 你们想讨论哪个问题?关于生活,关于这个世界的概念是怎么一回事?另外,什么是思考者和思想……先生们,你们说呢,我讨论什么都可以。

问: 我们能继续讨论思想吗?上次讨论结束的时候谈到了时间和空间的问题。

问: 我们能再多谈一点儿、多解释一点儿关于时间、空间和中心的问题吗,我们前几天谈过的?

问: 为什么我们想要讨论"前几天"的东西?那已经结束了。

克: 如果我们讨论关于生活的概念以及生活这个问题,也许会碰到时间、空间和中心的问题。我觉得其他的所有问题都包含其中了。什么是关于生活的概念，我们所指的概念是什么意思，这个词是什么意思，构思、想象，然后表达出来。一个概念化的世界就是观念、公式、理论的世界，想象的意识形态构成的世界。我们谈到"概念"时，指的就是这个意思，不是吗？一个概念化的世界，一个意识形态的世界。首先，在我们跟他人的联系中，在我们生活的背景中，概念占据着什么位置？概念化的世界，我们多多少少已经描述或口头解释过了，那它跟实际的日常生活有什么关系？有任何关系吗？我牙疼，这是一个显然的事实，而牙不疼的概念却不是事实。事实是，我牙疼，另一个则是虚构的东西，是一个观念。那么，事实、"实然"、实际的日常生活和公式、概念之间有什么关系？有任何关系吗？你们相信有关系，至少有些人信。印度教徒相信存在宇宙的大我(我们在讨论一个敏感话题)，存在某些永恒的东西。那是一个观念、理论、概念，不是吗？不是？商羯罗、吠檀多或某些人说存在这个宇宙的大我，或说存在这个精神实体，那只是一个观念，不是吗？

问： 不止如此。

克： 不止？

问： (听不清)

克： 人们说存在某些永恒的东西……

问： (听不清)

克： 我不假设，先生，有这么个概念，先生，这个概念说存在永恒的境界，它是每个人身上都存在的现实，是上帝,或不管你喜欢称其为什么。基督徒和穆斯林都这么说,不同的人用不同的语言,你们这里也用一套语言。那不就是个毫不现实的概念吗?

问: 现在它是个概念,但假以时日,我们希望自己能发现那个东西。

克: 如果你假定存在某个东西,某个什么,那你一定会找到的!在心理学上,这个过程非常简单,但究竟为什么要作任何规定呢?

问: 我爱上了世界上最美的女人,但我从没见过她。虽然我没见过她,但她的美丽是事实。

克: 哦,别扯了,先生。根本不是那回事。这么说下去就没边了。我们有很多空谈、概念,比如,关于完美人类的理想,应该怎样的理想,以及自由的人应该怎样行动、思考、感觉、生活,等等,但这些都是概念,不是吗?

问: 你所说的"实然"显然也是概念!

克: 是吗?你真的牙疼时,那是概念吗?你没有工作,没有食物,实实在在痛苦时,那是概念吗?你爱的人死了,你悲痛万分,那是概念吗?

问: (听不清)

克: 什么!牙疼不真实?你们都活在哪个世界?年老时死亡来临,或发生事故摔断一条腿,或不管什么——那是理论吗,不好理解?那是概念吗?先生,现在我们在处理概念的问题。关于生活的概念。为什么你们想要概念?

问: 为了描述生活。

克： 为什么我要描述生活？我活着，受着苦。

问： (听不清)

克： 就是这样。你怎么着手设想生活？你为什么想要设想生活、设想事情应该怎样怎样？你问，生活的现实是怎样的。生活的现实就在那里，就是苦难。有痛苦，有快乐，有绝望，有愤怒。

问： 那些都只是表面现象。

克： 你说"只是表面现象"是指什么意思？你是指那是假象！你是指没有快乐、痛苦、战争这回事？你是指这是个可爱的世界？(听众笑) 他们拿走你的工作时，你说没那回事，你这么说过吗？你没东西吃时，你说那是假象，是吗？不是？那你在说什么？你说那不是真的？你是指什么？

你说概念是达到目标的手段？这真是最不可思议的世界。我们都在扯些什么！我们非常仔细地分析了"概念"那个词，分析了它的意思，好好记住它，先生，记住它。

问： 我没那么说。我说很多人需要理解"概念"这个词。

克： 刚刚解释过了，那么我们继续吧。我们问概念跟日常生活有什么关系。日常生活就是每天单调地去办公室上班，每天单调地被孤独、痛苦折磨，等等。那些事，是现实，是实然，是我们生活中每天在发生的事，那些事跟概念有什么关系？

问： 我能说两句吗？

克： 很乐意，先生。你说吧。

问： (很长的一段话。听不清)

克：啊！他说如果我们真的理解了概念，生活就会不同。他引用了某位先生的话，我不知道是谁。为什么我要理解概念？如果我充满痛苦，如果我没东西吃，如果我儿子死了，如果我聋哑痴呆——概念跟那一切有什么关系？概念即语言、观念、理论。那跟我锥心的孤独有什么关系？

问：(听不清)

克：等等，先生，等等！我想我们必须继续原先的问题，否则讨论不出什么来。我们不愿面对事实，我们在一堆语言里打转。现实不是概念，现实就是我的日常生活，对吗？现实是我身陷痛苦，而痛苦不是理论，不是概念，那是生活中实实在在的过程。所以我问自己——为什么我对痛苦抱有概念？对痛苦抱有概念完全是浪费时间。所以我不想要概念，我想要了解痛苦，对吗？

接下来的问题就是——什么是痛苦？有肉体的痛苦，比如牙疼、肚子疼、头疼，以及别的疾病，还有不同层面的痛苦，比如心理层面的。那么，我要怎样摆脱那种痛苦，摆脱内心的痛苦？肉体的痛苦我可以找医生治疗，但还有心理上的痛苦、我内心承受的痛苦。我痛苦什么？我们有什么痛苦，先生？

问：孤独和恐惧。

克：没错！孤独和恐惧。我想要摆脱它们，因为这孤独和痛苦一直是个负担，它们给我的思考、我的见解、我的观点、我的行为蒙上了阴影。所以，我的问题就是怎样从恐惧中解脱，而不是摆脱一切理论，那就过头了，但我不接受关于任何事的任何理论。那么,我怎样摆脱恐惧?概念能帮我摆脱恐惧吗?这就是你之前说的意思,先生,但是对恐惧抱有概念能帮我摆脱恐惧吗?你说"可以",你说"那是科学思想,那是现实基础,那是符合逻辑的结论"。选个简单的例子,先生,你自己去找出答案,不要引入科学的、逻辑的、生物学的事实。你有恐惧,一个不要有恐惧的概念能帮你摆脱恐惧吗?先生,不要理论化。你有恐惧,不是吗?没有?不要只是信口说说。你有恐惧,不是吗?概念能帮你摆脱恐惧吗?务必想清楚,先生,探究它。不要去求助某些理论,先生。请不要偏离同一个问题。你有恐惧。你怕妻子,你怕死亡,怕可能丢掉工作。理论、概念能帮你摆脱这些恐惧吗?你可以逃避它们。如果你怕死,相信轮回就能逃避那种恐惧,但恐惧依然存在。你不想死,即使你可能相信种种说法,事实是恐惧依然存在。概念无助于摆脱恐惧。

问: 它们也许能逐渐帮我们摆脱。

克: 逐渐?到那时你可能死了。先生们,不要理论化,看在老天的分上。这些没用的脑子,只会理论!

问: 逃避不也是尽力摆脱恐惧吗?

克: 哦,我们多幼稚!你可以逃避你的妻子,但你的妻子依然在家里。

问: 你可以改变生活方式。

克: 先生,拜托你,我们简单面对问题吧。你知道恐惧是怎么回事,你知道暴力是怎么回事,不是吗?非暴力的理论能帮你摆脱暴力吗?接受那个简单的事实。你暴力,这是现

实。日常生活中你是暴力的，那么你可以靠一个概念、一个非暴力的概念理解自己的暴力吗？（长久停顿）

问：（很长的一段话，听不清）

克：你在说什么，先生！我们在说英语！你懂英语吗，先生？我们在谈暴力。你暴力过吗，先生？

问：有时候。

克：好。那么，你靠一个概念摆脱暴力了吗？

问：看到自己暴力的时候，我就告诉自己平静下来。

克：我怀疑我们是不是在说同一种语言。我投降了！你继续说吧，先生。

问：（继续一段听不清的话）

克：好吧，先生，你赢了。

问：（接着又是一段听不清的话）

克：谢天谢地，你没有统治世界。你在蹉跎岁月，你在浪费光阴。你活在一个极不真实的世界。

问：（继续高谈阔论。听不清）

克：我们就是这么说的，先生，面对事实本身。你只有对事实没有一套理论，才能面对它，对吗？显然你们老一辈人不想面对事实。你们喜欢活在概念的世界里。那就待在那儿吧，先生们。现在我们继续。问题是，心可以摆脱恐惧吗？恐惧是怎么回事？我们感到害怕。我们回到了你的问题，先生。不是你的问题，先生。你想活在理论的世界里，那就待在那儿吧。我在回答这位先生的问题。你问谁是那个说"我害怕"的实体或存在。你嫉妒过、羡慕过别人，没有吗？那个说"我嫉妒"的人是谁呢?

问: 自我。存在一种自我感。

克: 那个自我是谁? 先生,好好分析它。你知道怎么分析吗? 探究它,一步一步。它是谁? 认真思考,先生,不要引用商羯罗、佛陀或谁谁谁的话! 你说"我害怕",那个"我"是谁?

问: (提出几个想法。听不清)

克: 不要引用。务必认真思考,先生们。

问: 羡慕的那一刻,不正是思想把自己设想成永恒的吗?

克: 思想认为自己永恒的那一刻是怎样的? 我羡慕。我意识到自己的羡慕。谁是说"我羡慕"的那个实体,那个思想?

问: (听不清)

克: 哦,拜托,先生! 你这不是分析,你只是提个说法! 好好探究它,先生。你说,那一刻,思想说"我嫉妒"的那一刻,那个思想,暂时在那一刻,认为自己永恒,对吧? 那么,那个思想为什么认为自己永恒? 不就是因为它认出了一种以前有过的、似曾相识的感觉吗? 慢慢来,一步一步。我羡慕——你知道羡慕是怎么回事——我慢慢意识到自己在羡慕,我问:"那个意识到的实体是谁? 那个实体或那个思想怎么知道那是羡慕?"那个思想知道那是羡慕是因为它曾感受过羡慕。早先羡慕的记忆冒了出来,那个人一感受到它就说:"又来了。"对吧? 这就是我以前感受过的羡慕。否则你完全不会那么想。因为思想能识别感觉,它能叫出"羡慕",以前它经历过同样的感受,所以它说("它"即思想)……(听众插进来说话)先生们,我知道这问题很复杂,所以我们必须一步一步慢慢来。先生们,可以不要咳嗽吗?所有人立即停止!(听众笑)这是个非常难探究的问题,除非全身心投入,否则无法了解它非常复杂和微妙的性质。我们说,首先,你羡慕了,你意识到那羡慕,然后思想说:"我以前有过那种感觉。"不然,你认不出那种感觉就是你以前所说的"羡慕"。通过对现在正在发生的事情的识别,你以前有过的经验获得了永恒和延续,所以,思想具有延续性是因为思想是记忆的反应,对吧?那个思想,即昨日记忆的产物,它说:"又来了,那是羡慕。"通过冠名"羡慕"和识别,思想赋予了它更大的活力。思想是海量记忆的反应,那些记忆由传统、知识、经验等组成,那个思想认出它现在的感觉即"羡慕"。所以,思想就是那个中心,或者记忆就是那个中心!对吧?(停顿)先生们,你的中心说:"这是我的房子,我住在那里,法律上它属于我。"如此等等。你有某些记忆,愉快和痛苦的记忆。全部记忆就是那个中心,不是吗?那个中心即暴力、无知、野心、贪婪、痛苦、绝望,等等。那个中心营造了它自己周围的空间,没有吗?没有?(听众插话)慢慢来,先生们……一个间隙?啊,那位先生想要我重复刚才说过的话。对不起,先生,我重复不了,我记不起刚才的话了。

我们换种说法。有这么个麦克风,它周围就是空间,它就是中心,周围有空间,它存在于空间中,就像这个房子内部有空间,不过这房子外部也有空间。所以,这个中心自身内部有小小的空间,外部也有空间。我不是在谈创造,安静听好。请观察这个,先生,请探究它,请全身心观察它,不要只是脑子想想。如果你真的探究进去,会更有意思。但如果你把它理论化,讨论就可能没个完,就会毫无结果。这是那个中心,那个中心就是海量的记忆。那非常有意思,先生们。请探究它。那个中心就是海量的记忆、海量的传统。因为压力,因为影响,那个中心是紧张造成的。那个中心是时间的结果,局限于文化的领域——印度教文化、穆斯林文化,等等,所以那些就是那个中心。因为是中心,显然它外部就有空间;因为要活动,它内部也有空间。如果不活动,它就没有空间了,就不存在了。任何能活动的东西必须有空间。所以那中心内外都存在空间,而且一直在寻求更大的空间、更广阔的活动空间。换种说法,那个中心就是意识。就是说,那个中心是有边界的,它把那看成"我"。只要有个中心,就一定有外围空间,显然如此。它试图扩展其外围空间——通过吸毒,即现在所谓"头脑的迷幻扩张",通过冥想,通过各种意志作用,等等。它试图扩展空间,即它所知的意识,试图促使它广阔、广阔、更广阔。然而,只要它是个中心,它的空间就必定永远受限,对吗?所以只要存在中心,空间就必定永远受到限制,就像一个住在监狱里的囚徒,他有在院子里散步的自由,但他永远是个囚徒。他可能得到一个更大的院子,他可能得到一个更好的房子、更舒服的房间,有浴室以及诸如此类的设备,但他还是受限的。只要存在中心,空间就必定有限,因此那个中心永远无法自由!就像那个囚徒在监狱的高墙内说"我是自由的",但他并不自由。很多人可能无意中认识到,在具有中心的意识领域内不会存在自由这种东西,于是他们问是否可以扩展意识、扩张意识——通过文学、音乐、艺术、药物,通过种种过程。但只要存在中心,存在观察者、思考者、看守者,纵然他使尽浑身解数,也跳不出监狱的高墙,对吗,先生?请不要说"是的"。因为在中心和边界之间有距离,时间就进来了,因为他想要跨越边界,超越它,把它远远推开。不知你们听懂了没有?先生,我们不是在处理理论,如果你能实实在在深入内心探究,就会看到这件事的美。

问: 你能探究一下扩张倾向吗?

克: 你知道扩张是什么意思。一条橡皮筋,你可以拉伸它,但如果拉过头,它就断了。是的,先生,过头了它就会断。住在马德拉斯的小房子里,我感到局促、没有空间,加上我的家庭、我的烦恼、我的工作、我的传统——实在狭小得要命,我想要破门而出,这是扩张的欲望。如果社会压迫我,把我逼到某个角落,我就爆发了——这也是想要扩张的反抗。如果我住在一套小房子里,房子坐落在拥挤不堪的街道上,没有开阔的郊外可以呼吸新鲜空气,也没有机会去那种地方,我就暴力起来。动物就是这样,它们有领地权,因为它们需要空间猎取食物,它们阻止其他动物进入那个领域,对吗,先生?所以,万事万物都有扩张的需求——商业、昆虫、动物,以及人类,他们都必须有空间。外在如此,内在也一样。那个中心说:"我可以通过吸毒扩张。"但你没必要为了体验这种扩张的感觉去吸毒。我没必要为了了解醉酒是怎么回事去喝酒！我知道醉酒是怎么回事，我清楚！我没必要自己去喝！

问：(听不清)

克：不，先生，千万不要带进其他东西。这非常复杂，先生。如果你慢慢探究进去，你会了解的。那个中心，是它自身局限的囚徒，它需要扩张。它通过认同来寻求扩张——认同上帝，认同一个观念、一个理想、一个公式、一个概念。请听好，先生！它以为自己可以活得与众不同，活在不同的层次上，虽然它悲惨地身陷牢笼。于是概念对囚徒来说变得格外重要，因为他知道自己逃不掉。那个中心就是思想，我们检查过那一点了，那么，思想试图通过认同某些东西来扩张自己——认同国家，认同家庭，认同团体，认同文化——你知道，就这样扩张，扩张，但它依然在牢笼里！只要存在中心，就没有自由，对吗？不要同意，先生。对你来说，这只是一个理论，跟其他理论并无不同。那么，看看它做了什么！它发明时间作为逃避的手段。我会逐渐逃离这座牢笼，对吗？我会练习，我会冥想，我会做这个，不会做那个。逐渐、明天、明天、下辈子、将来——它不但创造了有限的空间，还创造了时间！它成了它自己时空里的奴隶。啊！你们看到了吗，先生们？

问：记忆怎样……(听不清)

克：很简单，先生。你之前问过。你自己去检视的话，是很简单的。有人打你、侮辱你，你就记在了心里。我打你，你受伤、受辱,你被作践,你不喜欢那种感觉,你的脑子、你的意识就保留了我侮辱你或恭维你的记忆。所以记忆保留下来,下次碰到我,你就在心里说"那人侮辱过我,那人恭维过我"。你再碰到我时,记忆作了反应。就是这样,很简单,别在上面浪费时间了。

问: 这样讨论、谈话之后,我们怎样了呢?

克: 恐怕我没法告诉你。如果你了解我们在谈的问题并照此生活,你就会进入截然不同的世界;但如果你不照此生活,每天不那么活,你就只会照过你现在的日子。就是这样。

那么第一个问题是,只要存在中心,我们知道"中心"指什么,就一定存在时间和受限的空间,那是事实,你可以在日常生活中观察到。你被你的房子、你的家庭、你的妻子束缚住了,然后被集体、社会束缚住了,然后又被你的文化等束缚住了。所以这整个东西就是中心——文化、家庭、国家——它们造成了边界,即意识,它永远是受限的。它试图扩张边界,加宽围墙,但整个部分还是在牢笼之内。所以,这是第一件事,这是我们日常生活中实实在在发生的事。接着问题来了,请听好,不要用理论来回答,没用的,可以没有中心地活在这个世界上吗?这是一个实在的问题。可以没有中心,却全然、充分地活在这个世界上吗?你们说呢?

问: 我们可以只是一个点。

克: 一个点还是中心啊!夫人,不要回答这个问题。如果你只是回答,表示你还没探究进去。

问: (听不清)

克：对了。我知道你会这么说，先生，但你还是在那个范围内。先生，你去过监狱吗？不是指你坐牢，先生，你探访过监狱吗？如果你探访过监狱，你会看到他们正在拓宽围墙。更大的房间、更大的监狱，越来越大，但你还是在那个监狱里。我们喜欢那样，我们活在自己思想的监狱里，抱着我们的痛苦、我们的文化说"我是婆罗门，我是非婆罗门，我讨厌这个，喜欢那个，我不喜欢那样，我爱这个，不是那个"，诸如此类的话。我们活在这个监狱里，我可能把它拓宽一点儿，但它还是监狱。所以这个问题来了，请不要回答，因为这个问题十分重大，你没法三言两语就顺利答完，你必须在日常生活中搞清楚。我们问："活在这个世界上，全身心地工作，每件事都干得活力充沛，没有那个中心，虽然知道那个中心是什么，知道活在这个世界上需要记忆，可以这样活吗？"明白吗，先生？去上班，去工作，你需要记忆。如果你是个商人，你需要记忆去骗人或不骗人，不管你做什么。你需要记忆，却又要从记忆中解脱，因为它造成了那个中心。明白困难了吗？那你会怎么办？(听众插话)先生，请不要回答，你又回到理论上了。我牙疼、肚子疼或饥饿的时候，来找你帮忙，你会给我什么？给我理论吗？还是把我轰走？这是个巨大的问题，不只是印度的问题。这是全世界的问题，所有人类的问题。

那么，有方法摆脱那个中心吗？懂吗？一个方法，有方法吗？显然方法属于时间的范畴，因此方法没有好处，不管是商羯罗的方法、佛陀的方法、你钟爱的古鲁的方法，还是你自己发明的方法，都没有好处。时间没有价值，然而，如果不从那个中心解脱出来，你就不自由。因此你必然永远受苦。所以我们问："悲伤有终点吗？"必须找到这个问题的答案——答案不在书本中，不在某些理论中。我们必须找到它，理解它，知道吗？所以，如果没有方法、没有系统、没有领袖、没有古鲁、没有救世主——没有所有引入时间的东西，那么会怎么样，你会怎么办？到了这一步，你的头脑会怎样？你的头脑研究了这个问题，非常仔细，没有跳到结论上，也没有跳到理论上，也没有说"了不起"，那它会怎样？如果它这么做，实实在在，一步步探究，来到这一步，提出这个问题，这样的一个头脑会怎样？

问：（听不清）

克：哦，不是的。拜托你，先生。如果你那么做，你的头脑会怎样？不对，不对。那是已经发生的情况。你只是在猜，先生，不要猜，这不是猜谜游戏。你的头脑变得高度敏感了，不是吗？分析得那么仔细，从不错过一点一滴，逻辑上一步接一步，你必须运用你的脑子，你必须运用逻辑，你必须有条有理。所以，头脑变得极其敏感，不是吗？通过观察正在做的事，观察已经做的事，即那些在强化那个中心的事，只是通过观察，头脑就变得极其警觉，对吗？你没有特意做什么让它警觉，只是密切留意思想的活动，一步一步，它就变得极其清晰了。所以，清晰的头脑提出一个问题:"那个中心是怎么消失的?"当它提出这个问题,它已经看到了那个中心的整个结构。看到,实实在在用眼睛看到,就像我看到那棵树,我也看到了这一点。

问: 看到这一行为的实体是什么?

克: 先生,我说过头脑……你又回去了。很遗憾我们不能回到原先的问题上。在我们继续的时候,回头谈一个你并未真正从生活中体验过的问题没什么好处。你没有行动,却以为提个"谁是那个看到的实体"的问题就算是积极行动了。你实际上没有理解也没有观察过那个中心是怎么形成的——记忆、传统、我们所处的文化、宗教,以及类似的种种造就了那个中心,经济上的压力等也促成了那个中心。那个中心造成了空间、意识并试图扩张。那个中心在对它自己说 (没其他人在问它):"我认识到自己活在一个牢笼里,显然要从痛苦、悲伤中解脱,就必须没有那个中心。"它看到了这一点,那个中心本身看到了——不是其他高等或低等的什么人告诉它的。所以那个中心说:"我可以消失吗?"(长久停顿) 那意味着我们必须回到"看"这个问题上。除非你们了解了那个,否则你无法来到这一步。

问: (听不清)

克: 哦,不对,不对。看,却不掺杂情绪、感伤、好恶,这并不表示你看东西时冷酷无情。

问: (插话,听不清)

克: 你们全是那样的,先生。你每天都看到街上的肮脏——过去二三十年我也在这里，我也每天看到那些污秽，显然你看着它却无动于衷。如果你有所触动，就会有所行动。如果你有感于这个国家的腐败堕落，就会有所行动，但你没有。如果你看到政府的低效无能，如果你看到所有语言上的分歧正在毁掉这个国家，如果你情动于衷，如果你对这些问题抱有热情，就会有所行动，但你没有。这表示你根本没看到。

问：(插话，听不清)

克：哦，不对，不对。"你看到了更大的人生"——什么是"更大的人生"？瞧，你们就想扭曲所有的事情，把它搞得面目全非！你们无法直接、简单、诚实地看任何东西。所以，除非那么去做，否则我们可以坐在这里一直讨论到世界末日。什么在看，是这是那？如果你真的看到了那棵树，没有了空间与时间，因此也没有了那个中心，那么，你在没有中心时看那棵树，就有巨大的空间、不可测度的空间。但首先，你必须学习、观察或聆听怎样看，但你不会这么做。你不愿以很简单的方式开始这件很复杂的、名为生活的事情。你的简单用在一块腰布上，用在乘三等车旅行，以及进行所谓冥想或不管其他什么事情上，但那不是简单。简单就是如实看事物——去看。去看那棵树，抛开那个中心。

马德拉斯

1968年1月9日

根本问题

> 现在的生活、每天的生活是活跃的当下,永远是活跃的,当下的。因此,如果你试图用过去的东西即思想来了解当下的行为,那你根本不会明白。于是分裂就出现了,生活变成了冲突。

克里希那穆提: 今天早上我们要一起谈些什么?

提问者: 爱不是一种方法吗?

问: 先生,我假定时间和空间是我们的问题之一,这样对吗?

问: 记忆和思想之间有什么联系?

问: 为了日常的生存,为了技术上的发展,等等,我们必须有记忆,但记忆不也是障碍吗?

克: 不知你们有没有听清楚刚才的问题——我最好重复一遍。首先,爱有方法吗?

问: 爱不是一个方法吗?

克: 哦,爱不是一个方法吗?很有意思的观念,不是吗?其他问题呢?

问: 思想和记忆之间的联系。

克: 夫人,你的问题是,在日常生活中,在技术发展等领域中,记忆是必要的,但记忆不也是障碍吗?你们还有想问的吗？

问： 我们想了解所有的思想、情感和行为，但思想、情感和行为一直受到影响，心静下来后，又受到抑制。我们怎么可能了解呢？

克： 那真的是你们全都感兴趣的问题吗？

问： 我们的日常生活混乱无序——要怎样着手实现秩序呢？

克： 日常生活混乱无序，我们要怎样着手实现秩序？是这个问题吗，先生？

问： 还是我们必须等待改变自行发生？

问： 清晰思考是指什么？

克： 好吧。那我们就开始探究那些问题，好吗？我们可以把所有问题都囊括进来予以解答。这样可以吗？

什么是清晰思考？我们要讨论这个吗？可以的话，我们把它跟日常生活联系起来谈。什么是清晰思考？你思考清晰过吗？我们最好不要讨论得太快。首先，搞清楚我们所说的清晰是什么意思，思考又是什么意思。清晰——当你透过湖水看到湖底，一切都非常清晰，那里有鹅卵石、游鱼、水面的涟漪，等等。在明亮的光线中，你可以非常清晰地看到树的形状、叶子、树枝、花朵——那我们所说的清晰是什么意思？

问： 直接的印象。

克： 哦，不是的。轮廓鲜明的印象，这就是清晰？

问： 透彻的了解。

克: 你说清晰意味着透彻的了解,但我们还没讨论到那个层次。我们在谈"清晰"这个词的意思。

问: 摆脱任何障碍。

问: 如实看到事物,实实在在地看到事物真实的样子。

问: 抛开空间看到事物。

问: 先生,有时候,如果我们同时看云和月亮,看得并不真切,我们看到的是月亮在动,而不是云。

克: 先生,我们在讨论那个词,那个词的意思,语义学上的意思。

问: 更多细节。

问: 先生,我认为看清楚跟光线有关。

克: 先生,你能不能在开口之前花点儿时间用心检查一下这个词?我们所说的"清晰"这个词是什么意思?我清晰地看到你。我非常清晰地看到树,看到夜晚的星辰。

问: 没有障碍。

克: 没有障碍。如果眼睛能够非常非常非常清晰地看到事物的话。看清楚——那就是我们的意思,在没有障碍、没有阻挡、没有屏幕、没有尘雾的时候。如果近视,就戴上眼镜,好更清楚地看到远处的东西,等等。清晰——就是这个意思——清楚了吗?我认为对于那个词的意思我们已经搞清楚了。

接下来,我们所说的思考是什么意思?

问: 推理。

克: 思考,先生,思考是什么意思?

问: (听不清)

克: 先生,注意,讲者在问你一个问题:什么是思考?

(被听众打断)

克: 讲者在问你:什么是思考?

(被更多人发话打断)

克: 讲者在问你:什么是思考?你甚至不给自己一点儿时间和空间去搞清楚什么是思考。一个问题抛向你,这是对你的挑战,你却满嘴不着边际的话。你不说"那我要怎么搞清楚什么是思考呢,思考是怎么发生的,思考的根源或起因是什么"。这是个挑战,你必须回应。要回应这个挑战,如果你想充分回应的话,你必须检查思考是怎么回事,它是怎么发生的。讲者问你——什么是思考?接到这个挑战时,头脑做了什么?你探索了吗?

问: 头脑就在做我们现在正在做的事。

克: 请再听我说会儿。你会有机会发言的,先生。给可怜的讲者一个机会。当那个问题抛给你的时候,你的头脑是怎么运作的?你从哪里找到问题的答案的?

问: 头脑。

克: 先生,观察它,认真思考,探究进去。我问你住哪里,或你叫什么——你立刻就答出来了,不是吗?为什么立刻就答复?因为你已重复过你的名字无数次了,成千上万次,并且你也知道自己住哪里。所以在问答之间,没有时间的间隔,对吗?它是即时的。如果我问你马德拉斯和德里或纽约之间的距离,你就会迟疑,对吗?于是你查看你的记忆、你学过的东西或读到过的东西,你说"距离是多少多少英里"。所以在问答之间,你花费了时间,时间延后了,对吗,先生们?

当被问到"什么是思考",你会怎样,你怎么搞清楚这个问题?

问: 我们要费脑筋提供所有的答案。

克: 你怎么办,先生?

问: (听不清)

克: 你探索记忆,从里面得到了什么?答案是什么?

问: 我们一点儿一点儿研究,然后试图把那些研究所得结合到一起。

克: 先生,注意,我在问你,就在这个早上的此时此刻,所以不要等到后天我们都走了或死了,我现在问你,什么是思考?你要么清楚答案,要么不知道,对吗?你是知道还是不知道?

问: 回答问题是头脑的一个过程。

克: 头脑的过程是什么意思?

问: 先生,你到底想怎样?我搞不明白。

克: 我到底想怎样?等一下,先生,你提了一个问题。我到底想怎样?我想要的非常简单。提出"什么是思考"的问题后,我就想搞清楚它是什么。(听众发话打断)先生,给其他人一点儿机会,不要忙着回答。我想搞清楚思考是什么,它是怎样发生的,它的根源是什么,对吗?很简单,先生,那么,它是什么,它是怎样发生的?也就是说,你问我一个问题,比如:"什么是思考?"而我真的不知道,对吗?或者我确实知道,我知道它的整个过程——它怎样运作,怎样开始,它的机制是什么——对吗?不是这样?

问: 我能感觉到它怎样运作,但我不会解释。

克: 我能感觉到它怎样运作却不会解释。听着,先生,简单点儿,我问你叫什么,你听到我的话,然后发生了什么?

问: 实际上你刚刚回答过了。(各种解释——听不清)

克: 你就回答了我,不是吗?说你叫什么什么。当中发生了什么?

问: 我参考我的记忆,我的记忆做出反应。

克: 对了,先生,就是这样。你的记忆做出反应,作了回答,对吗?现在我问你,什么是思考?为什么你的记忆不作反应?

问: 因为……(听不清)

克: 也许是那个原因,先生,探究它,发现它。为什么你不回答什么是思考?你要么知道要么不知道。如果你知道,你会说出答案;如果你不知道,你会说"对不起,我不知道"。是哪个?

问: 不知道。

克: 这位先生不知道。我们试图回答"什么是清晰的思考"。我们多多少少了解清晰、清楚这些词的意思,但我们发现思考的意思非常难搞清楚。我们说,它是记忆对挑战的反应,对吗?那个反应来自累积的记忆、知识、经验。这很容易理解,先生。你从小听一种语言,自然就学会了,你可以背诵,因为你积累了词汇、词义以及与词相关的东西,等等。你可以说这门语言,因为你积累了词汇、结构等知识。记忆做出反应,记忆的反应就是思考。那么,思考的根源、起因是什么?我们知道,积累记忆后,我们就做出反应,那反应就是思想。我现在还想搞清楚——也就是说,为了搞清楚什么是清晰的思考——我想搞清楚记忆的起因是什么?这个会太难,太抽象吗?

问: 是我们的制约。

克: 不是的,恐怕我推进得太快了,对不起。好吧,先生们,我不探究那个问题了。什么是思考——我们现在知道了!所以当你做出反应时,当思想是记忆的反应,而记忆即过去(累积的经验、知识、传统等),那个反应就是我们所谓思考,不管它合不合逻辑、平衡不平衡、合不合情理、健不健全,它依旧是思考。现在,请跟上下一个问题,思想能清晰吗?

问: 不能,它总是受制约。

克: 不是的,请务必去搞清楚。思想能清晰吗?

问: (听不清)

克: 注意,你只是在假设。你靠抽象概念过活,这就是为什么你无法实际。你靠概念、观念、理论过活,一旦走出那个领域,就完全迷失了:如果你需要直接回答一些问题,关于你自己的,你就胡乱蒙混。我们问:"思考,即记忆的产物(记忆永远是过去,不存在鲜活的记忆),跟过去有关,它能清晰吗？"这是个很有意思的问题，先生们。过去能产生清晰的行动吗？因为行动就是思想，对吗？

问： 是的，确实如此。

克： 先生们，我们了解问题了吗？我们多少分析了"清晰"这个词的意思，我们多少分析了"思考"是怎么回事。那么，我们问的下一个问题是：思考（即悠悠过去的产物，它不是鲜活的，因而永远是陈旧的），即陈旧的过去，能清晰吗？明白吗，先生？如果我的行动出于传统（传统即过去，不管高贵、卑贱还是愚蠢）——那个行动能清晰吗？

问： 不能，因为记忆和传统属于过去……

克： 先生，我在问，脱胎于过去的行动，正在做的行动，它总是当下的，是实际在做的行动，而不是"曾做的"或"将做的"——它能清晰吗？

问： 行动这个词和清晰这个词彼此根本搭不上关系。"清晰"跟看东西有关……

克： 好吧。那行动能新鲜、直接，像你遇火就闪一样直接吗？所以我在问的是："如果我们在过去的阴影中生活、运作，有任何清晰可言吗？"先不管行动，这个词会干扰你们——我知道它为什么会干扰你们，因为你们从来不习惯行动，你们习惯的是概念性的思考。如果要面对行动，你们就困惑了，因为你们的生活就是困惑，不过那是你们自己的事。

所以，如果你的行动出于过去、出于传统，那还是行动吗？还是鲜活的东西吗？

问： 清晰和行动之间为什么如此不同？

克： 哦！我们可以讨论一下这个讨厌的问题。不过我只是在问罢了，先生。你们全是受传统支配的传统主义者，不是吗？你们说这个那个是神圣的，重复某些颂歌，如果你一点儿不来那一套，你也有你自己的传统、你自己的经验、你一直在重复的东西。这种重复带来领悟了吗？带来清晰、鲜活、崭新的东西了吗？

问： 它有助于了解现在的情况。

克： 过去有助于了解现在？

问： 事情有前因后果。

克： 等等，先生，检视这个问题，过去帮助你了解现在了吗？

问： 过去是……

克： 只需听就好，先生，听听过去说了些什么。你们已经有过无数次战争，那帮助你避免所有的战争了吗？你们有阶级划分——婆罗门和非婆罗门，以及令人生厌的那一套——过去帮助你摆脱那一套种姓制度了吗？

问： 它应该有帮助的。

克： 它应该——那我们就不明白了！你说"它应该"，那只是观念，那不是行动。你依然是个婆罗门，依然迷信，依然暴力。

问： 人们并不想摆脱过去。

克： 你摆不摆脱没关系——别摆脱了，活在你的痛苦中好了。不过，如果你想了解"清晰思考"，并超越它，你就必须面对某些事情。如果你说"不过,我不想改变我的传统"……

问: 你就不能至少帮我们……

克: 先生,我们不就在这么做吗,我们就在这么做。注意,先生,如果过去有帮助,如果传统有帮助,如果文化有帮助,如果这些都有助于你现在活得充分、清晰、快乐、健全,绽放良善之花,那过去就是有价值的——但它有吗?你背负着全部传统,过得快乐吗?

问: 过去就像看一块烟熏过的玻璃。

克: 没错。所以,过去实际上帮不了你。

问: 一点儿也帮不上。

克: 别忙着说"不",因为你只是在讲另一个观念。除非你去做,切断你跟过去的联系,否则你不能说"是的,那没好处"。

问: 我们有机会了解你,因为我们听你的演讲听了很多年,但一个小孩子并没有这样的机会。

克: "我们有机会了解你,因为我们听你的演讲听了四十年——但一个小孩子没有,包括其他很多人!"你究竟为什么要费心来听演讲?哪怕是一天,或者更糟,一听就是四十年?真是悲哀!不知道你们这些人活在哪个世界。

我们回到问题上。显然,如果我总是在回头看过去,我就永远看不清现在的任何事。我需要双眼来看,但如果一直在回头看,我就看不清现在。我需要做的就是看现在，我不能看现在就因为我背负着过去、背负着传统。传统告诉我"跟离过婚的女人结婚很不好"，或者我的面子告诉我"那个人很糟糕，因为他不道德"，不管那可能是什么意思，我们都这么做。那么，我会怎样对那个人？我的偏见即传统，阻止了我给予那个人友善和情谊。

在技术领域，过去可能有所帮助，但在生活领域，过去帮不上忙。我知道，这句话现在对你们来说还是个理论，你们会念叨这句讨厌的话，还以为自己理解了。那么问题来了：既然思想跟过去有关，而我又必须彻底活在现在并了解现在，那要怎样把过去放到一边却又发挥它的作用？这就是你们曾提到的问题。明白我的问题了吗？我得生活，我得生活在这个世界，在职场上我需要技术知识，你知道其中涉及的一切——科学、官僚主义。如果你是教授，情况就是这样，即使你是工人也一样。我还明白了——今天早上我领悟了一些事情——我领悟到，要活得彻底、充分，就不能被过去干扰。于是我就问自己："这怎么办得到？我怎么能极其高效、理性地生活在这个技术世界，懂得越来越多的技术，却又活在另一个层面上，或者更准确地说是在同一个层面上却没有过去的干扰？"在技术领域，我必须仰赖过去，在另外的生活领域——没有过去的分儿。我们明白这一点了吗？

问：是的，我们现在明白了。

克：哦，很好！我问自己，不要笑，先生，现在我问自己，这怎么办得到。

问： 可以过双重生活吗？

克： 不是这个意思。你知道，你正在过的就是"双重生活"。你去寺庙，用炭灰涂抹自己；你知道寺庙的组织情况，钟铃法器，敲敲打打。同时你又活在技术层面上，实际上你就过着双重生活，嘴上却说："这办得到吗？"当然可以，因为你就在这么过，但我们并不是在谈论双重生活。好好检查一下这个问题的复杂性，我们必须得有技术知识，但又必须从知识、过去中解脱出来。这怎么办得到？你现在过的双重生活已是既成事实，你在把生活搞得一团糟。你去寺庙同时又操作机器，你涂抹炭灰或不管什么同时又去办公室上班，这是一种疯狂。那么，这怎么办得到？你们明白我的问题了吗，先生们？你们来告诉我怎么办，你们认为那不是双重生活？

问： 只在必要时使用技术知识，其他方面则不用。

克： 但生活中你总是要用到那些知识——上班，回家，沿一条路走，看一棵树，做官僚性工作，等等。这种脑力运作时时刻刻都在进行，人们没看到这一点，你不能割裂它，是不是？慢慢来，慢慢来。你不能把生活一分为二，变成技术性生活和非技术性生活，但这就是你们做的事，于是就过上了双重生活。所以我们问："可以全然生活，使两部分都包含在整体中吗？"理解了吗？我们过着双重生活，两部分互不相关：上班，学一门技术，如此等等，同时上教堂或寺庙，敲敲打打。你割裂了生活，因此两部分在生活中就会有矛盾。我们要的是截然不同的东西——全然地生活，没有任何分裂。不知道你们明不明白？

问： 你希望我们……

克： 不，不，我不希望你们做任何事。

问： (听不清)

克： 哦不，先生，你没有搞清楚问题——请了解讲者想要传达的意思。不要回到他已经讲过的话题上去，比如心理记忆什么的，那不过是你学到的一套说辞。搞清楚讲者此刻想要解释的问题：我能不能过一种没有丝毫分裂的生活 (性、上帝、技术、生气)——懂吗？一种不分裂、不支离破碎的生活？

问： 一旦这些东西结束了……

克： 先生——拜托你，不要只是信口说说。我们继续：我，生活在支离破碎中，生活在很多部分中，并不只是两部分。我所过的整个生活是一个四分五裂的存在，它是过去造成的，我说"这对，那错，这神圣，那不神圣"或"技术之类的东西没什么要紧，我们只是必须赚钱，但去寺庙过宗教生活极其重要"，这一切造成了分裂——我怎样能生活得不分裂？现在你理解问题了吗，先生？

怎样？并不是"根据什么方法"，因为你一旦引入方法，就引入了分裂。"我要怎么办"这个问题一出来，你立刻就说"告诉我方法"，而"方法"意味着一套你练习的方法，与之相对的，还有其他方法，那么整件事就回到了我们开始的地方。所以，没有方法，但这个"怎样"的问题只是在问、在搞清楚罢了，并不是在寻求一种方法。那么，怎样能活得毫无分裂呢？明白我的问题吗，先生？那意味着在我的生命、我的存在的任何层面上都没有分裂。

问： 什么是存在，先生？

克： 什么是存在？对不起，先生，我们不是在讨论这个问题。你看，你都没有用心听。你捡起一个"存在"之类的词或"什么是生活的目的"之类的话，然后就走开了，但我们不是在谈这个。注意，先生，我怎样生活才不会四分五裂？我没说"好吧，我会去冥想"，那就成了另一种分裂，或者说"我不可以生气，不可以这样，不可以那样"，这种话全都包含分裂。我能活得不支离破碎、不四分五裂吗？先生，你理解这个问题了吗？

那么，谁会回答你？你要求助于记忆吗？求助于《薄伽梵歌》、《奥义书》、弗洛伊德或其他什么人说的东西吗？如果你求助于那些东西，试图找出他们是怎么说不分裂地生活的，那就是另一种支离破碎，不是吗？

问： 那些不寻求他们帮助的人又怎么样呢？

克： 如果你不寻求他们的帮助，那你怎么办？你怎么搞清楚这个问题？你怎么搞清楚如何活得毫不分裂？哦，先生们，你们没有看到这个问题的美。

问： 通过整合。

克： 我就知道你会这么答。(听众笑) 这位提问者说"通过整合"，整合什么？把所有的碎片整合在一起？拼凑在一起？那个拼凑碎片的实体是谁？是更高的大我，还是宇宙、上帝、灵魂、耶稣基督或克里希那？所有那些也都是分裂的碎片——懂吗？那么你面临这个挑战，首要的事情就是你怎么回应——明白吗？你受到挑战，怎么回应呢？

问： 在生活中解决问题，协调自己。

克： 啊，真不错！什么时候解决？(听众笑)

问： 每天。

克： 每天就是没天。

问： 每天早晨。

克： 瞧你在干什么。面对挑战，你只是调整自己，你不是在回应。(听众笑) 你怎么回应，先生？

问： 这根本不是回应的问题，因为我们只是尽量在语言上跟你沟通。

克： 先生，去搞清楚你在做什么。搞清楚。这是一个挑战，你不能回去求助任何书籍——对吧？你不能回去找你的权威，《薄伽梵歌》以及诸如此类的垃圾。那你会怎么办？你看，我可以继续解释，先生，但你只会一如既往地接受，接着继续老一套。好，我们来检视一下。

这是一个新的挑战。这个挑战就是我一辈子都活在支离破碎中，过去、现在和将来都是如此，上帝与魔鬼、恶与善、幸福与不幸、野心和无野心、暴力和非暴力、爱恨、嫉妒，这些都是分裂的碎片，我一辈子都是这么活的。

问：(听不清)

克: 那些我们都已经讲过了,先生。给讲者两分钟,好吗?

那么,我们怎么回应?我过着分裂、破碎、具有破坏性的生活。现在摆在我面前的挑战是:"我能活得没有丝毫分裂吗?"这就是我的挑战。那我怎么回应?我的回应就是"我真的不知道",对吗?我真的不知道。我不假装知道。我不假装说"是的,这是答案"。当一个挑战抛给你,一个新的挑战,本能的反应——我指的不是本能——正确的反应就是谦虚地表示:"我不知道。"对吗?可你们没那么说。你们能老老实实坦言自己不知道吗?你能,不错。那么"我不知道"是什么意思,是什么样的感觉?

问: (听不清)

克: 不要答得太快了,仔细搞清楚。动动脑筋。

问: "我不知道"就是承认事实,先生。

克: 我已经承认事实了,否则我不会那么回答。

问: 我没办法搞清楚。我不知道,我也不知道怎么搞清楚。

克: 好,等一下。我不知道,对吧?头脑现在是什么状态——请安静听好——那个说"我真的不知道"的头脑是什么状态?

问: 缺乏……?

克: 哦,瞧我们!你们这些人太迟钝了。

问: 我不知道。(各种解释——听不清)

克: 哦,你们太不成熟了,就像课堂里的小孩子!我们在问非常严肃的问题，你们却只是抛出一堆说辞，你们甚至不会虚心倾听，自己搞清楚问题。

问： 那不容易，我不知道。

克： 当我们说，当你说，就像那位先生刚刚说的"我不知道"，那个说"我不知道"的头脑是什么状态？

问： 在等待。

克： 你确实在等——先生，你年纪不小了吧？

问： (听不清)

克： 哦，先生，我说"我不知道"时，我是真的不知道，但我在等着搞清楚，还在等着有人来告诉我——知道吗？我在等。因此，我说"我不知道"，那并非事实，因为我希望有人来告诉我，或我希望能搞清楚。听得懂吗？好。那么你在等，不是吗？你为什么等？谁会来告诉你？你的记忆？如果你的记忆会来告诉你，你就又回到老路上了。那么，你在等什么？所以你说"我不等"，懂吗，先生？没有等这回事。不知你懂了没有。所以你说"我不知道"时，那表示没人知道，对吗？因为如果任何人告诉我，一定也是出于分裂，是不是？我不知道，因此没有等待，没有答案，对吗？我不知道。那么我搞清楚了"我不知道"的头脑状态，你们听懂了吗？那不是等，不是期待一个答案，不是回头找某些记忆、权威，它停下来了——全都停下来了。对吗？所以，头脑——一步步来——面对新挑战时，是寂静的。它寂静，因为它无法回应那个新挑战。不知道你们明不明白这一点。明白吗，先生们？不对，不对，你们没听明白？

你知道，当你看到一座雄伟的山峰，它的美、它的高度、它的巍峨、它的纯粹一下子把你镇住了，你寂静无言，不是吗？这可能持续了一秒钟，但正是它的壮美让你寂静无言。一秒钟后，所有的反应就开始了。如果你以同样的方式看这挑战就好，可你没有，因为你的头脑在喋喋不休，所以你没有看到这个问题的重要或分量，这个问题就是：我能活得没有分裂吗，生活就是此时此刻的生活，而不是明天或昨日，或一秒钟后、一秒钟前的生活，我能活得没有分裂吗？这是一个宏大的问题，知道吗？为什么你们没有静下来？

问： 因为我想活得没有分裂。

克： 啊——这是什么意思？

问： 我想要摆脱它。

克： 这是什么意思？探究一下。你没有看到这个问题的宏大。你只是想进入另一种状态，你没有看到这个问题的分量。为什么没有？探索它。看到一座雄伟的山峰，看到皑皑白雪映照着清澈的蓝天，那巨大的深深的阴影，那绝对的寂静，这一切你都看得真真切切。为什么你无法同样真切地看到这个问题？因为你想照旧过你的日子。关于那个问题的丰富含义，你并不关心，但你说："看在上帝的分上，快点儿告诉我怎么到达。"

问： 我已经在寻找到达的解决方案了。

克： 没错。比起问题，你更关心解决方案。这意味着什么？

问： 意味着我到不了那里。

克：不是的。意味着什么？检视这个问题，先不要回答——意味着什么？

问：（听不清）

克：不是的，夫人，不要偏离问题。

问：（听不清）

克：你了解那个问题了吗？你没有看到这个问题的分量，因为你想达成，想到达，你贪婪，所以你的贪婪在阻碍你看到问题的宏大。那么，重要的是什么？一步一步来，重要的不是问题的宏大而是你的贪婪。你为什么贪婪，为什么对你丝毫不了解的东西贪婪？先生，你不介意我这样继续探讨你女儿说的话吧？

问：因为满足！

克：看看为什么？为什么你贪婪，你甚至还不了解怎么回事？于是你说："我多愚蠢，一件事我还不知道是怎么回事就开始贪心。"对吗？所以我必须做的事不是贪婪，而是搞清楚那件事的含义，搞清楚它的美、它的真相、它的动人。为什么你们没有这么做，却说"我必须得到它"？

所以你们总是用老一套回应新问题、新挑战。贪婪就是老一套。因此可以完全跟过去一刀两断吗？明白吗？过去就是那个四分五裂的东西，正是它引起了分裂，割裂了生活。所以我的问题是：可以完全摆脱过去吗？不知你们听懂了没有？我能摆脱过去，我能摆脱印度教徒、佛教徒、穆斯林教徒、基督教徒或其他的什么身份吗？不是"我能不能"，而是我必须。对我来说，属于任何阶级、任何宗教、任何团体都是愚蠢的。让它熄灭吧。没时间像你们建议的那样去考虑它了。它已经熄灭了——懂吗？所以，彻底跟过去切断联系是可以做到的。如果你可以在一个方向上做到，就可以在整体上做到，对吗？哦，你们不明白。

那么，从此时此刻开始，你能彻底从你的国家、你的传统、你的文化、你的过去中解脱吗？如果不能，你就是活在分裂中，生活就成了永无休止的战场。在这件事上，没人会帮你。没有古鲁，没有共产主义者，没有任何人会来帮你做。你内心深处知道得很清楚，对吧，先生们？所以，思想总是陈旧的，对吧？自己去发现这一点，不要跟我重复——自己发现它。你看，你发现了一件多么了不起的事。如果你发现了这一点，发现思想确实是陈旧的，那么，所有的过去——商羯罗啊、佛啊、基督啊，全部的过去都消失了。没有消失？那你就是还没发现它。你们不会花力气去发现它，你们不想发现它。

问： 不是的，先生。我们怕迷失。

克： 迷失？不管怎么说你们已经迷失了！

问： 还没完全迷失。

克： 可你们就是迷失的，先生们。你在说什么啊？你严重迷失。只有迷失的人才会陷在无尽的冲突中。你是迷失的，但你不承认，所以思想总是陈旧的。那么，是什么——这个问题太难了，现在没法探究，我只是提出来，你们自己看着办——让你看到新东西的是什么？明白吗，先生们？思想总是陈旧的——仔细听好——如果商羯罗，那个古人，说了些什么，他的思想已经陈旧了，明白吗？因此他说的东西绝不是新的，他用自己新创的词汇重复他听到过的东西，你们就跟着他重复。所以，思想从来不是新的，也绝不可能是新的。然而，现在的生活、每天的生活是活跃的当下，永远是活跃的，当下的。因此，如果你试图用过去的东西即思想来了解当下的行为，那你根本不会明白。于是分裂就出现了，生活变成了冲突。所以，你现在能全然生活，只活在活跃的当下吗？如果你还不明白，因此没有跟过去完全切断联系，你就无法那样生活，因为你自己本身就是过去。瞧，很不幸，你们只会一味地听——如果明年我恰好再来，你们还会重复老一套。

问： 先生，如果我们不在过去，而在当下，那当下不是也会变成过去和将来吗——我们怎么知道自己是对的？

克： 你不必确定自己是对的。出错吧！为什么你担心对错的问题？你的问题一点儿用也没有，因为你只是嘴上说说，你只是在推理。你说"如果这样，就会那样"，但如果你投入行动，你就会知道没有"出错"这回事。

问： 先生，当我们回到家里，看到孩子们，过去就迎面而来了。

问：也许商羯罗会消失。

克：希望他会消失。商羯罗会消失，不过孩子们还在。(听众笑)孩子们是过去吗？他们是另一回事。既然他们是活生生的人类，你能教导他们全然生活吗，过上我们谈论的生活吗？

问：没错，先生，你已回答了这个问题，对不起。

克：那意味着我必须协助他们变得智慧，我必须协助他们变得敏感，因为最高的敏感就是最高的智慧。因此，如果你周围没有学校，你就必须在家里协助他们变得敏感，引导他们去看树、看花、倾听鸟鸣，带他们种树——如果你有个小院子的话，或者如果你没有院子，就种个盆栽，照看它，养护它，浇灌它，不要撕扯它的叶子。既然学校不想让他们变得敏感，不想让他们得到教导，变得智慧，学校只为考试和谋职而存在，你就必须在家里协助他们，引导他们跟你一起讨论，讨论你为什么去寺庙，为什么做这个仪式，为什么阅读《圣经》《薄伽梵歌》，懂吗？那么，他们就会一直质疑你；那么，你或任何人都不会变成权威。但是恐怕你们什么也不会做，因为风俗、食物、传统对你来说太重要了，所以你们滑回老路，照旧过丑陋畸形的生活。但我认为，拥有能量、动力和热情，那就是唯一的生活之道。

马德拉斯

1968年1月12日

欧洲

EUROPE

第七章

不可衡量的境界

瑞士萨能的七次演讲

什么是你最高的志趣

> 你能认识到社会中的秩序只能由你而不是由其他人实现吗？我们对那样的秩序负有责任，我们有责任通过改变我们的行为、思想以及生活方式来实现那样的秩序。

克里希那穆提：什么是你首要的志趣，是你内心深处始终不渝的志愿？我想你该自己去发现它。你必须找出来，并把它跟日常生活的所有活动联系起来。

你可能深深关怀这个世界的现状，它充斥着暴力、骇人的混乱、政治上的派别林立，以及腐败——腐败即死亡，不管是外在还是内在的腐败都是死亡。在发现自己内心深处的志趣的过程中，在那个志趣的指引下，我们会找到与另一个人的关系。如果那个志趣是模糊的、肤浅的，会被周围环境以及各种各样的潮流左右，那么我们的所作所为，外在和内在，都会非常轻率而没有任何意义。在这些演讲和讨论期间，你能发现什么是你的主要志趣吗？你能搞清楚你是否真的关心这个世界，关心你在世上的位置，关心你与另一个人的关系，关心政治、经济、社会和宗教上的各种关系吗？什么是你生命中强烈的、主要的志趣？是获取钱财、地位、安全吗？请仔细听听。如果那是你真正的、至要的、持久的志趣，你就必须明白那样的志趣会有什么结果。或者考虑这个世界，考虑你和它的关系，你的志趣是改变自己，也改变你周围的世界？那么你一定要明白其中的含义。或者你的志趣是想与另一个人建立非常圆满、没有丝毫冲突的私人关系，那么你也必须认识到其中的重要性。也许你的志趣是某些难度更大的事情：想要搞清楚思想的地位——可衡量的以及不可衡量的。要发现志趣所在，我们必须愿意全身心投入，而不只是随便玩玩，不是随着情况的变化、环境的影响以及一己的好恶，随意接受或拒绝。如果我们愿意彻底探究此事，就能在我们之间建立起关系——建立起与世界、邻人和密友的关系。

这就是这几周我们想要做的事——找出我们主要的才能和志趣所在，找出这个志趣是孤立的，还是跟全人类都有关的。如果它是孤立的，那你就是在寻找一己的享乐、一己的拯救、一己的安全、一己在世上的好地位，那么，在对此进行探讨的过程中，我们就能发现这样的志趣是否正确，是否有任何意义。但你的志趣、你强烈的目标可能是去搞清楚怎样过一种完全不同的生活。看到事情的现状，看到暴力和野蛮、敌对和仇恨、腐败和完全的混乱，你可能志在找出人类的心、你的心、我们每个人的心是否能彻底转变，以便身为人类的你，不但实现内心的彻底革命，也实现外部世界的彻底革命——虽然外部革命和内部革命并不是分开的。

我们谈论的不是物质世界的革命：暴力、炸弹、打着和平的旗号杀人。那根本不是革命，只是幼稚的破坏罢了。

不知道你们是否观察过泛滥世界的暴力。年轻的一代起初献花给大家，生活在"美"和想象的世界。当那么做不起作用时，他们就求助于毒品，变得暴力起来，于是我们现在就活在一个充满暴力的世界里。在印度、中东、美国，你都可以看到这样的情况。

随着年龄的增长，我们的各项机能被磨钝，世界对我们来说太令人疲惫了。因此，我们每个人更应该搞清楚自己的意愿、志愿、主要的志趣。一旦我们发现了，就可以讨论它，就可以一起开始一段旅程。前提是你和讲者的志趣是一致的，因为讲者很明确自己的意愿、动力和志趣，如果你的志趣与我的非常不一样，我们就很难有真正的关系。但如果你的志趣是了解这个世界，了解我们活在世上是要做完整生活着的人类而不是陷于一隅的技师，那我们就可以建立起关系，可以一起探讨事情，一起开始一段旅程。否则这些谈话和讨论不会有多少意义。

请记住，虽然你们是来这里度假的，来徜徉在高山、丘陵和溪流之间，享受旅行的乐趣。尽管如此，我们却有机会坐在一起整整一个小时。要知道，坐在一起一个小时，共同讨论问题，抛开任何虚假、任何伪善，也不荒谬地装模作样，这非常有意思。拥有整整一个小时在一起的时光，这真的很不寻常，因为我们很少跟任何人坐下来讨论严肃的事情整整一个小时。你可能一整天在办公室，但远比这更重要的是，花六十分钟或更多时间一起探究，一起认真检查我们人类的问题，不贸然、不肯定，并抱着深深的关切，不强加观点给他人，因为我们不是在处理观点、观念或理论。

我们关心彼此之间建立的关系，而只有知道彼此共同的志趣，知道那些志趣的强度，知道我们拥有什么样的能量去解决生活的主要问题，关系才能建立。我们的生活跟周围的世界并无不同——我们就是世界。我认为我们中的任何人都没有深刻持久地认识到：我们就是世界，世界就是我们。这个认识必须深深植入我们内心。我们根据我们的欲望、野心、贪婪和嫉妒，一手打造了这个社会结构、这个暴力的世界。如果我们想改变社会，必须首先改变自己。这似乎是整个问题最简洁、最根本的解决途径。通过扔炸弹，制造政治分歧，如此等等，我们就可以奇迹般地全都变成完美的人类——恐怕这样的美事永远不会发生。要认识到我们就是世界，不是把它当作说法，也不是把它当作理论，而是打心底里真切地感受到这一点，这是非常困难的一件事，因为我们的教育、我们的文化强调我们跟世界是不同的。作为个体，我们对自己负有责任，而不是对自己之外的世界。作为个体，在合理的范围内，我们可以想做什么就做什么。但我们根本不是独立的个体，我们是我们所处的文化的产物。个体就是统一的实体，不是分裂的，而是完整的，但我们并不完整。我们是破碎的、片段的、自我矛盾的，我们并不是独立的个体。那么，明白了这一切，我们生命中主要的志趣是什么呢？

你必须给自己时间思考这个问题。让我们静静坐在一起，搞清楚它。你有如此多的问题，经济问题、社交问题、个人关系的问题，你想彻底全面地解决它们，那是你的主要志趣吗？你有无法解决的性方面的问题，于是解决那个问题就成了你的主要志趣？你想在这个喧哗、腐败、暴力的世界中过平静的日子，那是你的主要志趣？或者你的志趣在社会改革方面，你要致力于那方面的工作？如果是这样，那你跟社会是什么关系？或者你想搞清楚思想的局限？思想是受限的，不管多有逻辑、多有能力，思想还会发明创造，会做实验，制造出大量技术方面的东西，但它仍然是受限的。你想搞清楚有没有超越思想的东西吗——可衡量和不可衡量的东西？你必须检视这所有的问题。

提问者： 你说"我们就是世界，世界就是我们"，我不明白你指的是什么意思。

克： 那是你的主要问题吗？不用管我怎么说。你的问题是什么？你的主要志趣是什么？你有解决问题的能量、能力和热情吗？这真的非常重要，你必须搞清楚。不要关心讲者说了什么，那不重要。而要自己搞清楚自己的志趣所在，看看你愿意为践行这个志趣付出多少能量、热情和活力。因为如果你没有能量和热情去践行那个志趣，那么容我指出，腐败就已经开始，而哪里有腐败，哪里就有死亡。

那么我们会从哪一头开始？世界还是我们？这整个生命运动，这整个人类存在可以就这样被扯裂吗？不要同意或不同意，听就好。你是首先建立物质世界的秩序，提供社会保障和经济保障，打下地基之后，建立起一幢完整的房子，然后转身建立自我内在的秩序？还是无论你从哪里开始，它都是完整统一的运动，不可分割、不可分裂，因为两者息息相关,密不可分。

我们需要物质世界完善的秩序,我们必须在生活中拥有内在和外在的秩序。我们必须拥有秩序,不是军人式的秩序,不是老一辈的秩序,也不是年轻一代的秩序。放纵的社会就是混乱,是腐败,是腐朽。老一辈人所谓秩序实际上就是混乱,他们制造了战争、暴力、分裂和势利——那也是腐败。所以,看到年轻一代放纵的混乱和老一代"有序"的混乱,观察两者,我们认识到一定有一种与之不同的秩序。那种秩序必须确保每个人物质上的安全,不仅仅为一小部分有钱人,也不仅仅为那些有地位、有才干的人。每个人都必须享有物质上的安全。

你知道,大约六百万来自东部的难民拥入了印度境内。对于难民,对于这个已经身陷贫穷的国家来说,你了解那意味着什么吗?你怎样在那里建立秩序?年轻人伙同这个所谓放纵的社会已经搞得天下大乱。他们说这是老一辈造成的混乱,他们不想跟它扯上任何关系。他们想要不同的生活,所以他们为所欲为。不过那同样是混乱,两者都是混乱。我希望你们能明白这一点。

我们认识到,世上的每一个人都必须享有物质世界的秩序以及物质上的安全。革命者、理想主义者和哲学家一直梦想那样的世界,他们相信通过物质世界的革命可以实现他们的抱负,但这事从来没有成功过。已经有那么多的革命,梦想却从未成真。看看在世界上很多地方发生的恐怖事件,哪里都没有秩序。

我们认识到必须有物质世界的秩序，那么，实现这样的秩序取决于法律的实施吗？取决于社会文化及环境树立起来的社会权威吗？还是完全取决于人类自己，取决于我们每一个人，取决于我们的生活方式、思考方式以及跟他人相处的方式？我们就从这一个问题开始：作为人类，生活在这个具有破坏性的、混乱的、暴力的世界中，我，或是你，要怎样实现秩序？实现这个秩序取决于你，还是政客？还是牧师？还是哲学家或乌托邦理想？

如果你依赖牧师、政客、理论、信仰或者理想，那就看看会怎么样！你就会遵照那个政客、那个理论家或乌托邦理想设立的模式去行动，你的实然和应然之间因此就会有冲突，而那冲突就是这些暴力和混乱的一部分。所以，你能认识到社会中的秩序只能由你而不是由其他人实现吗？我们对那样的秩序负有责任，我们有责任通过改变我们的行为、思想以及生活方式来实现那样的秩序。去发现那是怎样的秩序，那是你真实、强烈、始终不渝的志趣吗？当世界处于困惑、混乱之中，就会伴随苦难和破坏。要了解这混乱，我们必须处于完全、彻底的秩序中。如果你感兴趣，如果你愿意付出你的能量、才干、热情去搞清楚那是怎样的秩序，那我们就可以探究它，就可以一起分享这些事，你就不只是个向内张望的局外人，因为这就是你的问题，你必须用心探究！如果这是你真正的、强烈的志趣，你必须具有激情。我说的不是欲望、肉体的激情或性的激情，我说的是一种源自强烈志趣的激情。

比如说，我们极想搞清楚悲伤是否可以结束(极想，而不是泛泛之念，不是因为能得到回报，而是因为你真的想搞清楚)——悲伤、哀痛、苦恼、焦虑、恐惧，我们所有的情绪。如果悲伤可以结束，你会发现只有那时才有真正的激情、真正的强度。那么，你的意愿是自己来发现生活在这个世界可不可能在内心实现那样的秩序吗？因为你就是世界，世界就是你。

问： 你说我们必须有激情，但你之前说到，随着年纪的增长，我们的激情被消磨掉了。那我们该怎么办？

克： 我们的激情是随着年长而消退的吗？也许肉体的激情是这样，因为我们的腺体不会那么好用了，但我们谈论的并不是年轻人的激情，也不是老年人的激情，以及那种激情的消耗。我们谈论的是拥有志趣，意义重大的志趣，你——也就是身为人类——所关心的主要事情，那不是天赋，不是技术，不是能力。如果你有那样强烈的志趣，你怀着那样的志趣生活，就会从中产生激情。那种激情并不会因你头发白了就消失。

问： 如果你怀有强烈的志趣，但又抱有享乐的欲望，那会怎样？

克： 你一方面享乐，但另一方面又胸怀大志。请只是听就好！快乐和胸怀大志有矛盾吗？如果我志趣远大，想为自己和周围的世界带来秩序，那就会成为我最大的快乐。我可能有漂亮的车子，我可能欣赏女孩子，或者眺望群山，或者有别的爱好，但它们都是过眼烟云，琐碎的事情绝不会跟我的大志即我的快乐产生矛盾。你知道，我们割裂了内心的快乐。我们说拥有漂亮的车子或听听优美的音乐很不错。欣赏音乐是很快乐的事,音乐的节奏和音质也许能安抚你的神经,也许能把你带到遥远的地方,远远的,那当中就有巨大的快乐。但正好相反的是,那种快乐并不会损害你的大志。当你对某事壮志满怀,那志趣恰恰成了你生命中主要的快乐,所有其他的快乐都变得次要而琐碎了,当中并没有矛盾。但是,如果我们不明确自己生命中的主要志趣,那就会被各种快乐、各种目标东拉西扯,于是就有了矛盾。所以你必须搞清楚,我希望在接下来的几周你会搞清楚自己的主要志趣,其中就有激情和快乐。

问: 你不认为只有在生活中给予上帝应有的位置才能出现秩序吗?你不认为现今世上所有的混乱都是因为我们的生活中没有上帝的观念吗?

克: 要在生活中实现秩序,我们应该把上帝摆在第一位吗?如果我们对上帝一无所知,对上帝一无所感,对那个被叫作"上帝"的东西没有了解,秩序就会变得机械、表面并且多变。提问者说,上帝是最重要的东西,秩序就出自上帝。现在,我们想要探究。我们不是要否定或肯定,我们想要搞清楚问题,想要探究。我们主要的困难是,我们全都在解释或者想象上帝是怎样的——依据我们自己的文化、背景,依据我们的恐惧、我们的快乐、我们的安全感,等等,显然如此。如果我们不知道这个基本事实,对此不了解,那样能实现秩序吗?还是必须首先拥有可衡量的物质世界的秩序,然后再搞清楚其中那不可衡量的秩序是截然不同的东西?我们在探究，我们想要搞清楚。

全世界的宗教人士都抱有这样的观点：关注上帝，你就会获得完美的秩序。各宗各派都在依据自身的那套信仰诠释上帝，我们在那些信仰的熏陶下长大，就接受了那些解释。但如果你真想搞清楚是否有上帝这个东西，绝不能诉诸语言的东西、不可命名的东西，如果那真的是你生命中的主要志趣，那个志趣确实会带来秩序。要发现那个事实，你必须活得与众不同，必须有一种不苛刻的严谨，必须有爱。如果存在恐惧，或者一心追求享乐，爱就无法存在。所以要发现那个事实，我们必须了解自己，了解自我的结构和天性。通过思想可以衡量一个人的结构和天性，可衡量的意思是指思想能注意到它自己的活动，思想能看到自己创造了什么、拒绝了什么、接受了什么。当我们认识到思想的局限，也许那时我们就能探究那超越思想的东西了。

问：困扰父母的问题是，我们该教给孩子什么。

克：首先，我们跟孩子有什么关系？请记住我们是在一起探讨。如果你是父亲，你去办公室，晚上很晚回家。如果你是那母亲，你有自己的野心和欲望，自己的寂寞和痛苦，自己被爱和不被爱的担忧；你需要照顾孩子，需要煮饭洗刷，如果钱不够，也可能要出去赚钱。那么你跟孩子有什么关系呢？有任何关系吗？

我们在探究，在提出问题。我不是说你跟孩子没有任何关系。等孩子长大，你就把他们送到学校，在那里，他们学习阅读和书写；在那里，他们与其他孩子结成伙伴，那些孩子也同样模仿别人、循规蹈矩、茫然无措。你不但头疼你自己孩子的问题，也头疼其他恃强凌弱的小霸王的问题。你跟你的孩子有什么关系？你有孩子，你想正确教育他们。那么，如果那真是你内心深处的根本志趣，你就必须搞清楚教育的意义。教育只是让你的孩子掌握一门技艺，以便能在竞争日益激烈的世界上谋生吗？就因为人越来越多，而工作越来越少？你必须面对这所有的问题。

各个国家，加上它们的主权政府、它们的陆军和海军，以及伴随它们的屠宰场，把世界分割得支离破碎。如果你一心只关注技术知识的发展，那就看看会有什么结果：心会变得越来越机械，你会忽视生命的完整领域。等孩子们长大，如果幸运，他们会被送去大学读书，在那里他们被进一步塑造，被迫循规蹈矩，如陷牢笼。那就是你想要的？那就是你的责任？因为不想被关进笼子里，他们就起来反抗。千万要看清这一切。反抗最后无效，暴力就产生了。

身为父母，你会怎样教导孩子做个与众不同的人？你能形成一种新的教育体系吗？你能在别人的帮助下开办一所截然不同的学校吗？要做那些事，你必须有钱，有一群能真正奉献的人。如果你为人父母，你的责任不就是确保那样的学校得以创建吗？所以你必须为之尽心竭力。你知道，生命不是拿来玩玩的。那么，这就是你内心深处的根本志趣吗？或者，你身为父母却只关心自己的野心、贪婪、嫉妒，只关心你在办公室的地位，只关心获得更高的报酬、更宽敞的房子、更大的车子，等等？你必须检视这一切。因此，教育从哪里开始？从学校开始，还是从你开始？换句话说，你，身为父母，身为人类，是否一直在重新教育自己？

问：教育有任何意义吗？我们的孩子会不会最后落得跟我们一样？

克：有人告诉我，苏格拉底曾抱怨他那个时代的年轻人。他说他们没有礼貌，不尊敬长辈，正变得骄纵放肆，他有很多诸如此类的说辞。这发生在公元前4世纪的雅典。现在我们还是在抱怨自己的孩子。所以我们要问：教育孩子就是把他们训练得跟我们一样，跟其他的猴子一样吗？还是教育不仅仅包括技术训练，也应该包括对被忽视的整个生活领域的深刻理解？是整个生活领域，而不是其中的一个片段，我们的生活方式导致我们忽视了整体，我们只关心一小部分，世上因此就有混乱和暴力。

问：你是说我们只应该有一项主要志趣吗？我们不是应该关注很多事情吗，比如战争、污染等？你当然得了解这些事情，不是吗？

克：先生，一旦你生命中有了一项主要志趣，你就会了解所有的事情。当你想了解秩序，不仅指你内心的秩序，也包括世界的秩序，你不想要战争，你同情那些人，因为他们没有秩序。你了解世界在发生着什么，因此，你非常关心污染、贫穷和战争。

战争是国家、政府、政客、派别林立的宗教以及诸如此类的东西造成的。在观察这一切的过程中，我想要秩序，不只是我心中的秩序，也包括世界的秩序。想要秩序,我就必须在周围的万事万物中发现秩序,这意味着我必须下功夫实现秩序,献身于秩序,热衷于秩序。那意味着我没有国家,你懂吗,先生?混乱就是暴力,因此我必须搞清楚怎样彻底结束自身的所有暴力。

问: 你赞成游行示威吗?

克: 你跟一群人在街上来来回回,进行反对越南战争的游行示威,是想结束越南战争还是想结束所有的战争?你能靠游行示威结束所有的战争吗?还是只能结束某个战争?好好思考这件事,用心思考。我可以游行示威反对某个战争,但如果我关心的是结束所有的战争,不只是外在的,也包括我自己内心的战争,我怎么会跟一群人去游行示威呢?你也跟我一样想结束所有的战争吗?明白这是什么意思吗?这意味着没有国家,没有国界,没有语言差别,没有宗教分歧——没有这一切。不,先生,你不能去示威,你必须活出那种精神。当你活出那种精神,那本身就是示威。

问: 爱和真理不就能实现秩序了吗?

克: 但你知道什么是爱吗,先生?你知道什么是真理吗?如果你嫉妒、贪婪、野心勃勃,你能爱吗?真理是固定的、静态的东西,还是鲜活的、生机勃勃的、流动的,没有任何路可以通向它?你必须自己搞清楚这一切。

萨能

1971年7月18日

秩序

你的心处于完全的秩序中吗？如果答案是否定的，就不要再进一步探究。没有人、没有老师、没有古鲁、没有救世主、没有哲学家能教给你什么是秩序。

克里希那穆提：我们上次讲到秩序。生活在这个如此混乱、如此分裂的世界，生活在这个如此暴力、如此残忍的世界，我原以为我们的主要志趣会是实现生活中的秩序——不但实现我们内心的秩序，也实现外部世界的秩序。

秩序不是习惯。习惯会让人不经脑子就自动反应，如果人类沦落到只有那种机械的秩序，就会失去所有的活力。我们在说的秩序，不仅仅涉及我们自身特定的生活，它涉及的是跟我们相关的一切生活——外部的、世上的，以及内心深处的。那么，了解了混乱、无序，我们该怎样实现内心的秩序呢？那应该是一种没有任何冲突的秩序，它不会最终沦为习惯，沦为例行公事，变得机械而又神经质。我们观察过那些非常有秩序的人，他们刻板而没有弹性；他们不敏捷而且变得相当刻薄，以自我为中心，原因就是他们在遵循自认为是秩序的特定模式，已逐渐陷入了神经过敏的状态。那么，我们知道了这种秩序（即混乱）最后会变得机械，并导致神经过敏，尽管如此，我们仍认识到我们在生活中必须有秩序。那秩序怎么产生呢？今天早上我们就要一起思考这件事。

我们的身体必须有秩序。一个恰当自律、易感、机敏的身体是必要的，因为身心会相互呼应。我们要怎样拥有一个高度敏感的有机体，并且它不会变得刻板、生硬，不会被强行纳入特定的模式或方案——即头脑认为有序，因此强迫身体遵行的模式或方案，这是问题之一。

然后，整个心、整个脑子必须有秩序。心的功能就是了解，就是合理、理性地观察，整体地运作。它是完整的而不是分裂的，不困于互相矛盾的欲望、目的和企图中。这整个心要怎样获得完全的秩序、身心的秩序，不遵从，不受人为规范的强制呢？

首先看到我们的困难，即这些问题涉及的困难。我们必须有秩序，这是绝对必要的。我们会一起探究我们所说的秩序指的是什么。有老一辈的秩序，那真是一片混乱，你去看他们在全世界的行为，商界的、宗教界的、经济领域的，在各国，在所有地方，完全是一片混乱。

与之相应的就是随心所欲的一群、年轻的一代，他们的行为方式跟老一辈截然相反，但也一样是混乱的，不是吗？反应就是混乱。心带着所有不易觉察的思想，带着思想所建立的种种意象——关于别人的意象、关于自身的意象、关于"实际是什么"和"应该是什么"的意象（因而活在矛盾中），这样的一颗心要怎样在自身中实现完全、彻底的秩序，从而没有分裂，没有对模式的反应，没有会引发暴力的正反双方的矛盾呢？明白了这一切，心，你的心，怎样才能在行动中、在思考中、在心理和生理的所有活动中，拥有完全、彻底的秩序呢？

宗教人士曾说，只有相信更高层次的生命，相信上帝，相信外在的东西，你才能拥有秩序，因此你就必须按照那个信仰行动、调整、模仿；你必须通过修炼强迫你的整个天性，改变你的心灵结构，同时改变你的生理状态。他们就是这么说的。另外，还有一群行为主义者，他们说环境迫使你循规蹈矩，如果你行为不当，就会毁掉自己。所以人们按照他们各自的信仰生活，不管那是共产主义信仰，还是某些宗教信仰，或社会学、经济学信仰。

虽然世上有这种分歧，我们内心有矛盾，社会也有矛盾，还有跟现存文化唱反调的文化，但他们都说这世界必须有秩序。军队这么说，牧师也这么说。那么秩序是机械化的吗？靠修炼能实现秩序吗？靠遵从、模仿和控制能实现秩序吗？是不是存在一种跟控制、跟我们所知的修炼毫无关系，跟遵从、调整等都毫无关系的秩序？

我们来检视一下关于控制的整个观念，搞清楚它是否真能带来秩序。这表示我们不是在反对控制。我们想要了解，如果我们了解了，就可能发现截然不同的东西。希望你们听得懂这一切，希望你们对这个问题怀着跟我一样强烈的兴趣和热情。随兴地听一听某些理论是毫无意义的，我们不是在讨论理论或假说，我们是在切实观察现状，看清什么是虚假的。对虚假的认知恰好就是真相，明白吗？

那么，控制意味着什么？我们的文化、我们的教育、我们养育孩子的过程，都建立在控制之上。我们心中有控制的冲动。那么，控制意味着什么？我们从未问过自己究竟为什么要控制？我们来探究这个问题。控制，意味着有一个控制者和被控制的东西。请你们用心听。我很生气，我必须控制我的怒气，而哪里有控制，哪里就有冲突。"我必须，我必须不"——冲突显然扭曲了心灵。心完全没有冲突时是正常的，于是它就能没有任何摩擦地运作，这样的心就是理智、清明的心，但控制无法带来这些，因为控制中有冲突和矛盾，有模仿和遵循模式的欲望，模式即你认为你应该做的事情。这样说清楚吗？

所以控制不是秩序。了解这一点非常重要。我们永远无法靠控制拥有秩序，因为秩序就意味着有条理地运作，整体地观察，没有任何扭曲。但哪里有冲突，哪里就有扭曲。控制也意味着压制、遵从、调整，以及有观察者和被观察者之分。我们会搞清楚是什么不作控制而实现了秩序。我们不是在否定控制的整个结构，而是在观察其中的虚假，由此就产生了秩序的真相。我们在了解彼此，不是口头上的，而是随着讨论的推进真正互相了解。因为我们想要创造一个截然不同的世界、一种截然不同的文化，我们想要造就活得没有摩擦的人类。有能力不扭曲地生活，唯有那样的心才懂得什么是爱。而任何形式的控制都会滋生混乱、冲突以及不正常的心。

旧文化说你必须守纪，小孩子在家里就开始了，接着是学校和大学，一辈子都要守纪。"守纪"这个词意思是学习，而不是指训练、遵从、压抑或别的什么。一颗始终在学习的心，实际上就处在秩序中，但没在学习的心，说"我学过了"

的心，就会带来混乱。心本身抗拒训练，抗拒机械化，抗拒遵从和压制，而守纪意味着这一切。然而我们说过，必须有秩序。没有通常意义上的守纪，要怎样形成秩序呢？

看到这个非常复杂的问题，你的答案是什么？如果你在运用头脑，如果你对内在和外在的秩序真的深感兴趣，你的反应是什么？你怎样应对这种对秩序的渴望？这不靠控制、守纪、遵从并否定了一切权威的秩序。这就是自由，不是吗？如果存在任何形式的权威，在接受权威当中就有遵从，就有追随，那就会滋生矛盾和混乱。

所以，不要控制，不要通常意义上的"守纪"，并且要完全拒绝权威的整个结构和本质，因为它否定了自由。然而必须有秩序，要看清楚其中的复杂。这世上有法律的权威、警察的权威，以及我们必须遵守的当局政府的权威，但我们必须从老一辈的权威以及他们的信仰中解脱出来，我们必须从自己的需求、经验、知识的权威中解脱出来，因为那一切否定了自由。

观察世界的现状，观察我们的文化、社会、经济和宗教，以及我们的教育体系和家庭关系，我们看到它们全都建立在权威之上。这引起了彻底的混乱、巨大的苦难，引起了战争，以及世界的分裂、人类的分歧。观察到这些，我们该怎样实现秩序？这是你的问题，明白吗？如果你真的强烈地热衷于为自己的生活以及外部世界带来秩序，你会怎样应对这个问题？你会怎样应对？你会求助于书本、牧师、哲学家、古鲁吗？你会求助于最近跟你说"我已开悟，来，我会告诉你一切"的人吗？你会求助某个人，以搞清楚怎样过井然有序的生活，怎样彻底拒绝遵从、权威以及清规戒律吗？你得回答这个问题。我们在重新谈及问题，重新的意思就是我们不知道怎样在这混乱中实现秩序。如果你说，秩序应该这样，应该那样，那你就只是在对"实然"做出反应，你在说跟"实然"相反的东西，这是没有任何活力的反应。所以让我们重新处理这个问题，到目前为止我们只是检查了世界以及我们内心正在发生的现实。现在，我们要一起搞清楚什么是秩序。不要接受讲者说的任何东西，请务必明确这一点，因为你如果接受，我们的关系就完全变了。但如果我们是在一起检查，在全身心关注这个问题，即认识世界的混乱状态，看清我们内心、我们每个人生活中的混乱，看到那是多么俗气并认识其中的现实，那么我们就需要强度和热情去发现什么是秩序。

首先，我们要搞清楚，通过观察"实然"的方式学习以及从中获益是什么意思。学习是指学习这个动词的现在进行时，指学习的持续运动，不是已经学了然后应用知识，后者跟始终在学习是完全不同的状态。明白区别了吗？我们在一起学习，我们不是在累积知识然后按知识行动，那当中存在矛盾和控制，然而在不断学习的心是没有权威、没有矛盾、没有控制、没有清规戒律的，因为学习本身就需要秩序。请观察你自己。你处于学习的状态吗？还是在等着别人告诉你什么是秩序？注意你自己。如果你等着从别人那里获得关于秩序的答案，那你就是在依赖那个人，或者依赖那本书、那个神父或那个体系，等等。所以我们是在一起学习。你已经了解控制及其所有含义了吗？你已经了解守纪的意思，你也已经完全明白权威会带来怎样的结果了吗？那就是你的内心的状态吗？如果你已了解，那你就自由了，否则你无法学习。学习意味着心是好奇的，处在不知的状态，它急于找出答案，兴致盎然。你的心是那样的吗——兴致盎然的？你在说我不知道秩序但我会找出答案吗？你非常好奇、非常热衷、兴致勃勃吗？你的心是那样的吗？它愿意学习，不是从他人身上学，而是通过观察自己而学吗？控制和权威，对你来说意味着守纪，它阻碍了观察，你明白这一点吗？心只有在自由的时候，只有在不知的状态下才能学习，否则无法学习。

那么你的心在自由观察世界、观察你自己吗？如果你说"这是对的，那是错的，我必须控制，我必须压抑，我必须服从，我必须违抗"，你就无法观察，明白吗？如果你说我必须过随心所欲的生活，那你就不是在自由学习，如果你在遵从，你就不是在自由学习。你蓄长发是在遵从吗？我穿上衬衫和裤子是在遵从吗？请搞清楚。遵从不仅仅指遵从国家模式、特定的社会结构或遵从信仰，还存在小事情上的遵从。这样的心没有学习的能力，因为在这遵从的背后存在惊人的恐惧，年轻人和老年人一样心怀恐惧，那就是他们遵从的原因。如果这一切继续，你就不是在自由学习。

必须有秩序，必须有这个鲜活、美丽而不机械的东西——宇宙的秩序，存在于数学中的秩序，存在于自然界的秩序，存在于各种动物之间的秩序，一个人类曾彻底拒绝的秩序，因为我们内心一片混乱，我们四分五裂、矛盾重重、惴惴不安。

现在，我问我自己，你也问你自己，心有没有能力学习，因为它不了解什么是秩序。它了解对混乱的反应，但心必须发现它是否能真正学习而不作反应，是否能因而自由地观察。换句话说，你的心意识到控制、守纪、权威以及不断反应的问题了吗？意识到那整个结构了吗？随着日复一日的生活，你的内心意识到这一切了吗？还是只有给你指出来，你才意识到？务必要明白其中的区别。如果你因为自己的观察、生活、关注，意识到了关于混乱、守纪、控制、压抑及遵从的所有问题，那就是你自己的发现，其他都是二手的。那么你是哪一种？

我们大部分人的发现都是二手的，因为我们就是二手人类，不是吗？我们全部的知识是二手的，我们的传统是二手的，可能有极少数行为完全是我们自己的而不属于别人。那么，我们意识到那是我们直接的观察，而不是从别人那里学来的二手知识吗？如果是从别人那里学来的，你就得完全抛弃它，不是吗？你必须抛弃讲者刚刚说的关于控制、守纪、权威等的所有内容，然后你就会明白要学习就绝不能接受指明给你看的东西。如果你不接受其他人包括讲者所说的东西，你就是真正在学习了，不是吗？

现在我们一起来搞清楚秩序意味着什么。当你对此一无所知时，该怎样搞清楚秩序呢？你只能通过探究想要搞清楚秩序的内心状态来了解秩序。我只知道混乱是怎样的，我太熟悉了。当今社会的整个混乱文化，我知道得很清楚。但我不知道秩序是怎样的，我可以想象秩序，我可以形成关于秩序的理论，但理论、想象、推测都不是秩序，因此我抛弃了这一切。所以我真的不知道秩序是怎样的。

我的心知道混乱是怎样的,知道它是怎样形成的——文化和人类的局限导致了混乱。我了解彻头彻尾的混乱,但我真的不知道秩序是怎样的,那么,说"我不知道"的心是怎样的状态?你自己那个说"我真的不知道"的心是怎样的状态?心的那种状态是在等待答案,等待别人来告知,期待找到秩序的状态吗?如果它在等待,在期待别人来告知,那它就不是我们在谈论的状态,即不知的状态。"不知"的状态不是在等别人来告知,也不是在期待答案,那是极其敏感、活跃的状态,但并不知道。它知道混乱是怎么回事,因此完全舍弃了它。当那样的心说"我不知道",那它就是完全自由的。它已经否定了混乱,因为它是自由的,所以它找到了秩序,明白吗?你要是自己探究,那就真的太好了。

我不知道秩序是怎样的,并且我没有在等任何人来告诉我答案。因为我的心已经否定了一切混乱,彻底否定,没有任何保留,彻底清空了仓库,它是自由的,所以它有了学习的能力。心完全自由,意味着它不是四分五裂的,因此它就处于有序的状态。你们明白了吗?

那么,你的心处于完全的秩序中吗?如果答案是否定的,就不要再进一步探究。没有人、没有老师、没有古鲁、没有救世主、没有哲学家能教给你什么是秩序。在否定一切权威的过程中,你就从恐惧中解脱了,因此就能搞清楚什么是秩序。你觉察你的心,觉察你自己,觉察你的生活吗——不是坐在这里听一小时演讲的度假生活——而是觉察你的日常生活、你的家庭生活、你跟每个人的关系？在生活中，你意识到每天的例行公事、千篇一律、上班的无聊了吗？你意识到争吵、残忍、唠叨以及暴力了吗？你意识到完全混乱的文化造成的一切了吗？那就是你的生活！你没法在那混乱中挑出你认为是秩序的东西。你意识到你的生活混乱不堪了吗？如果你没有兴趣、没有热情、没有强度和激情去发现秩序，你就会在混乱中挑挑拣拣，找一些你认为是秩序的东西。你能怀着极大的诚实观察你自己吗——没有任何伪善，也不故弄玄虚，自己了解自己生活的混乱——你能把那一切都放到一边，去搞清楚秩序是怎么回事吗？要知道，把混乱放到一边没那么困难。我们把混乱想得太厉害了，太把它当回事了。如果你看到非常危险的东西，一片悬崖、一头野兽或一个带枪的人，你就会立即避开，不是吗？没有争辩，没有犹豫，没有拖延，只有即刻的行动。同样，如果你看到了混乱的危险，就会立即行动，即完全否定导致混乱的整个文化，即你自己。

提问者： 问题不就是怎样看吗？

克： 我们一直在问："我们有看的自由吗？"你不想看，不是吗？你真想检视所有你看重、你珍爱的事物，检视你认为重要却又困惑重重的信仰吗？你有能力看那一切吗？想一想，先生们，这不是我的问题。你能没有任何扭曲地看你自己吗？你看过你自己吗——不是一个意象看许多其他意象那样地看？

问： 我们现在不就在遵从某个模式吗？你演讲一个小

时，然后我们提问。这不也是模式吗？

克：这是模式吗？你可以把任何事变成模式。坐在椅子上是模式，坐在地上是模式，但这是模式吗？如果是，我们就来打破它。要知道，我问的是：你看过你自己吗？我不是指照镜子，而是你知道如实看真正的自己是什么意思吗？那会吓到你吗？你被吓到是因为你对自己抱有意象，不是吗？你认为：我比那好，我比那高贵；或多丑陋呀，我多老，多衰弱，多病态，多傻气啊。这一切想法都会阻碍你看，不是吗？我只想如实地看我自己，我不想从看到的东西里挑挑拣拣，我只想看而已。这需要很多勇气吗？促使我看的是我想观察自我真相的兴趣和热情，而不是发现真相的恐惧。不知道你们是否了解这一点。我对看清自己的真相极感兴趣，无论它是什么，你感兴趣吗？在人际关系中，我想看看我是在撒谎还是在说实话，我想看看我是不是恐惧，我想看看自己是贪婪还是野心勃勃，我想留心生活内外的一切细微活动。

那么，我怎样看我自己？我的心有能力看它自己吗？那意味着一种思想抽离自己，观察其他思想吗？然后那个把自己从其他思想中抽离出来的思想就说：这是对的，这是错的，这是好的，这是坏的，这个我应该保持，这个我不会保持，我多害怕，多丑陋——明白吗？那么，那是看吗？如果一种思想把它自己从其他思想中抽离，这样的思想有能力看吗？还是你只有在思想不分裂时才能看自己？

你看过自己吗——你的行为方式，你为什么那样做，你怎样走路，怎样说话，怎样倾听？你意识到你的身体在做什么吗？留心一下你的紧张反应，比如手指的抖动。你觉察你自己吗，觉察你的想法、你的感觉、你的内在动机、你的内在欲望和冲动吗？你彻底觉察这一切吗？不是纠正，而是观察、留心、检视。

问：不分析太难了。

克：你在分析的时候，就没有在看。

问：我知道。

克：你不知道，否则你就不会分析。注意，我想看看我头脑的橱柜里有些什么，那里储存了些什么；我想读一读心里装的所有东西，因为心的内容就是心。我想看看在清醒的时候、走路的时候、说话的时候、做手势的时候、上班的时候、生气的时候、享受性的快乐的刹那，以及在观赏群山、溪流、林木、飞鸟和云朵因而心情愉快的时候我都是怎样的；我也想看看我睡着的时候是怎样的，想了解那会儿有什么事在发生。你不想在清醒和睡着的时候看看自己吗？看看你认为你想看的。你知道了解自己意味着什么吗？那意味着孜孜不倦的用功，每天的观察，看啊，看啊看，但不是以自我为中心的那种看，就只是看，就像你看一只鸟或看一朵云的变幻。你无法改变云的变幻，就用那种方式看。

接下来的问题是：心能在睡着时留意自己的动静吗？我们现在没时间探究这个问题了，也许改天谈。

问：我想检视一下你和我们的关系。你说你不是古鲁，但是你侃侃而谈而我们洗耳恭听，我们提问而你回答问题。那么我们能检视一下这种关系吗？

克: 我们在一起踏上一段旅程吗？还是你只是在追随？答案应该由你来告诉我，而不是我来告诉你。你在做的是什么？我们是在一起旅行还是你在被引导，是哪一种？如果你在被引导，如果你在追随，那就不存在关系，因为讲者说了："不要追随。"我既不是你的权威也不是你的古鲁。如果你执意要追随，如果你执意为了记住我讲的东西而听，那就不存在关系。但如果你说"我想学习"，那我们就一起踏上了一段旅程，进入我们所处的神奇世界，那个世界就是"我"，我想深入探究那个"我"，我想学着了解，那么我们就在一起了，我们就有了关系。

问: 但是，你坐在那里而我们坐在这里，这真的算在一起吗？

克: 我恰好坐在讲台上，因为那样比较方便，因为那样你们就能看到我而我也能看到你们。你是坐在这里还是坐在那里，这并不重要。我们是在一起踏上一段旅程，进入一个无关高度也无关深度的世界，我们想要了解的就是那个世界。

那么回到我的问题：你看过自己吗？你曾有那么一时半刻看过自己吗，就像你刮胡子、梳头发或化妆时在镜子里看自己一样？你是否曾花过十分钟，就像你站在镜子前做的那样，注视自己？不作任何选择，不作任何判断或评价，就只是注视自己？这就是主要问题。

萨能

1971年7月20日

我们能了解自己吗

> 你们可能会问心自由的意义是什么。其意义就是这样的心是没有冲突的,这样的心是彻底安静平和、没有暴力的,只有这等品质的心才能创造新的文化,新文化并不是跟旧文化针锋相对的,它是截然不同的东西,在其中我们不会有丝毫的冲突。

克里希那穆提: 我们大部分人过着非常肤浅的生活,并且对那样的日子心满意足,我们肤浅地对待所有的问题,因而增加了更多的问题,因为我们的问题极其复杂、非常细微,需要深入的洞察和了解。我们大部分人喜欢按照陈旧的传统泛泛地处理问题,或试图调整自己,好适应现代趋势,这就永远没法全面、彻底地解决任何问题,比如战争、冲突、暴力等。我们也往往只看表面,不知道怎样深入洞察,洞察自己的内心。我们观察自己时,要么怀着某种厌恶,预设了结论;要么就抱着希望,希望改变所看到的状况。

我们应该全面、彻底地了解自己,这很重要,因为我们那天说过,我们就是世界,世界就是我们。这是绝对的事实,不只是一个说法或理论,而是我们深切感受到的东西,因为这世上有那么多苦难、痛苦、残忍、分裂,以及民族分歧、宗教分歧。不真正了解自己,就永远无法解决其中的任何一个问题，因为世界就是我们自己。如果我了解自己，我的生活就会进入截然不同的维度。我们中的每个人都可以了解自己吗——不只是在头脑表层，而是探入存在的深层？这就是今天早上我们要一起讨论的主题。我们说要一起讨论时，并不表示由我说而你们听，我们要一起分享。

我们怎样看自己？我们可以全面地看自己而不区分意识和意识的深层吗？意识的深层即我们可能完全没有意识到的内容。心可以观察自己，观察"我"的整个活动，观察自我，观察"我的实然"，而不作分析吗？在那观察当中就有即刻的全面了解。这就是我们要探究的问题，去发现我们是否能超越自己，找到真实，是否能邂逅头脑无法衡量的东西，没有任何幻想地生活，这是非常重要的。这是全世界所有宗教的主要目标，然而在探索超越自我的过程中，他们被困在了形形色色的神话中，天主教的神话、印度教的神话、整个人类文化的神话，那都是没有必要、毫不相干的东西。

那么，可以看自己而不分析吗？那么观察时就没有那个"我"在观察。我想了解自己，我知道那个"我"很复杂。"我"是鲜活的东西，不是僵死的；是鲜活、朝气蓬勃、变动不居的东西，而不只是记忆、经验和知识的累积。"我"是鲜活的东西，就如社会是鲜活的东西，因为我们造就了它。没有观察者在观察那些名为被观察者的东西，我们还可以看吗？如果有观察者在看，那他一定是透过分裂、分别在看，而哪里有分别——内在和外在的分别——哪里就有冲突。在外部世界，有国家冲突、宗教冲突、经济冲突，而内心世界则存在非常广阔的领域,不只是表层的,还有我们几乎一无所知的广阔区域。所以,在看的过程当中,如果有"我"和"非我"之分、"观察者"和"被观察者"之分、"思考者"和"思想"之分、"经验者"和"经验"之分,那就一定有冲突。

我们问可不可能——我没有说可能或不可能,我们要自己搞清楚——观察自己而不作分别。要搞清楚那个问题,我们希望进入没有分别的洞察状态,而不是借助分析,因为一分析就有分析者和被分析对象之分。在观察自己的过程中,确实有这种分别。观察自己时,我会说"这是好的,这是坏的,这是对的,这是错的,这个有价值,这个没价值,这个恰当,那个不恰当"。因此我看自己时,观察者受到了他所处的文化的制约。所以观察者就是记忆,就是受制约的实体——那个"我"。我按照"我"受制约的背景判断、评价,我按照那个文化观察自己,按照我的制约,希望改变所观察的状况。这就是我们一直在做的事:希望借助分析、控制、改善等,改变所观察的状况,那就是事实。

我想搞清楚为什么存在分别,于是我开始分析,想找到原因。我们分析不仅是为了找到原因,也希望能超越它。我生气、贪婪、嫉妒、野蛮、暴力、神经质或随便什么,于是我开始分析这种神经质的原因。

分析是我们文化的一部分,因为我们从小就受到分析训练,我们希望用这种方式可以解决所有问题。这方面的书写了一部又一部,心理学家希望找到精神问题的原因,了解它并超越它。

那么，分析涉及什么？它意味着时间，不是吗？我需要大量时间分析自己。我必须非常仔细地检视我的每一个反应、每一个事件、每一个念头，并追踪它直到源头，这些都要花时间。与此同时，其他事件正在发生——我无法立即了解的其他事情、其他反应。这是一点：分析需要时间。

分析也意味着所有被分析的事情必须是最终的、全面的，如果不是（不可能是），那么所发现的东西就是不正确的，我带着这个错误的分析继续检视下一段经历、下一个事件、下一个谜。那么，我就始终从错误的前提出发，因此我的判断和评价就是错误的，而且我扩大了错误的范围。分析，从它的本质看，意味着有一个分析者和被分析的人或事，不管那个分析者是分析师，是心理学家，还是你本人，那个分析者在他的检查中滋养和强化了分裂，因此也就加剧了冲突。分析意味着这一切：时间、对所有经验和所有念头的全面评价（这是不可能的），以及加剧冲突的观察者和被观察者之分。

我可以分析我的表层大脑，分析它每日的表层活动，但我要怎样了解、探究更深的层面呢？因为我想全面、透彻地了解自己。我不想漏掉任何角落或隐秘之处，我想分析一切，好让头脑完全了解，不放过一丝一毫。如果有一个角落没有检查到，那个角落就会扭曲全部思想、全部行动，但分析意味着行动的延迟。当我在分析自己时，就没有在行动，也许要一直等到分析结束才会恰当地行动，因此分析是对行动的否定。行动意味着现在，不是明天。明白这一切，头脑可以怎样彻底了解内心深处的隐秘层面呢？这一切都包含在自我了解当中。

可以通过梦境获得了解吗？换句话说，可以通过睡觉做梦揭示潜意识中深层或隐秘的东西吗？专家说你必须做梦，如果不做梦，那表示某种神经症。他们还说梦能帮你了解头脑的所有隐秘活动。所以我们必须探究一下梦的意义以及我们到底该不该做梦，或者弄清楚梦是否只是我们白天生活的象征性延续？

白天的时候，头脑塞满了日常生活的琐碎——工作事务、家庭事务、人际关系中的争吵和烦恼、意象跟意象打来打去，等等。于是，就在你睡觉前，脑子会把白天发生的所有事情都反思一遍。你入睡前不就是那么做的吗？你复活了所有的事情："你本该做这个，你本该说那个或你本不该那么说。"你重温了一天的整个过程，所有的念头、所有的活动、你怎样生气、怎样嫉妒，诸如此类的事。

头脑为什么这么做？为什么它把白天发生的事情都反思一遍？不就是因为头脑想建立秩序吗？头脑重温白天的活动就是因为它想让一切都秩序井然，否则它就会在你睡着时继续工作，因为它只有在完全的秩序中才能正常、健全地运作。所以，如果白天没有秩序，头脑就会在身体平静的时候、睡着的时候来建立秩序，这秩序的建立也就是梦的一部分。你们接受讲者所说的一切吗？

听众： 不接受。

克: 不接受？我很高兴。(听众笑) 不要同意或不同意。要自己搞清楚，不是听从某些哲学家、分析师或心理学家的说法，而是要自己搞清楚。只要你的日常生活中有混乱，头脑就必须建立秩序，否则它无法健全、正常、有效地运作。存在混乱的时候，就有必要做梦建立深层或表层的秩序了。

检查了这一切，我们问，有必要做梦吗？因为不做梦是非常重要的。你睡着时，头脑的彻底安静是非常重要的，整个心灵、整个脑子、整个身体会因此恢复活力。但如果脑子继续工作，在你睡着时继续工作，就会变得疲惫，造成神经过敏、紧张过度，诸如此类的症状。所以，可以完全不做梦吗？

我提出这些问题，因为我想了解自己——提出问题就是了解自己的一部分。我们不仅仅在探究梦，在评判做梦重要或不重要。除非对自己有深度的了解，否则所有的行动都会流于肤浅和矛盾，并造成越来越多的问题。

旧有的传统认为，要了解自己必须分析，必须自省，但我看到了其中的错误。我不接受，因为那是错的，虽然大多数心理学家的说法正好相反。在观察自己的过程中，我们问：人到底为什么做梦？睡着时，整个心可以完全安静吗？不是我在问这个问题，而是你们。我只是向你们提议，你们得去搞清楚。那么，要怎么搞清楚呢？

我认识到，当有机体安静、彻底静止时，身体就能凝聚能量，就能运作得更有效率。如果身体得不到休息，从早到晚一刻不停，它很快就会精疲力竭，很快就会垮掉。但如果身体可以在白天的时候休息十到二十分钟，就会有更多的能量。头脑非常活跃，它一直在留意、观察、指责、评价、挣扎，做诸如此类的事。当它睡觉时，同样的动力继续着。于是我问自己，睡觉的时候心可不可以彻底安静。请看到这个问题蕴含的美，别急着回答。除非身体极其安静，没有任何活动、手势或紧张的抽动，没有你可能会做的种种动作，除非它彻底安静（不是被迫安静）、彻底放松，否则它就恢复不了活力，凝聚不了能量。

因此我想搞清楚头脑在夜里睡着时能不能彻底安静。我看到，只有白天发生的每一件事立即得到了解、毫不拖延时，头脑才能安静。如果我把一个问题拖延到第二天，头脑就会被持续占据；但如果头脑能立即解决问题，今天就解决，那么事情就结束了。头脑可以每一天都完全清醒从而不再有问题吗？到了晚上，你就有一个清晰干净的记录。如果你这样做，不只是玩玩，而是切实去做，你会发现当脑子需要休息时就会变得非常安静，就会彻底静止下来，甚至十分钟的休息就够了。如果把这个问题探究得非常深入，你就会发现做梦变得完全没有必要了，因为没什么好梦的了。你不担心你的未来，不担心自己会不会成为伟大的医生、伟大的科学家或优秀的作家，你不担心后天会不会开悟，你完全不担心未来。恐怕你们还不明白当中的美！头脑终于不再计划任何事。

说了那么多，心，即真正的观察者（观察者不仅指看得见的东西，比如眼睛等），心可以观察而不作分别吗？你们理解这个问题吗？心可以观察而不区别观察者和被观察者吗？因为只存在被观察者，不存在观察者。

我们来检查一下什么是观察者。显然观察者就是过去，几秒钟以前的过去、昨天或很多年前的过去，它作为一个受制约的实体生活在特定的文化中。观察者就是过去经验的总和。观察者也是知识。观察者在时间的领域内。如果他说我是"那个"，他就用过去的知识计划"那个"，不管那是快乐、痛苦、苦难、恐惧、欢乐，还是别的，他说我必须变成"那个"。因此过去正经历着现在，而现在被改头换面，被他称为未来，但它实际上就是过去的投射，所以观察者就是过去。你生活在过去当中，不是吗？请想一想。你就是过去，你生活在过去当中，那就是你的生活。过去的记忆、过去的欢乐、过去的追思，那些曾带给你快乐和不快、失败和失望、匮乏和痛苦的东西，一切都在过去当中。你透过观察者的眼睛判断现在，然而现在是鲜活的、变动不居的，不是静止、僵死的东西。

当我看自己时，我在用过去之眼看；所以我按照我特定的文化和传统、按照我累积的知识和经验，进行谴责、判断、评价"这是对的，这是错的，这是好的或坏的"，因此这阻碍了对鲜活之物即"我"的观察。那个"我"可能完全不是"我"了，因为我只知道过去的"我"。如果一个穆斯林说他是穆斯林，他就是过去，他受到了养育他的文化的制约，天主教徒也一样。

所以我们在谈论生活的时候，我们谈的是过去的生活，过去和现在之间存在冲突。因为我是受制约的，我接触不到鲜活的现在，除非我能打破我的制约，而我的制约是我的父母、祖父母有意带给我的，为了把我局限在他们狭隘的信仰和传统中，为了让我继续他们的悲伤和痛苦。我们一直在这么做，我们生活在过去当中，不仅因为我们的制约，因为我们所处的文化，也因为我们生活当中的每一次经历、每一件事情。我看到美丽的日落，看到远山上太阳的光线，那光影的变幻，我认为真是美极了，这一切都被储存到记忆里，第二天我说我必须再看一看那样的日落，再看到那样的美。于是我奋力寻找，找不到时，我就跑去博物馆，整个循环就开始了。

那么，我能用从未被时间染指的眼睛看自己吗？时间意味着分析，意味着紧抓过去，意味着做梦的整个过程，意味着积累、收集过去并抓住它，以及诸如此类的事。我可以不用时间之眼看自己吗？问问自己这个问题。不要说你可以或不可以。你不知道的。如果你不用时间之眼看自己，那是什么或是谁在看呢？千万不要回答我。理解我的问题吗？我用时间即过去的质地、本质和结构看自己。我用过去之眼看自己，我没有其他眼睛可以看。我把自己看作天主教徒或其他什么，那就是过去。所以我的眼睛不能抛开时间即过去看"实然"。

那么我要问：眼睛能抛开过去观察吗？

让我换个说法。我对自己抱有意象，我所处的文化制造了那个意象并强加到我身上；我对自己也抱有特定的意象，我应该怎样，我不该怎样。事实上，我们有非常多的意象，我对你抱有意象，我对妻子、孩子、政治领袖、牧师等都抱有意象；所以我抱有许多意象。你们不抱有意象吗？

提问者：我们抱有意象。

克：那么，可以怎样不带意象去看呢？因为我们要是带着意象看，显然就是扭曲的。你昨天生我的气，于是我就制造了一个关于你的意象，你不再是我的朋友，你很丑陋，如此等等。如果我下次见到你时带着那个意象看你，就会扭曲我的认知。那个意象就是过去，我的所有意象都是过去，而我不敢摆脱其中任何一个意象，因为我不知道不带意象看会怎样，于是就只好紧紧地抓住意象。心的生存依赖意象。不知道你们有没有听懂？那么，心可以不带意象观察吗，不带树的意象、云的意象、山的意象，不带妻子、孩子、丈夫的意象？心可以在关系中不带任何意象吗？

是意象造成了关系中的冲突。我没法跟妻子过下去了，因为她对我很霸道。那个意象被建立起来，一天天过去，关系最终荡然无存，我们可能睡在一起，但那并不相干，所以冲突产生了。心可以检视、观察不是时间拼凑而成的任何意象吗？也就是说，心可以不带任何意象观察吗？它可以不带观察者去观察吗？观察者即过去，即那个"我"。我可以直接看你而没有那个受制约的实体即

"我"的干扰吗?

你说什么?"不可能"!你怎么知道不可能?一旦你说不可能,你就阻碍了自己,如果说可能,也同样是阻碍,但如果你说我们来搞清楚,我们来一起检视、一起探究,你就会发现心可以抛开时间之眼观察。当它如此观察时,那被观察的是什么?

我从了解自己出发,我探究了分析的全部可能性,我看到观察者就是过去。观察者远比我们想象得复杂,我们可以探究得更深入。我看到观察者就是过去,心就生活在过去当中,因为脑子是通过时间即过去进化而来的。在过去当中有安全——我的房子、我的妻子、我的信仰、我的地位、我的职位、我的名誉、我那虚有其表的渺小自我,在那些当中有着巨大的安全和保护。那么我要问,如果心可以抛开这一切观察,如果可以的话,除了群山、花朵、色彩、人,还有什么可看?懂吗?我头脑里还有任何东西——能让心因此完全自由的东西——要观察吗?

你们可能会问心自由的意义是什么。其意义就是这样的心是没有冲突的,这样的心是彻底安静平和、没有暴力的,只有这等品质的心才能创造新的文化,新文化并不是跟旧文化针锋相对的,它是截然不同的东西,在其中我们不会有丝毫的冲突。我们发现了这一切,那不是理论,不是说法,而是我们在内心当中看到的事实,即心完全可以不用过去之眼观察,那时的心就是焕然一新、截然不同的东西了。

问：我认为我们都看到了这些意象的危险，但显然，在某些时候，某些意象是必要的。比如，某个人拿着刀向你冲过来，你脑子里的意象就能救你一命。在有用和无用的意象之间，我们要怎么选择呢？

克：我们都带着意象生活，提问者说，有些意象是有用的、必要的，能保护我们的，另外的则不然。当你置身丛林，关于老虎的意象就能保护你，但你对妻子、对丈夫或不管谁抱有的意象却破坏了关系。提问者问，我们要怎样选择，哪些意象要保持，哪些要抛弃。

首先，你为什么要选择？请听好我的问题。我们为什么选择？选择的结构和本质是什么？我不确定时才选择，不是吗？不确定时就有困惑。如果不清楚要怎样，我就会选择，我说我不知道要怎么办，也许我会这样那样。如果你看得非常清楚，还有任何选择的需要吗？显然只有困惑的头脑才会选择。我们把选择变成了生活中最重要的事情之一。我们谈论选择的自由，选这选那的自由，选择政党、政治人物的自由。所以我问自己，我到底为什么选择？我在两种颜色不同的布料间挑来选去，但那并不是我们谈论的选择。我们在谈论的选择源于不确定、困惑、不清楚，那时我就不得不选择，但一颗非常清晰的心没什么可选择的。那么，你的心困惑吗？我在谈及那个问题，先生。你的心显然是困惑的，否则你们不会全都坐在这里。你出于困惑作出了选择，却加剧了困惑。

你有那么多的意象，有些能保护你，另外的则没有必要。存在任何选择吗?仔细听好。有丝毫选择的必要吗?我对世间万物抱有许许多多的意象,就像观点、判断及评价一样多。我的观点越多,我认为我的心就越清晰。我试图从所有意象中决定哪些重要、有价值,哪些则不然。为什么我必须选择?因为我不确定哪些意象要保持,哪些要抛弃。当我不知道要抛弃哪些意象时我就会选择。那么,谁是那个在选择的实体?显然是知识,而知识即过去——制造了这一切意象的过去,选择它该保持哪些,该抛弃哪些。所以你在根据过去选择,因此你的选择必然总是混乱的。因此,不要选择!等等!看清楚!如果你不选择,那会怎样?你当然不会被公车撞死,但正是选择维持了意象。

问: 你刚提到我们全是困惑的,否则不会在这里。

克: 一定程度上是这样的,先生。

问: 如果我是困惑的,我怎么能听你讲而不评价你说的一切?

克: 确实如此。那就是我们担心的事。提问者说如果我是困惑的——我实际上就是困惑的,我怎么能清晰地听你讲,对吗?但你并没有在听,不是吗?

问: 有时候。

克: 有时候?我们没在说"有时候",我们问:你现在在听吗?你知道,当你带着关注、热诚、关怀听讲时,你困惑吗?只有你没在听又想听时,困惑才会出现。在倾听的那一刻,哪里有困惑?当你回忆起你全身心倾听的时刻，你对自己说"希望我能再次那样听"，这就产生了冲突。看清楚情况。当你说：我该怎样回到那个倾听的状态？那个倾听的状态留下了记忆，而现实却消失了，所以你的记忆说我必须更加仔细地倾听；然后矛盾就产生了。然而，如果你全身心倾听，全心全意地听，在倾听的那一刻就没有困惑，那一刻就足够。不要想方设法回到那种状态，十分钟后再恢复，但在那十分钟里，要觉察到自己的漫不经心。

问： 这出自静止的心的新文化会是和平的吗？

克： 不知道，先生，你那是假设。

问： 我没说完……

克： 哦！抱歉。

问： 嗯，如果……

克： 不要说如果！

问： 如果我是平静的，我会跟目前的社会结构产生冲突吗？

克： "跟目前的社会结构产生冲突"指的是什么意思？继续，探究一下，先生。不要等我告诉你。

问： 竞争导致的冲突。

克： 竞争？我想让我自己得到认可，我想让我的观念、我的信仰得到认可，等等。那就是我在做的事，不是吗？

问： 如果有人要你拿枪射杀某个人，你就冲突了。

克： 如果有人要我拿枪射杀某个人，我不会那么做的。这有什么问题？

问：如果你说你不会那么做，那你就冲突了。

克：当然不。

问：他们会说你在冲突。

克：当然，他们会把我关进监狱，但我没有跟他们产生冲突。如果毒品文化说你必须吸毒，我说我不吸，是他们冲突，还是我？我并没有冲突，是他们冲突。说了这么多，重点是什么？

问：存在冲突的两派。

克：不。没有两派。我不想有冲突。作为人类，我探究了关于冲突的整个问题，外在的、内在的，我非常彻底地探究过，我们假设我已经完全消除了内心任何意义上的暴力。那么，如果你有冲突，我要怎么办？你要求我拿枪射杀别人，我拒绝，你就生气了，你变得暴力，你打我。那是你的问题，不是我的。

问：你的意思是他跟我产生了冲突，而不是我跟他产生了冲突。

克：因为我没有冲突。我为什么要射杀别人？注意，先生，你并没有拿枪给我——此时此地——有吗？那为什么会有这个问题？你看，会有这个问题是因为我们在开始推测。"如果你内心平静，你会怎么办？"先搞清楚怎样平静生活再问吧。

问：冲突源于想象吗？

克：如果两个人吵架，那是源于想象吗？检视问题。

我执着，我依赖你。我在感情上、心理上、肉体上、性上、经济上依赖你，我完全依赖你。然后某个美丽的早晨你告诉我你要离开，因为你喜欢上了别人，于是就有了冲突，对吧？那是想象吗？那是事实。当你背叛我，我就迷失了，因为我依赖你的陪伴，依赖你很多东西。那并不是想象，那是现实。

于是我开始去搞清楚我为什么依赖你。我想搞清楚，因为那是自我认识的一部分。你们不全都依赖某个人吗？在心理上、在内心？你能完全独立吗？在内心完全独立，明白吗？外在生活你无法单独一个人，因为你需要送牛奶的人，需要邮递员、公车司机，等等。但在内心你完全可以独立，可以不依赖任何人。所以我必须搞清楚为什么我在内心有所依赖。

我孤独，我不知道怎么超越这孤独。我内心深处害怕孤独，我无力对付这个名为孤独的可怕之物。你们不是很清楚这些吗？因为不知道怎样解决孤独，我就执着于人，执着于观念，执着于社团，执着于游行示威、爬山，等等。如果我能彻底解决孤独的问题，就根本不会有那些事了。我要怎样超越孤独，超越这人类无时无刻不在内心对抗的东西？他感到孤独、空虚、不满足、不圆满，于是他说世上有上帝，有这个，有那个。他投射了一个外在的替代品。心怎样才能从被它称为孤独的可怕重负中解脱出来呢？你认识到了孤独的感觉让我们如此恐惧吗？下次我们会探究这个问题。

萨能

1971年7月22日

孤独

> 那个隔绝的"我",其本身的结构和本质就是受限的,注定会造成分别,那个"我"难道会有任何热情?显然没有。它会对快乐有热情,这跟我们在谈论的热情是截然不同的。只有结束"我",才会有热情。

克里希那穆提: 如果我们敢检视一番,大部分人都会意识到,我们是极其孤独、隔绝的人类。不管是自觉还是不自觉,我们都一心想逃开这个发现,因为我们不知道藏在它后面的是什么,超越它之后又是什么。受惊的我们借助执着、活动及种种宗教或世俗娱乐逃离它。如果我们观察自己的内心,这一切显而易见。我们的日常活动、态度和思考方式隔绝了我们自己。虽然我们可能跟某个人有亲密的关系,但总是想着自己,这导致了更深的隔绝、更重的孤独,以及对外物更严重的依赖、更强烈的执着,还有随之而来的痛苦。不知你们有没有意识到这一切。

也许因为我们坐在这里,所以开始能觉察到这个名为孤独的东西,以及它所带来的隔绝、依赖和痛苦。我们内心始终有这些东西。如果我们有洞察力,可以看到我们全部的行为都是以自我为中心的。我们没完没了地想着自己:想着自己的健康;想着自己必须冥想、必须改变;我们想要赚更多钱，想要更好的工作和更完善的关系；"我想开悟，我必须在这辈子有所成就"；想着"我"以及我的生活、我的忧虑、我的问题。

一直都这样没完没了地想着自己，我们献身于自己，这是明显的事实。不管我们做脑力劳动还是体力劳动，做社会工作还是关心世界的福祉，对自我的关心驱使着所有的行动。那个"我"总是摆在第一位。在我们的日常生活和关系当中，自我专注大行其道，生生导致了隔绝，这一点又是显而易见的。深入探究的话，我们发现隔绝就是意识到自己完全是一个人，被切断了联系，与任何人任何事都没有关系。你可能置身于人群或跟一个朋友坐在一起，突然，一阵彻底的隔绝感袭过心头，你感到自己跟遇到的每个人都没有关系。不知你们有没有注意到这样的时刻，还是你们从未有过这样的经历。当我们开始意识到孤独，就想方设法逃开，用日常的奋斗或形形色色的娱乐填满自己，或试图冥想，等等。

这一切显然表明，心，不管浅薄还是深刻，浮于表面还是困于技术性知识，如果一直围着它自己打转，就必然脱离所有的关系。关系是生活中最重要的东西，因为你要是跟这个人没有正确的关系，你也别想跟其他任何人有正确的关系。你可以憧憬你会跟另一个人有更好的关系，但那不过是说说而已，是幻觉。如果你领悟到两个人之间的关系就是你跟整个世界的关系，隔绝、孤独就有了截然不同的意义。

那么关系是什么？我们想要搞清楚人类为什么孤独得那

么厉害。没有爱,却想要被爱,他们在现实中、在心理上隔绝了自己,因而变得神经质。大多数人都神经质,不太平衡,被困在某些特质当中。仔细检查的话,似乎这一切都是因为极度缺乏关系。所以,在了解怎样结束这样的孤独和痛苦、怎样结束这样的人类存在之痛和焦虑之前,我们必须首先探究关于"关系"的这个问题——有关系意味着什么?

我们跟另一个人究竟有没有关系?思想断言我们是有关系的,但实际上我们可能没有——即使一个人跟另一个人有亲密的性关系。除非深刻了解关系的真相,否则人类似乎免不了要毁于忧伤、混乱和冲突。他们可能接受种种信仰,或从事社会工作,但那些都没有价值,除非他们能在彼此之间建立起毫无冲突的关系。可能吗?你我之间会有关系吗?也许你能跟我处得非常好,但是我很快就会离开,关系随后就结束了。要是每个人都忙着关心自己,要是每个人都只关心他自己的野心和忧虑、他在世间的地位,以及人类折腾的所有荒唐事,难道两个人之间会有关系?当一个人被困在那张网中,他难道还能跟另一个人拥有任何关系?

请务必听好。男女之间如果一个是天主教徒,另一个是基督教徒;或者一个是印度教徒,另一个是佛教徒,他们之间难道会有任何关系?

那么,关系是什么?在我看来,这是生活中最重要的事情之一,因为生活就是关系。如果没有关系,就根本没有生活可言。生活就会沦为一连串的冲突,到最后不是分居就是离婚,孤独终老,还有恐惧、焦虑、执着,以及这种彻底的隔绝感带来的种种问题。你们肯定清楚这一切。我们观察到关系在生活中是多么重要,而能打破横亘在自己跟他人之间的障碍的人又是多么稀少。要打破这道包含多重含义的障碍——不只是摸得着的有形障碍——你必须深入探究关于行动的问题。

什么是行动?行动不是未来或过去的,而是正在发生的。行动是一个结论引发的结果,并按那个结论进行的?行动建立在某个信仰的基础上,按那个信仰进行?行动建立在某些经验的基础上,并按那些经验或知识进行?如果回答是肯定的,那么这些行动总是陷于过去,我们的关系也总是陷于过去,从来不是当下的。

如果我跟另一个人有关系——显然关系本身就是行动——在经年累月的关系中,我构建了一个意象并按那个意象行动,而对方也按他抱有的意象行动,所以关系并不在我们之间而在两个意象之间。请务必观察你自己的心,观察你在关系中的所作所为,很快你就会搞清楚真相,明白这种说法的准确性。我们的关系是建立在意象之上的,如果只是些意象之间的关系,又怎会有跟另一个人的关系呢?

我关心拥有没有丝毫冲突的关系,在那关系当中,我没有利用或剥削他人,无论是为了性的快乐,还是为了厮守相伴。我非常清楚地看到,冲突会毁灭任何一种关系,所以我必须从问题的核心而不是外围来解决冲突。我只有了解行动,不但了解关系中的行动,而且了解日常生活中的行动,才能结束冲突。我想搞清楚我的所作所为是不是在造成隔绝,隔绝的意思就是在自己周围竖起一堵墙,这堵墙就是我关心自己,关心自己的未来、自己的快乐、自己的健康、自己的上帝、自己的信仰、自己的成功、自己的苦难,懂吗?还是那种关系跟我或自己毫无关系?自己就是中心,所有关心我的快乐、我的满足、我的荣耀的行为必然导致隔绝。哪里有隔绝,哪里就一定有执着和依赖,在那执着和依赖当中,有一种心神不宁,于是就有痛苦,而痛苦在任何关系中都意味着隔绝。我把这一切看得非常清楚,不是嘴上说说,而是真切地看到,那是事实。

多年来,我构建了关于自己和他人的意象。我通过我的行为、我的信仰隔绝了自己。所以我的第一个问题是,我要怎样摆脱这些意象?这些意象涉及我的上帝、我的制约、我必须有名、我必须开悟(两者没什么区别)、我必须成功,以及因此我害怕失败。我有这么多关于自己和你的意象。我要怎样摆脱它们?我能借助分析的过程停止意象的构建吗?显然不行。

那我要怎么办?这是一个问题而我必须结束它,不把它拖到第二天。如果我不在今天结束,那问题就会造成混乱和不安,而脑子需要秩序才能正常、健全地运作,才能不神经质。我必须现在就确立秩序,否则脑子白天会牵挂着,晚上会做梦,第二天早上起来就会昏头昏脑。所以我必须结束这个问题。

我该怎样避免构建意象?显然要通过不创造超级意象。我抱有很多意象,因为摆脱不了它们,很不幸,心就发明了一个超级意象,更高的自我,那个阿特曼;或引进某个外在的替代品，比如精神导师，所以必须结束我创造的全部意象而不另造更高级、更高贵的意象。我看到只要我有一个意象，任何关系都没有可能，因为意象造成隔绝，有隔绝就必然有冲突，不仅有民族间的冲突，还有人与人之间的冲突，这很容易理解。我要怎样摆脱我所积聚的所有意象呢？摆脱的话心就彻底自由、新鲜、年轻了，它就能重新观察生命的整个运动。

首先，我绝不能靠分析来搞清楚意象是怎样形成的。也就是说，我必须学会观察。观察建立在分析之上吗？我观察，我看——这是分析、练习、时间的结果吗？还是时间之外的行动？人类一直想方设法超越时间，用尽各种花招，但它们都不管用。他怀疑自己也许摆脱不了这数不清的意象，就创造了一个超级意象并成了那个意象的奴隶，因此他不自由。不管那超级意象是灵魂，是更高的自我，还是其他任何东西，仍然不是自由——它是另一个意象。因此我对结束所有的意象极感兴趣，因为只有那时才可能跟他人拥有关系，关键是搞清楚到底可不可以立即结束所有意象，而不是一个接一个地结束，那很明显不会有任何结果。

所以我必须搞清楚我能否打破头脑构建意象的机制，同时探究什么是觉察。因为那或许能解决我的问题，即结束所有的意象。那会带来自由，有自由，才可能有真正的关系，其中任何形式的冲突都已结束。

这觉察是什么意思？它意味着关注，其中没有任何选择。我不能选择一个意象替代另一个，那样的话，意象就会没完没了。所以我必须搞清楚觉察是怎样的，在其中没有丝毫选择，而只有纯粹的观察、纯粹的看。

那么，怎样是看？我怎样看一棵树、一座高山，怎样看连绵的群山、月亮、流水？不但眼睛在观察，心对树、对云以及河流还抱有意象。那条河有一个名字，它发出的声音很动听或不动听。我总是从喜欢不喜欢的角度、从比较的角度观察、觉察。可以没有任何选择、任何抗拒、任何执着、任何喃喃自语地观察、聆听那条河吗？我们在谈论的时候就请这样做，这就是你的晨练！

我能抛开过去的一切聆听那条河吗？我能观察这形形色色的意象而不作任何选择吗？这意味着不谴责它们中的任何一个，或不执着于它们，就只是观察而没有任何偏好。你做不到，不是吗？为什么做不到？是因为心已经习惯了成见与偏好吗？是因为懒惰，没有足够的能量吗？还是因为你的心不是真的想摆脱意象，而是想抓住某个意象？那么这意味着头脑拒绝看到真相，即所有的存在都是关系，如果在关系当中有冲突，生活就沦为了痛苦和孤独，困惑就接踵而至了。心看到真相了吗，不是口头上看到，它看到只要有冲突就没有关系了吗？

我们要怎样摆脱我们抱有的意象呢？首先，我必须搞清楚这些意象是怎么形成的，是什么机制创造了它们。你可以在现实关系互动的时刻看到意象的形成，即在你说话的时候、吵架的时候、出现伤害和暴行的时候,如果那一刻你没有全身心关注,构建意象的机制就开工了。换句话说,如果心没有在行动的那一刻全身心关注,构建意象的机制就会开动起来。如果你跟我讲些我不爱听的或我爱听的,如果那一刻我没有全身心关注,那个机制就开动了。如果我在关注,在觉察,就不会有意象的构建。如果心在现实的那一刻是完全清醒的,没有分心,没有害怕,没有在抵触别人说的话,那就不可能构建意象。试一下,在白天的时候做做看。

那么我发现了怎样防止意象的构建,但我已积聚了全部意象,怎么办呢?理解这个问题吗?看来这并不是你的问题,因为如果它是你生活中真实、强烈、重大的问题,你就会自己解决问题,而不是坐在这里等着我为你寻找答案。那么,你对所积累的全部意象怎么办呢?你知道你有很多意象隐藏在头脑的橱柜里吗?你能把它们一点一点解决完吗,还是那些意象会没完没了?当你在消灭一个意象时,就已经在制造别的意象了,所以一个接一个地摆脱意象是没有尽头的。从而,你发现了一个真相,就是你不能一个一个地摆脱意象。因此,真的看到其中真相的心,如果它自己在制造意象,它就知道得清清楚楚。在那样的关注中,所有其他的意象都消失了。不知道你们明不明白。

心不关注时,意象就形成了,我们大部分人的头脑都漫不经心。我们偶尔加以关注,但其余时间都漫不经心。如果你留心觉察一个意象,你也就是在留心觉察构建意象的整个机制,觉察它是怎样运作的,那么在那关注当中,整个意象的构建就结束了,不管它们是关于过去、关于现在还是关于未来的意象。重要的是关注的状态,而不是你有多少意象。一定要去做,要尝试并领会,因为这是最重要的事。如果能真正领会这一点,你就彻底明白了心的整个机制。

很不幸,我们大部分人没有能力解决我们的问题。我们不知怎样处理它们,就只好背负它们生活,这些问题成了我们的习惯,就像牢不可破的铠甲。如果你负有尚未解决的问题,你就没有能量,你的能量被问题消耗了。如果你没有能量,这同样会变成习惯。所以如果你确实认真,如果你真的想过没有任何冲突地生活,那就必须搞清楚怎样立即结束人类的问题,马上就结束。这意味着你要对问题投入全身心的关注,并且意味着你不是在寻找答案。因为如果你想找答案,就会在问题之外找,然而你要是全身心关注问题,答案就在问题之中,而不在问题之外。

我来换个说法。我们都知道痛苦有两种,肉体上的和心理上的——内在的。我们可以用各种药方处理肉体的疼痛,也可以不让自己留下那疼痛的记忆。如果你觉察疼痛,就在那觉察的过程中,你看到了过去的记忆,疼痛于是就消失了。因此,你就有能量面对下一次疼痛,如果它再来的话。我们都经受过各种心理上的痛苦,有的非常强烈,有的相对轻微——我们全都经受过这样那样的痛苦。我们受苦时,都本能地想借助宗教、娱乐、阅读逃开,想方设法逃避痛苦。

如果头脑留心关注并且完全不逃避痛苦,你就会看到,由于那全然的关注,不但能量产生了——能量即热情——而且痛苦也结束了。同样,如果没有对任何意象的偏好,所有的意象就可以立即结束,这非常重要。如果你没有偏好,就不会有偏见。那时你就在留心关注,你就有看的能力。在那观察的过程中,你不但看到了意象的构建,也结束了所有的意象。

那么,我明白了关系的重要性,明白了没有任何冲突的关系是可能存在的,那意味着爱。爱不是意象,不是快乐,不是欲望,爱不是可以培养的东西,爱不依赖记忆。我可以没有任何形式的自我中心过着平常的日子吗?因为自我中心就是我的主要意象。我可以抛开那个主要意象生活吗?那样的话,行动就不会导致孤独、隔绝和痛苦了。

提问者: 我们检视内心的时候,似乎涌动着了解的热情,强烈而不含动机,但只要稍微诚实一点儿,就会发现那种感觉实际上就是想经验真相的渴望。自我,即我们知道的全部,它会有不含动机的热情吗?它能明白这两种感觉之间的本质区别吗?

克: 首先,自我,那个"我"是什么?显然,那个"我"就是教育、冲突、文化的结果,就是我们跟整个世界的关系的结果,就是我们受了五千年宣教的结果。就是那个"我"在执着家具、妻子或丈夫等;就是那个"我"在说"我想要快乐,我必须成功,我成功了";就是那个"我"在说我是基督教徒、共产主义者或印度教徒。有那么多可怕的分别——"我"就是那一切,不是吗?

那个隔绝的"我",其本身的结构和本质就是受限的,注定会造成分别,那个"我"难道会有任何热情?显然没有。它会对快乐有热情,这跟我们在谈论的热情是截然不同的。只有结束"我",才会有热情。心只有从一切偏见、意见、判断以及制约中解脱,才会有热情、能量和强度,因为它能看到"实然"了。你同意,你说"是的"。那只是嘴上说说,还是真的认识到了其中的真相从而自由了?

问: 我们抱有的这些意象浪费了我们的能量?

克: 这显而易见,不是吗?如果我对自己抱有意象并且跟你的意象相反,那就一定会有冲突,因此一定会浪费能量,不是这样吗?

问: 一个没有问题的人难道会跟某个充满问题的人有关系?(听众笑)

克: 嗯,你已做了回答,不是吗?如果你真的没有问题了,不只是在你的想象当中,而是真的没有了人类会有的所有问题,比如悲伤、恐惧、死亡、爱和快乐,如果我有问题的话,我会跟你有关系吗?显然我不会跟你有关系。请听好:你没有问题而我有问题,那我会怎么做?我不是回避你,躲开你,就是开始崇拜你。我把你奉若神明:"你真了不起啊,你没有问题了。"我开始倾听你说的每句话，指望你能解决我的问题。这就表示我要用我的问题毁掉你。一开始我把你推开，现在我接受你，崇拜你，这表示我要用我的问题消灭你。

问：我们有任何希望吗？（听众笑）

克：全看你自己了！如果你确实认真，如果你由衷地想要彻底解决问题，那你就会有热情和精力去解决它们，但如果你今天有兴趣，第二天又忘在脑后，那是没有用的。

问：要防止别人吸毒我们能怎么办？

克：你吸毒吗？

问：我不沾毒品，但我喝咖啡和酒。那不是一样吗？

克：我们喝咖啡，饮酒，抽烟，有些人则吸毒。为什么你们服用那些东西？咖啡和茶是刺激物，不是吗？我自己是不喝的，但我了解它们。生理上，你可能需要某种刺激，有些人需要的。喝酒抽烟跟吸毒一样吗？继续，你回答一下。

问：一样。

克：你说喝酒跟吸毒一样。

（大家不同意）

克：请不要各执一词。一个说"不一样"，另一个说"一样"。我们说到哪儿了？我只是问你究竟为什么要服用那些东西。你需要刺激吗？你需要某些东西提神、助兴？请回答这个问题。你需要不断的刺激和娱乐吗？你一定要喝茶、饮酒、吸毒，做诸如此类的事？为什么你需要它们？

问： 为了逃避。

克： 为了逃避，为了找一条轻松的出路。你喝下一杯酒，就会快乐起来，快得很！

问： 是的。

克： 所以你需要各种刺激物。你现在正在被讲者刺激吗？

问： 是的。(听众笑)

克： 请注意一下。你们说"不"而这位先生说"是"。请探究一下。此刻你们正在被刺激吗？如果是，那么讲者就跟毒品一样。你们依赖讲者就像依赖茶、酒精或毒品以及随便什么。我问你为什么依赖，我不问是对是错，你应该还是不应该。你为什么依赖任何一种刺激物？

问： 我们可以看看它对我们有什么作用，但没必要依赖它。

克： 但你确实依赖它！一旦刺激作用退去，你就需要更多的刺激，这就表示你已经产生了依赖。我可能某个早上服用了LSD，感觉好极了，等感觉退潮后，我就需要更多，第三天我就对它产生了依赖。我现在问人类的头脑为什么依赖——为什么它依赖性，依赖毒品，依赖酒精，依赖任何外部的刺激？这是心理上的依赖，不是吗？因为我们吃得不正确，生活得不正确，因为我们过度耽溺，等等，所以对茶和咖啡有了生理上的需要。但心理上我们为什么需要刺激呢？是因为我们内心实在太匮乏了吗？是因为我们没有脑力、没有能力脱胎换骨，所以就依赖起了刺激物?

问： 酒精不是跟毒品一样会毁掉脑子吗？

克： 酒精可能会慢一点儿，需要几年工夫，但毒品是非常危险的，因为它们会影响到下一代，影响到你的孩子们。所以你要是说"我不管我的孙子会怎样，我就是要吸毒"，那讨论就可以结束了。不过我问的是：如果你依赖任何东西，随便依赖什么，不管是茶、咖啡、性、毒品，还是民族主义，你的头脑会怎样？

问： 我就失去了自由。

克： 你嘴上这么说，但并没有照此生活。你有吗？如果你依赖任何东西，就会毁掉自由，不是吗？你沦为了奴隶，比如，酒精的奴隶：你必须喝点儿酒，干马蒂尼什么的。所以你的头脑由于依赖慢慢就开始迟钝起来。印度在很久以前就认定，任何真正修道的人永远不会碰这类东西。但你不在乎，你说"我需要刺激"。

我碰到过一个服用LSD的人，他说如果他服用LSD后去博物馆，他看到的所有颜色变得更加鲜亮，一切都凸显得更加生动、更加锐利，有着巨大的美。他或许能看到更加耀眼的日落余晖，但他的头脑正逐渐受损，一两年后他就沦为废物。如果你认为这样值得，那你自己看着办，但如果你认为不值得，那就一点儿也别沾。

萨能

1971年7月25日

思想和不可衡量的境界

> 在不断学习的心是没有恐惧的，也许只有那样的头脑才能探究那不可衡量的境界。

克里希那穆提：我们有些人感到世界实在太乱了，如果由一个疯子来组织这个世界，也不会比目前的状况更糟糕。很多人感到必须有环境上、经济上以及政治上的变革，来阻止战争、空气污染并结束贫富两极间的资源不平等问题。很多人认为必须先改变这些问题，他们认为如果有了外围环境的转变，人类就能更理性、更明智地处理自身的问题。

我认为问题更复杂，更深入，仅仅在外部做些改变是不会有什么效果的。阅尽了世事，目睹了年轻人放纵的社会，目睹了老一辈极度的虚伪，一个受过教育的成熟的头脑就会充分认识到，问题是巨大的，需要完全不同的处理方式。

我们也观察到，大多数人相信人类所有的探索都能靠思想来达成，不管是外在的登陆月球，还是内在的转变头脑和心灵。我们极其重视思想的作用。思想，不管它是符合逻辑的、客观的，还是不合理的、神经质的，长久以来一直扮演着极其重要的角色。思想就是衡量，在实现社会秩序和变革方面，思想已经暴露了极大的局限性。它显然没有成功，表面上可能有些效果，但根本上是失败的。思想的整个机制要为世界的现状负责，这是不可否认的。我们以为思想不但可以改变外部事件和现象,比如污染、暴力之类的事情,用得细致巧妙的话还可以转变人类的制约、行为方式和生活模式。

有条理的思想显然是必要的,显然我们需要客观、理性地应用有条理的思想改变受污染的环境并战胜贫穷。我们所处的整个技术世界就建立在思想及其衡量之上,思想只能在有空间的情况下运作。思想像时间一样会营造它自己的空间——从这里到那里的距离。整个现代世界就建立在那个基础上。

衡量及其运作的空间,就是思考的本质,它显然是受限的,因为思想是有条件制约的。思想就是记忆的反应,记忆即过去。受到挑战时,思想的反应就是过去。显然思想没有结束战争,相反,思想导致了战争,滋生了分歧——宗教分歧、经济分歧、社会分歧等。思想本质上也是分裂的原因。

于是我们问:思想,即知识的反应,它的作用是什么?知识总是植根于过去,而思想据此投射未来,这确实改进了当下的行为。那么,思想会用它的知识投射未来,设想世界应该怎样,但显然这个"应该的样子"从未成真。所有的哲学家、所有所谓宗教导师,都设想过一个建立在过去知识之上的未来世界,他们设想了未来世界的目标,或某些只是对过去做出反应的东西,所以思想从来没有将人类团结起来过。事实上,思想分化了人类,因为它只能在知识的领域运作,而知识是可衡量的。所以思想永远无法让人与人之间产生真正的关系。

因此我问：知识，即已知，即过去，它的作用是什么？对那过去的反应，即思想，它在日常生活中的作用是什么？你问过自己吗？我们靠思想生活、行动，我们所有的算计、所有的关系、所有的行为，都建立在思想之上，建立在知识之上。那知识大致上是可衡量的，并且总是局限于已知的领域。所以你我能认识到知识的重要，同时看到它的局限并超越它吗？这就是我想搞清楚的问题。

我看到，如果你总是在知识的领域打转，你将永远是囚徒，你将永远被局限在或宽阔或狭窄的、可衡量的界限中，因此头脑就会被禁锢在知识的框框内。我问自己，知识，即几天或几百年累积下来的经验，是否能解放人类，好让他能完整地、焕然一新地运作，好让他不致永远活在过去即知识之中。很多认真的人用不同形式问过这个问题，特别在宗教界，那些曾跟我交谈的学者、权威以及古鲁总是问人类是否能超越时间。落入知识领域的行动是可衡量的，所以除非人类能从那个领域中解脱，否则他将永远是奴隶。他可能在那个领域有不少作为，但他将永远生活在有限的事物中，即生活在时间、衡量和知识当中。

请你问自己这个问题：人类必然会永远受制于过去吗？如果是这样，人类就永无自由之日了，他将永远受到制约。他可能会设想关于自由、天堂的观念，或通过设想信仰、概念，逃避时间的现实，或逃入幻觉当中，但幻觉终究是幻觉。

所以，我想搞清楚人类是否能从时间中解脱，却仍然正常地活在这个世界上。显然存在按年月顺序流动的时间——今天、明天、明年等。如果没有这个意义上的时间，我就会错过火车，所以我认识到要正常生活必须有时间，但那个时间总是可衡量的。时间的行动，即知识，是绝对必要的。但如果那就是我生活和运作的唯一方式，我就被束缚死了，我就是一个奴隶。我的心观察、检视、探究，想搞清楚它是否能从时间的枷锁中解脱出来。心厌恶沦为时间的奴隶，厌恶困在这个陷阱中，它厌恶生活在奠基于思想、时间和知识的文化当中。

现在，心想搞清楚是否能超越时间。心能进入那不可衡量的境界吗？心有自己的空间，它能摆脱时间生活在那个世界，却又借助时间、知识以及思想造就的一切技术成就正常运作吗？这个问题非常重要。

心能探究那不可衡量的境界的本质吗？虽然我们已知道思想的任何投射、任何形式的幻想，仍然局限在时间即知识的领域之内。心必须从任何可能造成幻想的活动中完全解脱出来。我们很容易想象自己进入了无始无终的世界，很容易有各种各样的幻觉，以为自己抓住了上帝的右手。是什么造成了心的分裂和神经质？那会滋生欺骗和幻觉。什么造成了这样的状态，什么导致了幻觉？

我们必须非常仔细地探究这个问题。首先，你必须注意，在任何情况下都绝不欺骗自己，绝不做伪君子，绝不有双重标准——私下的标准和公开的标准，绝不说一套做一套、想一套说一套。那需要了不起的诚实，这就意味着我必须搞清楚是头脑中的什么因素导致了这样的欺骗和虚伪、这样的花言巧语、种种幻觉和神经质的扭曲。除非头脑没有任何扭曲，否则绝不能探究那不可衡量的境界。

你认为是什么导致了幻觉——自以为伟大，自以为已获知真相、已大彻大悟的幻觉？我们必须不靠分析自己看清楚扭曲出现在哪里。扭曲就是虚伪，就是在根本不该想象的地方想象。如果你在画画、写诗或著书，想象可能是恰当的，但如果用想象衡量真相，说"那是存在的"，你就掉进了陷阱。所以我必须搞清楚导致幻觉和扭曲的因素并彻底摆脱它。

不知道你有没有问过自己，心是否能彻底摆脱导致扭曲的因素，它影响了我们所有的行动。导致扭曲的因素就是思想，正如思想滋养了快乐，思想也滋养了恐惧。思想说："我必须进入那无始无终的境界，因为它承诺了自由。"它想实现，想获得，想要更伟大的经验。思想，即知识，如果运作得合理、客观、理性，并不是导致扭曲的因素。导致扭曲的主要因素是恐惧以及借助满足获得快乐的需求，所以心必须完全从恐惧中解脱。它能吗？不要说"能"或"不能"，你并不知道。我们来探究一下——千万要明白当中的重要意义。导致扭曲的因素是恐惧，是对快乐、满足、享受的需求——不是快乐本身，而是对快乐的需求。我们的整个道德和宗教结构就建立在这个基础上。所以我问自己，人类的心是否能彻底从恐惧中解脱。如果它不能从恐惧中解脱，就会出现扭曲。

有身体上的恐惧、对黑暗的恐惧、对未知的恐惧、对失去我们所拥有的东西的恐惧、对死亡及不被人爱的恐惧、对无法成功及无法满足的恐惧、对孤独以及没有真正的关系的恐惧——细微的身体上的恐惧和更复杂微妙的心理恐惧。心能从所有的恐惧中解脱吗，不只是在意识层面，而且在更深的心理层面？心必须毫不留情地搞清楚问题，否则我们就会陷入充满幻觉和扭曲的世界。

我们都知道得病时身体的痛苦。那些痛苦会留下记忆，那记忆即思想就会说：你绝不能再经历那样的痛苦了，千万小心！思想，想到过去的痛苦，就投射了未来的痛苦，因此就害怕未来。那么，当身体出现痛苦时，就与它共处，然后结束它，不要拖延。如果你没有立即结束痛苦，恐惧就会乘虚而入。就是说，我曾有巨大的痛苦并且我明白没有恐惧的重要性。必须没有恐惧，那就是我最重要、最强烈的需求。当痛苦来临时，你既不认同痛苦，也不拖延它，而是彻底体验它，然后结束它。要结束那痛苦，你必须跟它共处，而不是嚷着"我怎样才能尽快摆脱它"。当你痛苦时，你能与痛苦共处而不自怜、不抱怨吗？你采取任何必要的措施结束痛苦，但当它消失，一切就结束了。你不会像记忆一样把它延续下去。是思想延续了痛苦，痛苦已经过去，但思想，即记忆的反应，建立起那个记忆并且说："你绝不能再经历那样的痛苦。"所以，当你经受痛苦时，可以不构建痛苦的记忆吗？知道这是什么意思吗？那意味着彻底觉察你痛苦的时刻，全身心关注痛苦，那样的话，痛苦就不会像记忆一样延续下来。去做吧，如果你感兴趣的话。

接下来还有复杂得多的心理恐惧，这种复杂性又是思想造成的。"我想成为伟人可我不是"，于是就有无法达成的痛苦。或者我拿自己跟我认为胜我一筹的人比，我感到低人一等并深感痛苦；或者我怕死，我怕我拥有的一切都烟消云散。这一切都是思想的衡量，思想具有心理上的所有复杂性。思想总是想确定，总是怕不确定，总是想成功，虽然知道有失败的可能。思想的行动跟思想本身之间有一场搏斗。那么，恐惧能彻底结束吗？

此时此刻，你们坐在这里听讲，并没有害怕的感觉，没有恐惧是因为你正在倾听。你无法唤起恐惧，能被唤起的恐惧是不真实的。但你可以看到当你产生执着或依赖时，它们的根基就是恐惧。你可以看到你对妻子、丈夫、书本或其他任何东西的执着和心理依赖。如果你留心，就会发现那种执着的根源就是恐惧。无法独处，你就想要别人的陪伴；感到不满足、空虚，你就依赖别人。你从中看到了恐惧的整个结构。你依赖而执着，你能看到当中涉及恐惧吗？你能在心理上不依赖任何人吗？现在考验来了。我们会玩弄词汇，玩弄观念，可一旦面临现实，我们就退缩了。如果你退缩，不面对事实，你就是不想了解幻觉，你宁可活在幻觉中也不愿超越它。别做伪君子——你喜欢活在幻觉中，活在欺骗中，那就面对这个事实吧。你感到恐惧，那就跟它共处，不要跟它斗。你越是跟它斗，恐惧就越厉害。但如果你了解恐惧的整个本质，那么，在你观察时，你不仅会觉察到表层的、意识层面的恐惧，还能深入到内心的隐蔽处。此时恐惧就彻底结束了，导致扭曲的因素也结束了。

如果你追求或需求快乐，那也会导致扭曲："我不喜欢这个古鲁，但我喜欢那个；我的古鲁比你的古鲁高明；我会走遍天涯海角寻找真理"——但真理就在你身边，就在这里！如果有对快乐的需求，不管什么形式，一定会导致扭曲。享受没有错，不是吗？享受天空、明月、行云、群山、阴影，那是很美的事——大地上遍布动人的事物。心、思想却说："我一定要更多更多，我明天一定要重温这样的快乐。"对酒精和毒品的整个习惯就建立在这个需求之上，那又是思想的行为。你看到晚霞中的群山、雪峰以及幽暗山谷中的阴影，你极度享受其中的美和动人之处。接着思想说话了："我明天一定要再看到这些，真的太美了。"由于对快乐的需求，所以思想追求那日薄西山之美并珍藏了那个记忆。下一次你见到日落时，那个记忆就被强化。心可以观赏日落，在那一刻与它彻底共处，然后就不再惦念它——第二天又焕然一新地开始吗？那样的话，心就永远不受已知的影响。

有一种自由是不可衡量的，你决不能说"我自由了"。明白吗？那么说挺让人讨厌的。你唯一能做的就是探究思想的运作，自己去查明有没有不可衡量的行动，它不在已知的领域内。不断学习的心是没有恐惧的，也许只有那样的心才能探究那不可衡量的境界。

提问者： 人可以观察而没有任何评价、任何判断、任何偏见吗？有丝毫可能吗？还是那是心的另一个把戏、另一个骗局？你看到一座山，并认出那是山而不是大象。这样的区分，其中一定有判断和评价吧？

克： 你看到那座山，认出了它。只有确立了关于山的记忆才可能认出来，显然如此，否则你认不出来。

问： 我记得我小时候来瑞士，第一次看到山的时候，并没有任何记忆。山非常美。

克： 没错，先生，你第一次看到的时候，你不会说"这是山"。后来有人告诉你那是山，下次你再看到时就认出了它。你观察的时候，有一个完整的识别过程。你不会把山跟房子、大象混淆起来，它就是山。那么困难来了：无言地观察。不要在头脑里喋喋不休，"那是山，我喜欢，我不喜欢，我希望能住在那里"，等等。只是观察山是相当容易的，因为它们不会影响你的生活。但你的丈夫、妻子、邻居、儿子或女儿，他们就会影响你了；因此，你没法观察他们而不作评价、不抱意象。这就是问题所在——你可以看一座山、看你的妻子或丈夫而不抱丝毫意象吗？看看会怎样！如果你能观察而不抱意象，那就是看着他们犹如初见，不是吗？你看着地球、星辰、山峰、警察，犹如初见。那意味着你的眼睛清澈无染,没有因为往昔记忆的重负而变得黯淡。就是这样。去探究它。去做吧。你会从中发现惊人的美。

问: 如果你那样看一个工厂,没有意识到它对环境造成的影响,你就不会行动。

克: 正好相反,你看到它正在污染空气,正在喷吐烟雾,所以你就想有所行动。别混淆起来,简单一点。去做吧,你会看到从中产生了怎样的行动。

问: 视觉能完整地看到事物吗,是逐渐看到还是立即就看到了?

克: 我能完整地观察到全部的自己吗——所有的反应、恐惧、享受和对快乐的追求,如此等等——我能一眼就看到吗?还是需要逐步观察?你认为呢?我可以那样看吗?一点一点观察,今天看一部分,第二天看另一部分。今天我看自己的一个片段,明天看另一个片段,第一个片段和第二个片段之间有什么关系?在观察第一个片段和第二个片段的间隙,其他因素就进来了。所以这种零星的检查,一点一点地观察,会让事情变得非常复杂,事实上这毫无意义。那么我的问题就是:我能立即观察到全部吗?

我受到了制约,我是基督徒、共产主义者、印度教徒。我看自己、看世界都是不完整的，我就是在这残缺不全地看世界的文化中长大的。受这种文化制约，我根本无法完整地看。那么我关心的重点就是，怎样不受这样的文化和教育的影响，而不是我能不能完整地看。把心从分裂中解脱出来，不做天主教徒也不做新教徒——把那一切全部清除！如果我看到了其中的真相，就能立即清除那一切。如果我喜欢做印度教徒，就看不到其中的真相，因为做印度教徒给了我一定的地位。我缠着头巾，影响一大群傻乎乎的人。我在过去中汲取快乐，因为传统说"我们是最古老的民族之一"，那使我感到无上的快乐。但我只有看到那一切的虚假才能看到真相。真相就在虚假之中。

问： 你在用语言描述心不可言说的境界。这难道不矛盾吗？

克： 描述永远不是被描述的事物。我可以描述那座山，但描述不是山本身，如果你困在描述当中，就如大多数人，那你就永远看不到那座山，而实际上它们并没有矛盾。请细细听好。我没有描述那不可衡量的境界，我说的是：你无法探究那个境界——不管它是什么——除非心了解思想的整个过程。所以我描述的只是，思想在涉及时间和知识的行动中是怎样运作的，要描述另一个是不可能的。

萨能

1971年7月27日

意志的行动和彻底转变所需的能量

> 要面对未知的东西,必须有最高形式的能量,有了那全然的能量,还会恐惧死亡吗?恐惧还会继续吗?只有当我抗拒、选择、运用意志时,才会害怕不存在,害怕活不了。

克里希那穆提: 我们需要大量的能量、精力、兴趣彻底改变我们的内心。如果对外部现象感兴趣,我们就必须看看在改变自己的过程当中能对身外的世界做些什么,我们也必须了解怎样保存并增长能量。我们没完没了地消耗能量,废话连篇,对什么事都有数不清的意见,生活在概念和公式的世界里,内心还冲突个不停。我认为这一切都会浪费能量,但这些现象背后存在着导致能量浪费的更深层原因。这些能量非常重要,不但改变一点儿内心需要能量,越过我们自己的思想界限作深入的探索也需要能量。

古人说,控制性欲,严格约束感官,立下誓言,那你就不会浪费能量了——你必须把能量专注在上帝或随便什么东西上面。所有类似的清规戒律也都是浪费能量,因为发誓就是一种抗拒。不但外部的表层变化需要能量,内在的深度转变或革命也需要能量。你必须有非凡的能量感,它没有原因、没有动机,它能彻底安静,并且这种安静具有爆发性的品质。我们会探究这一切。

我们看到人类是怎样在吵架、嫉妒、极度焦虑、无休止地追求快乐，以及对快乐的需求当中浪费了他们的能量，那显然都是浪费能量。对什么事——别人该怎样行为举止，该做些什么等——都有数不清的意见和信仰，那不也是浪费能量吗？抱有公式和概念不也是浪费能量吗？这个文化鼓励我们抱持概念，我们就是按照概念生活的。你抱持着你该怎样、什么该怎样的意象——思想不接受实然，并形成了"该怎样"的思考模式，从这个意义上说，你不是满脑子公式和概念吗？这样的努力全都是浪费能量。希望我们能从那一点开始探讨。

能量浪费的背后有什么根本原因？除了我们摄取的浪费能量的文化模式，还有一个更深层的问题：不作任何抗拒，我们还可以正常运作、正常过日子吗？抗拒就是意志。我知道你们所有人从小就学会了运用意志与控制，也就是"你必须，你绝不能，你应该，你不应该"。意志跟事实无关。意志就是对自我、"我"的维护，跟"实然"无关；意志就是欲望，欲望的体现就是意志。我们都或深或浅运用这种欲望的抗拒作为意志，而意志跟"事实"无关，它取决于"我"的欲望、自我的欲望。

知道了什么是意志，我就要问：意志就是一种抗拒，一种分裂。那么可以生活在这个世界上却完全不运用意志吗？"我决心"跟"我决心不"对立，"我必须"跟"我绝不能"对立。所以意志就是在行动当中筑起一道墙，反对一切其他的行动。我们只知道遵循一个公式、一个概念或接近一个理想，按照那个理想、那个模式行动。那就是我们的所谓行动,其中存在着冲突。我们模仿"应该怎样",即设计一个理想并照此行动,因此行动跟理想之间存在冲突,因为在那当中永远有接近、模仿和遵从。我觉得那完全是浪费能量,我会说明为什么的。

我希望我们在留意自己的行为、自己的心,看看我们在行动中是怎样运用意志的。再说一遍,意志跟事实无关,跟"实然"无关,它取决于自我,取决于它想要的东西——不是取决于"实然",而是取决于它想要的东西。那个想要的东西则取决于条件、环境和文化等,它跟事实是脱离的。因此就有对"实然"的矛盾和抗拒,那就是浪费能量。

行动意味着现在正在做,不是明天做,不是已经做了。行动是当下的。行动可以抛开观念、公式、概念吗?这样其中就没有了抗拒即意志的行动。有意志就有矛盾、抗拒和努力,那就是浪费能量。所以我想搞清楚有没有不运用任何意志的行动,一种没有"我"在抗拒的行动。

你看,我们是当前文化的奴隶,我们就是那个文化。如果想要有一种不同的行动、不同的生活,并因而要有一种完全不同的文化——不是相反的文化,而是完全不同的东西——你就必须了解关于意志的整个问题。意志属于旧文化,其中涉及野心和欲望,涉及"我"所有的坚持和进取。如果要有一种截然不同的生活方式,你就必须了解核心问题,即会有不遵循公式、概念、理想或信仰的行动吗?知识即过去,是受制约的东西,建立在知识之上的行动并不是行动。

身受制约并依赖过去，必然会导致不和谐，因而造成冲突。所以我想搞清楚有没有完全不含意志并且不产生选择的行动。

我们那天说过，有困惑的地方就一定有选择。把事情看得非常清楚的人（既不神经质也不固执）是不作选择的。所以选择、意志、抗拒——行动当中的"我"——都是浪费能量。存在跟这一切都没有关系的行动吗？就是说，心生活在这个世界，在知识的领域正常运作，却又突破知识的局限自由行动？讲者认为，没有抗拒、没有过去的干预、没有"我"的反应的行动是存在的。那样的行动是即刻发生的，因为它不在时间的领域——时间即昨天，即在今天发挥作用的所有知识和经验，未来因此会被过去确立。存在即刻发生的行动，它是完整的，其中完全没有意志的运作。要搞清楚这些，心必须学习怎样观察，怎样看。如果心按你应该怎样或我应该怎样的公式看，行动就跟过去有关。

那么我要问：存在不含动机的行动吗？存在就在当下并且不会带来矛盾、焦虑和冲突的行动吗？我说过，相信意志、运用意志的文化所训练出来的心，显然无法像我们所说的那样行动，因为它受到了制约。所以，心——你的心——能看到这种制约并摆脱它的影响，从而以不同的方式行动吗？如果我的心受到了教育的训练，习惯运用意志，那它就绝对不会明白不运用意志是怎么回事。因此我关心的不是搞清楚怎样不运用意志行动，而是搞清楚我的心是否能不受意志的制约的影响。这就是我关心的，当我检视内心，我看到我所做的一切都有秘密的动机，都是某些焦虑、某些恐惧、需求快乐等的结果。那么心能立即解放自己，从而用不同的方式行动吗？

所以心必须学会怎样看。对我来说，那就是核心问题。这颗心，即时间的产物，各种文化、经验和知识的产物，它能用未受制约的双眼看吗？也就是说，它能不受其制约的影响立即运转吗？我必须学会检视我的制约而没有丝毫改变、转化和超越的欲望。我必须能如实地看。如果我想改变它，又会引起意志的行动。如果我想逃开它，又会有抗拒。如果我保留一部分，舍弃另一部分，那又意味着选择。我们指出过，选择就是困惑。所以，这颗心能不抗拒、不选择地看吗？我能看山看树，看我的邻居、我的家庭，看警察、牧师而不抱任何意象吗？意象就是过去。所以心必须能看。当我看内心的"实然"和世界的"实然"而不抗拒，从那观察当中就会有即刻的行动，它不是意志的结果。明白吗？

我想搞清楚怎样在这个世界上生活、行动，而不是遁入寺院，也不是逃到某些古鲁宣称的某种涅槃当中，他们承诺"如果你这么做，就会得到那个"——全是些胡说八道。把那放到一边，我想搞清楚怎样活在这个世界上而不作丝毫抗拒，不运用任何意志。我也想搞清楚，爱是什么。我的心受了制约，一味想要快乐，想要回报，想要满足，因此想要抗拒，现在它明白了那一切都不是爱。那什么是爱呢？你知道，要找出真相，你必须否定，把不是的东西全部放到一边。通过否定达到肯定，不要追求肯定，而要通过了解不是的东西达到肯定。也就是说，如果我想搞清楚什么是真的，在不知道什么是真的情况下，我就必须能看出什么是假的。如果我没有能力辨明什么是假的，就看不出什么是真的。所以我必须搞清楚什么是假的。

什么是假的？思想拼凑而成的一切——心理上的而不是技术上的——都是假的。也就是说，思想拼凑了那个"我"，那个携带着记忆、好斗、孤立、野心、竞争、模仿、恐惧和过去的记忆的自我，这一切都是思想拼凑而成的。思想还在机械领域构造了最了不起的东西。所以思想，那个"我"，本质上毫无真实性，是假的东西。如果心明白了什么是假的，真的就在了。同样地，如果心真的深入探究什么是爱，而不说"爱是这个，爱是那个"，而是探究，那它就一定能看出什么不是爱并彻底舍弃，不这样的话你是找不到真东西的。我们能做到吗？比如，看到"野心不是爱"。野心勃勃，想要达成，想要变得有力量，好斗、好竞争、好模仿，这样的心决不懂得什么是爱——我们看到了这一点，不是吗？

心能看到其中的虚假吗？能看到野心勃勃的心绝不能爱，并因为它是假的就立即舍弃吗？只有你彻底否定了假的，真的才会出现。那么我们能非常清楚地看到，不管是在世俗世界，还是在追求开悟的所谓精神世界，一颗追求收益或成就的心没有爱的能力吗？想要找到、达成的欲望就是野心。所以心能看到这些虚假并立即彻底舍弃吗？否则你搞不清"实然"，也永远搞不清什么是爱。爱不是嫉妒，对吧？爱不是占有，不是依赖。你们看到了吗？不要拖延到第二天，立即舍弃吧。立即舍弃并不取决于意志。那要看你是不是真的看到了其中的虚假。当你舍弃了假的，舍弃了不是真的，真的就在了。

接下来就开始有点儿难了。爱是快乐吗？爱是满足吗？如果你真的想心里有爱，就必须非常深入地探究这个问题。我们问：爱是快乐，是满足吗？我们说过对快乐的需求是思想造成的，思想跟欲望和意志一样追求快乐，它跟实然是脱离的。我们把爱跟性联系在一起，因为在性当中有快乐，我们把性看得很不得了。性成了生活中最重要的事。我们想从中寻找某些深刻的意义、深刻的现实、合二为一的绝妙感觉，以及其他超凡脱俗的东西。为什么性在我们的生活中如此举足轻重？很可能是因为我们别无长物，也许是因为我们在其他所有领域都非常机械。我们没有任何原创的东西、具有创造性的东西，"创造"不是指画画、作曲、写诗，那是真正的创造当中非常肤浅的一部分。由于我们多多少少都是二手人类，性的快乐就变得极其重要了。那就是我们把性称为爱的原因，我们躲在那个面具背后胡作非为。

那么我们能搞清楚什么是爱吗？这是人类一直在追问的问题。因为搞不清楚，他就说"爱上帝，爱观念，爱国家，爱你的邻居"。不是说你不该爱你的邻居，但这已经沦为一项社会措施，它已经不是永葆常新的爱了。所以爱不是思想的产物，不是快乐。我们说过：思想是陈旧的、不自由的；它是过去的反应，所以爱跟思想没有真正的关系。我们知道，大多数人的生活是一场战争，紧张、焦虑、内疚、绝望、巨大的孤独感和悲伤，那就是我们的生活。那就是真正的"实然"，而我们却不愿面对。如果我们面对这个事实，不选择、不抗拒，那会怎样？你能面对它吗？不是想方设法克服恐惧、嫉妒或这个、那个，而是实实在在地看它，没有任何想要改变、征服、控制的意思，只是全面地观察，投入你全部的关注。当你看我们日常生活的琐碎，看我们日常的中产阶级或非中产阶级生活，那会怎样？你不是有了无穷的能量吗？我们在抗拒、克服、超越它和想方设法了解、改变它的过程中消耗了能量。所以，如果你真正如实地看待生活，那不就会有"实然"的转变了吗？唯有当你拥有了这完全不运用意志的能量，那样的转变才会发生。

你知道，我们喜欢解释，我们喜欢理论，我们耽于纯理论的哲学，我们总是被明显是浪费时间和精力的事情冲昏头脑。我们必须面对真实存在的问题：苦难、贫穷、污染、人与人之间以及民族之间的可悲分歧、我们人类造成的战争——它们并不是莫名其妙形成的，是我们每一个人造成了这一切，我们必须面对真实存在的问题。我们也必须面对生命中最重要的一件事，即死亡。那是人类始终在逃避的事情之一。古今文明都想方设法超越它，在某种程度上征服它，想象有不朽的灵魂、死后的生命——使出浑身解数就是不面对它。我的心能面对它一无所知的东西吗？很不幸，你们大部分人已经读了太多关于这方面的东西。你很可能读过印度哲学家和导师们说过的东西，或者你读过其他哲学家的言论，受过基督教训练。你满脑子都是别人的知识、主张和观点。你是被束缚的，虽然你可能没意识到这一点，但它就在你的骨子里，因为你就是在这样的文明和文化中长大的。这是一件你绝对一无所知的东西，你唯一知道的就是你害怕走到终点，而死亡就是终点。

恐惧阻碍了你，使你无法正视死亡，正如恐惧阻碍了你，使你无法没有焦虑、没有痛苦、没有内疚地生活——你知道那种种残忍。恐惧阻碍了你生活，也阻碍了你正视死亡。恐惧要的是舒服，于是就有了转世的观念——化为另一个生命重新出世等。我们不会探究转世，因为我们关心的是，你的心是否能面对生命终有一死的事实。这是终将发生的事，不管你是健康的、残疾的，还是非常幸福的，什么事都会发生——年老、疾病或事故。心能正视这个巨大的未知吗？你能正视它一如初见吗？没有人告诉你该怎么办，你也知道寻求舒服只是逃避事实。所以你能仿佛初见一般面对这些不可避免的问题吗？

能正视自己一无所知的事物的心，是怎样的状态呢——除了器质性死亡的情况？有机体会因为心脏衰竭、紧张、疾病等而停止运作。但心理方面的问题是：认识到自己对此一无所知后，心能面对它、正视它、与它共处、彻底了解它吗？也就是说，心能面对它而没有丝毫恐惧吗？一旦心生恐惧，你就会有选择，就会出现意志、抗拒、能量的浪费。结束"我"这股能量就是正视死亡的能力。

要面对我一无所知的东西需要巨大的能量,不是吗?只有我不运用意志、不抗拒、不选择、不浪费能量的时候才能做到。要面对未知的东西,必须有最高形式的能量,有了那全然的能量,还会恐惧死亡吗?恐惧还会继续吗?只有当我抗拒、选择、运用意志时,才会害怕不存在,害怕活不了。心如果能面对未知,面对逝去的一切,就会有巨大的能量。如果有了超级能量,即智慧,还会有死亡吗?去搞清楚。

提问者: 先生,你今天早上质疑了宗教说的那一套,这激起了我的疑问:在理智的层面,我能理解你说的东西,听起来都很明智、很合理,然而我提不起热情,这是怎么回事?

克: 提问者说:你说的东西在理智上、口头上有点儿道理,但不知怎么回事,它没有直透人心,没有触及事情的源头,所以我无法突破。它没有带来那种干劲十足的感觉,那种要照此生活的感觉。恐怕大多数人都是这样的。

(被打断)

克: 请别回答。我们来检视一番。那位绅士说:你说得很有道理,理智上我认可,但我内心深处无动于衷,以致无法实现内心的改变和革命,也无法过一种完全不同的生活。我说:这就是我们大部分人的情况。我们走了一段路,迈出了一点儿步子然后就放弃了。我们保持了十分钟的兴趣，接下来就琢磨起别的事情。演讲结束后你就走了，继续过你每天的日子。为什么会这样？理智上、口头上、逻辑上，你是理解的，但那显然没有强烈地触动你，你不会一把火把过去的东西烧个干净。为什么没有这样的效果？是因为缺乏兴趣？是因为深度的懒惰、懈怠？检查一下，先生，不要回答我。如果是因为缺乏兴趣，那你为什么没有兴趣？当你的房子着火了、你的孩子长大后会被杀死的时候，为什么你不感兴趣？你瞎了看不见？你迟钝、冷漠、无情？还是你内心深处没有能量因而变得懒惰了？检查一下，不要同意或不同意。你变得如此迟钝是因为你有你自己的问题？你想要满足，你低人一等，你胜人一筹，你焦虑，你有强烈的恐惧……诸如此类的事。你的问题在使你窒息，因此你对任何事都提不起兴趣，除非你首先解决自己的问题。但你的问题就是其他人的问题，你的问题就是你所处的这个文化造成的。

那么，是什么原因？是因为你完全冷漠、迟钝、无情？还是因为你的整个文化训练是智力上的、语言上的？还是因为思想受到了过度的重视吗？你的哲学是嘴上说，你的理论是极其狡猾的脑子的产物，而你就在其中长大，你的整个教育就建立在那个基础上。聪明、狡猾、能干、技术化的头脑，能够衡量、建造、斗争和组织的头脑，你受到了头脑的训练，于是就在那个层面上做出反应。你说："是的，在理智上、口头上，我同意你的说法，我明白其中的逻辑和因果。"但你无法超越那一层，因为你的心困在了思想的运作即衡量当中。思想无法衡量深度或高度,只有在它自己的层面上才可以。

所以,这对每个人来说都是十分重要的问题,因为我们大部分人都是在口头上、理智上同意讲者所说的一切,但不知为何,火焰就是没法点燃。

问: 我认为改变没有产生是因为重要的事情并不在理智的层面上,而在另一个层面。

克: 我们说的就是这个意思,先生。这位绅士说,改变没有产生是因为我们受到了心理上、经济上、社会上以及教育上的制约。我们就是我们所处的文化造就的。他说,只要我们内心的这种制约没有改变,我们就提不起任何强烈的兴趣。那什么会让你们感兴趣呢?我在问:虽然这一切你们听得很明白,希望你们是在用正常的头脑听,但这并没有点燃火焰,令你燃烧,为什么会这样?请问问你们自己,搞清楚你为什么在逻辑上、口头上、表面上同意,内心却无动于衷。如果剥夺你的钱或你的性,你就被触动了;如果剥夺你的重要感,你就会抗争了;如果剥夺了你的上帝、你的民族主义、你的中产阶级生活,你就会拼个你死我活了。这些都表明我们在理智上无所不能。我们在技术上登陆了月球,生活在思想的层面,但思想绝不能点燃改变人类的火焰。面对这一切才能改变人类,检视它,不要总活在那么肤浅的层面。

问: 你今天早上说,如果能把死亡看作绝对的未知,那就也能如实看待生活并且能够行动了。

克: 是的,先生。"如果你能"。"能"是个有难度的词。能力表示起作用,或者拥有做某事的能力,你可以培养能力。我可以培养打高尔夫球或网球的能力,或培养组装机器的能力。我们现在所指的"能力"无关时间,明白吗?能力涉及时间,不是吗?就是说,我现在没那个能力,但给我一年时间,我就能说意大利语、法语或英语。如果你所理解的能力跟时间有关,那就不是我指的意思。我的意思是:观察未知而无所畏惧,与未知共存。那不需要能力。我说过你做得到,只要你知道什么是假的,然后舍弃它。

问: 不知道怎样倾听难道不是问题吗?你说过倾听是最难做到的事情之一。

克: 没错,倾听是最难做到的事情之一。你的意思是不是说,一个人陷身于社会事务,全副精力都在里面,他会听这些东西吗?或者一个人说"我已发誓独身",他会听这些吗?他不会听的,先生。倾听是一门了不起的艺术。

问: 你说困难在于我们太理智,你说我们不允许感情进入我们的人际关系,但我的印象完全相反。我认为世界上的麻烦就是无节制的感情和激情造成的,这些感情很可能是由于缺乏了解,但它们是激情。我们过着暴力的生活。

克： 暴力，当然，这一点已经了解了。那么，你过着需要克服的感性生活吗？感性的、兴奋的、热衷于快乐和多愁善感——你活在那样的世界吗？如果你确实活在那样的世界，如果它变得混乱起来，那么理智就会跑出来，你就开始控制它，你说"我绝不能"，不过理智总会占上风。

问： 或者自圆其说。

克： 自圆其说或谴责。我可能极其感性，但理智跑出来说：注意，小心点儿，想办法控制你自己。理智也就是思想总是占上风，不是吗？我在跟别人的交往中生气了，被激怒了，很情绪化，那会怎样？会有麻烦，两个人会吵起来，于是我就想办法控制——那就是思想，因为它自己确立了什么该做什么不该做的模式。它说："我必须控制。"于是我们就说"必须控制"，不然关系就会破裂。那一切不就是思想、理智的过程吗？理智在我们的生活中扮演着重要的角色，那就是我们所指出的全部意思。我们在说的不是情感是错是对，是真是假，而是思想总是带着自己的尺度判断、评价、控制、征服，因此思想阻碍你去看。

萨能

1971年7月29日

思想、智慧和不可衡量的境界

> 我们在生态上、社会上没有空间，我们的心也就没有空间；我们没有空间的现实一定程度上造成了暴力。

克里希那穆提：我们一直在谈论周遭世界的现状，谈论它的各种矛盾状态，谈论难民的苦难、战争的恐怖、贫穷、人类的宗教和民族分歧，以及经济和社会的不公。这些不只是口头描述，而是世上正在发生的现实：暴力、可怕的混乱、仇恨，以及形形色色的腐败。我们自身内部也是同样的情形：我们跟自己交战，不快乐，不满足，寻求我们不了解的东西，暴力，好斗，腐败，极其悲惨，孤独，饱受痛苦。不知为何我们似乎无法脱身，无法摆脱这一切的制约。我们尝试了各种行动和疗法、宗教约束和追求、出世的生活、奉献的生活、否定、压抑，我们盲目寻找，从一本书找到另一本，从一个宗教古鲁换到另一个。我们也尝试了政治改革，发起了革命。我们尝试了那么多的事情，然而不知为何，我们似乎就是不能从这自我和外界的严重混乱中解脱出来。我们追随最新的古鲁，他提供某个系统，一剂万能灵药，某个让我们慢慢解脱苦难的方法，但那看来还是解决不了任何问题。我想这里的每个人都会问：我知道我陷入了文明的陷阱，悲惨、忧伤，过着非常渺小、狭隘的生活。我尝试了这个那个，但不知为何所有的混乱仍然滞留在心中。我该怎么办？我该怎样摆脱这一切混乱？

我们在这几次演讲期间探究了各种事情：秩序、恐惧、痛苦、爱、死亡和悲伤，但在这些集会之后，我们大部分人还是停留在开始的地方，即使有些微小的变化，然而在存在的根部——我们整个的结构和本质大致上还是老样子。怎样才能真正摇撼一切，好让我们离开这个地方后，至少一天，至少一个小时，拥有一些全新的东西，拥有一个真正有价值的人生——具有意义，具有深度和广度的人生呢？

不知道你们有没有注意到今天早上的山峰，那河流，那变幻的阴影，松林在蓝天的映衬下格外幽暗，还有那些光影密布、美得不可思议的山丘。在这样一个早晨，当周围的一切都喜极而泣，向天空呼告着大地的奇美和人类的苦难，坐在帐篷里谈论严肃的事情就显得太荒谬了。但我们既已坐在这里，我就想用不同的方式处理整个问题。听就好，不仅仅听字句表面的意思，不仅仅听描述，因为描述永远不是被描述的事物本身，比如当你描述山丘、树木、河流以及阴影，如果你不用心亲眼看到它们，描述几乎没有意义。这就像对一个饥饿的人描述食物，他必须吃东西，不是听一听、闻一闻就饱了。

我还不太确定换怎样的方式表达，但我会探索——如果你们愿意跟我一起——探索看待这一切的不同方式，从截然不同的维度来看。不是通常的"我和你，我们和他们，我的问题，他们的问题，怎样结束这个，怎样得到那个，怎样变得更有智慧,更高贵"这样的维度,而是一起来看看我们是否能从不同的维度观察这一切现象。也许有些人会不习惯那个维度,到底有没有不同的维度我们并不知道。我们可能会推测,我们可能会想象,但推测和想象并不是事实。因为我们只处理事实而不是推测,我想我们不但应当倾听讲者要说的内容,而且应当想办法超越语言和解释。这意味着你还必须十分留心,有十足的兴趣,必须充分认识到一个我们很可能完全没有接触过的维度的意义。你得问:我能从那个维度看这个早晨吗,不是用我的眼睛,而是用带着客观的智慧、美和兴趣的眼睛看?

不知道你们是否思考过空间。有空间就会有寂静。不是指思想营造的空间,而是一个无边无际的空间,一个不可衡量、不为思想所容的空间,一个实在难以想象的空间。因为人如果具有空间,真正的空间,有着深度、广度和不可衡量的延伸度,跟他的意识无关的空间,即不是从一个中心出发带着自己的尺度膨胀自我的另一种思想形式,而是那种不由思想臆造的空间,如果有那样的空间就会有绝对的寂静。

过度拥挤的城市、噪声、人口爆炸,外部世界的限制越来越多,空间越来越少。不知道你们有没有注意到这个山谷里正耸立起新的建筑,有越来越多的人、越来越多的汽车在污染空气。外部世界的空间越来越少,当你走在一个拥挤的城镇的任何一条街道上,都会注意到这一点,特别是在东部。在印度,你看到成千上万的人在拥挤的人行道上睡觉、生活。任何大城市也都一样,伦敦、纽约或不管哪个城市,几乎没有空间了。房子狭小,人们过得封闭、困窘,而没有空间就会有暴力。我们在生态上、社会上没有空间,我们的心也就没有空间。我们没有空间的现实在一定程度上造成了暴力。

我们在自己的心中营造的空间就是隔绝,一个围绕我们自己的世界。请务必观察你内心的这个现象,不只是因为讲者正在谈论它。我们的空间是一个隔绝和退缩的空间。我们不想再受伤,我们年轻时受过伤,留下了伤痕,于是我们退缩,我们抗拒,我们在自身以及喜欢或热爱的那些事物周围筑起高墙,形成一个非常有限的空间。这就像越过高墙窥视另一户人家的花园,或窥视另一个人的心,但墙还在那里,而那个世界的空间小得可怜。我们在那个狭小的、极其粗陋的空间行动、思考、恋爱、劳作;我们参加这个或那个政党,试图用那个中心改变世界;或者我们试图用那个狭窄的货舱找一个新的古鲁,他会教我们最新的开悟方法。我们喋喋不休的头脑里塞满了知识、谣言和观点,几乎毫无空间。

不知道你们有没有注意过这件事,如果我们善于观察,了解过周围和内心的事情,而不只是一心赚钱,有一个银行账户,有这个有那个,那就一定能看到我们拥有的空间是多么微乎其微,我们的内心是多么拥挤不堪。请留意你自己的内心。我们陷于那狭小的空间,陷于那抗拒、观念和好斗的厚厚高墙之内,与世隔绝。那要怎样拥有真正不可衡量的空间呢?我们那天说过,思想是可衡量的,思想就是衡量。任何形式的自我提升都是可衡量的,显然,自我提升就是最无情的隔绝。我们看到思想无法促成广阔的空间,即其中有全然和彻底的寂静的空间。思想带不来寂静，思想只能发展，慢慢进步，按比率达到它计划的目标，那是可衡量的。思想营造的那个空间，不管是想象的，还是必需的，永远进入不了那个拥有跟思想无关的空间的维度。几百年来思想营造了一个非常有限、狭隘、隔绝的空间，由于那样的隔绝，它造成了分裂。有分裂就会有民族、宗教、政治、人际关系的种种冲突。冲突是可衡量的——更少的冲突或更多的冲突，等等。

那么问题就是：思想怎样能进入那个维度？还是思想永远也进不去？我就是思想的结果。我的一切所作所为，合理的、不合理的、神经质的、受过高等教育的或科学的都建立在思想的基础上。"我"就是那一切的结果，它在抗拒的高墙内拥有空间。心怎样改变那个现状并发现完全不同维度的东西？明白我的问题吗？那两者能共存吗？蕴含无边寂静和广阔空间的自由与思想用狭小空间筑成的抗拒之墙，这两者能共存吗，能共同运行吗？如果探究到非常深的层面，这曾是人类的宗教问题。我能紧抓渺小的自我，紧抓狭小的空间，紧抓累积的一切，紧抓知识、经验、希望和快乐，进入一个两者能共存的不同维度吗？我想坐在上帝的右边却又想摆脱上帝！我想过具有无穷的欢愉、快乐和美的生活，我也想拥有不可衡量的喜悦，不会被思想所困的喜悦。我想要快乐和喜悦。我知道快乐的运作、需要和追求，以及随之而来的所有恐惧、琐碎、悲伤、愤怒和焦虑。我也知道喜悦是完全邀请不来的，是思想永远捕捉不到的，如果思想真的捕捉到了，它就变成了快乐，于是老路子就开始了。那么，我想两样都要——这个世界和另一个世界的东西。

我想这就是我们大部分人的问题,不是吗?在此世过得快乐逍遥,并且避免所有的痛苦、悲伤,何乐而不为?同时我还知道其他的时刻,有着无法被染指、无法被败坏的巨大喜悦的时刻。我两样都要,那就是我们在寻求的东西:扛着所有的重担却要寻求自由。我能靠意志完成吗?还记得我们前几天怎么说意志的吗?意志跟事实、跟"实然"没有任何关系,但意志是欲望,即"我"的表达。不知为什么,我们认为靠意志帮忙就能邂逅那个东西,所以我们对自己说:"我必须控制思想,我必须规范思想。"那个"我"说"我必须控制和规范思想"时,那是思想抽离出一个"我",控制不同的思想,但那个"我"和"非我"仍然都是思想。我们认识到,思想即可衡量的、吵闹的、喋喋不休的、无孔不入的东西;我们认识到思想就像营造了一个小老鼠的空间,一个追着自己的尾巴玩的小猴子的空间。所以我们会问:思想要怎样安静下来?思想缔造了一个充满混乱、战争、民族分歧、宗教分歧的技术世界;思想导致了苦难、困惑和悲伤。思想就是时间,所以时间就是悲伤。如果你深入问题,就会看到这一切,不是通过听另一个人的解说,而是通过观察世界以及你自己的内心。

那么问题来了:思想能彻底寂静而只在必要时——需要使用技术性知识的时候、上班的时候、谈话的时候等——运作吗?其余时间则彻底安静?空间和寂静越多,头脑就能把知识用得越合理、越理智、越正常。否则知识本身就成了目的，并导致混乱。不要认同我，你必须自己看到这一点。思想，即记忆、知识、经验和时间的反应，它是意识的内容，思想必须用知识运作，但只有存在空间和寂静时——只有在那里——思想才能用最高的智慧运作。

必须有广阔的空间和寂静，因为如果有那样的空间和寂静，美就来了，爱就出现了。不是人类拼凑出来的美，不是建筑、挂毯、瓷器、绘画或诗歌，不是那种意义上的美，是跟广阔的空间和寂静有关的。然而思想仍然必须活动，必须起作用，思想要是不活动就完了。所以那就是我们的问题——我正在把它变成问题，我们就可以一起探究，你和我就可以在这个问题中发现全新的东西。因为每次我们以不知的心去探究，就能发现东西；但如果你带着知道的心去探究，就永远也发现不了什么，所以那就是我们要做的。思想能变得寂静吗？那个必须在知识的领域完整、彻底、客观、明智地运作的思想能结束自己吗？也就是说，思想，即过去、记忆、无数个昨天、所有的过去、所有的制约，可以全部结束吗？那样一来就会有寂静，有空间，就会感受到非凡的维度。

我在问自己，你们跟我一起问：思想要怎样结束，但不是扭曲，不是遁入想象的境界，不是变得更加偏执、神经质和茫然？那个用巨大的能量和精力运作的思想，怎样能同时彻底不动？明白我的问题吗？这是非常严肃的宗教人士思考的问题——真正的宗教人士，而不是那些属于某个教派的人——那些建立在组织化的信仰和宣教之上的教派，那样的人毫无宗教性可言。这两种状态可以一起运转吗，它们可以一起运行吗——不是联合,不是混在一起,而是一起运转?只有思想不分裂成观察者和被观察者的情况下,它们才能一起运行。

你看,生活就是关系的运动,它在不断地变动着。如果没有思想者和思想之分,那个运动就可以自我持续,自由运行。也就是说,如果思想没有把自身分裂成"我"和"非我",比如观察者和被观察者、经验者和被经验者,那个运动就可以自我持续;相反,如果那当中有分裂,就会有冲突。如果思想看到了其中的真相,因此不再追求经验,那它就在经验了。你们现在不就在这么做吗?

我刚才说了,思想及其不断累积的知识,是鲜活的东西,而不是僵死的,因此广阔的空间可以跟思想一起运行。如果思想把自己抽离出来变成思考者、经验者,引起了分裂和冲突,那么那个经验者、观察者、思考者就成了过去,它是停滞的,因此就无法运行。心在此番检查中发现,有思想的分裂,运行就没有可能。有分裂,过去就会乘虚而入,变成停滞的、无法运行的中心。这个无法运行的中心可以改进,可以添加,但它是无法运行的状态,因此就没有自由的活动。

所以我问自己,也是问你们的下一个问题就是:思想看到这一点了吗?或者视觉跟思想风马牛不相及?我们看到了世界的分歧,民族分歧、宗教分歧、经济分歧、社会分歧,如此等等,在分歧当中就有冲突,这一点是很清楚的。如果我的内心有分歧和分裂,就必然有冲突。我的内心被分为观察者和被观察者、思想者和思想、经验者和经验,那种区分就是思想造成的，它是过去的结果，我看到了其中的真相。那么我的问题就是：思想看到这一点了吗？还是某些其他因素看到了？那么新的因素是智慧而不是思想？那么思想跟智慧有什么关系？明白我的问题吗？我个人对此极感兴趣，你们可以跟我一起思考，也可以拒绝。探究这个问题有非凡的意义。

思想造成了这一分裂：过去、现在、未来。思想就是时间。思想对自己说：我看到了内外的分裂，我看到这种分裂是导致冲突的因素。思想超越不了这一点，因此说："我仍然停留在开始的地方，我仍然充满冲突，因为思想说"我看到了分裂和冲突的真相"。那么，思想真的看到了吗？还是某个新的智慧因素看到了？如果看到这一点的是智慧，那智慧跟思想是什么关系？智慧是个人的吗？智慧是书本知识、逻辑、经验的结果吗？还是智慧就是从思想的分裂——思想造成的分裂中——解脱？在逻辑上看到那个真相，超越不了它，就跟它共处，不跟它搏斗也不征服它。当中就有智慧。

你看，我们在问：什么是智慧？智慧可以培养吗？智慧是天生的吗？思想看到冲突以及诸如此类的真相了吗？或者看到真相并与真相彻底安然共处是心的品质吗？彻底寂静，不千方百计超越它、打败它、改变它，而是与真相彻底安然共处，那寂静就是智慧。智慧不是思想，智慧就是这种寂静，因此它跟个人完全无关。它不属于任何团体、任何个人、任何种族、任何文化。

那么我的心发现了一种寂静，它不是思想、戒律、修炼，以及诸如此类的恐怖之事拼凑而成的东西，它是一种洞见，看到了思想绝不能超越它自身，因为思想就是过去的结果，过去起作用的地方必然造成分裂，因此必然造成冲突。我们能看到那一点并与之安然共处吗？就像彻底与悲伤安然共处。如果某个你在乎、你照顾、你珍惜、你爱、你关心的人死了，你就会遭受孤独、绝望和隔绝感的强烈冲击，你周围的一切都崩塌了。我们能与这样的悲伤共处，而不寻求解释、原因，不去想"为什么是他走而不是我"吗？彻底与悲伤安然共处就是智慧。那智慧就能在思想中运作，就能使用知识，而那知识和思想是不会造成分裂的。

那么问题来了：你的心，它喋喋不休，有无尽的平庸，它困在一个陷阱中，挣扎、寻找、追随古鲁并奉行戒律——那样的心要怎样才能彻底静止呢？

和谐就是静止。身体、心灵和头脑之间存在和谐——彻底的和谐，没有混乱。那意味着身体必须不受强迫，不受头脑的规范。如果它喜欢某种食物、某种烟草或某种毒品以及那一类的兴奋剂，那么它被头脑控制就是被迫的事情了。然而身体有它自己的智慧——如果它敏感、生气勃勃、没有被宠坏——身体有它自己的智慧。我们必须有那样的身体，有生气、有活力、不麻木的身体。我们还必须有心灵——不是兴奋，不是多愁善感，不是情绪化，不是热衷，而是一种圆满、深刻、具有品质和活力的感觉，唯有爱存在的时候，才有那样的心灵。我们还必须有一个空间广阔的头脑。那时就有和谐了。

那么心要怎样邂逅这样的状态？我肯定你们都在问这

个问题,你坐在这儿的时候可能没有嘀咕,但当你回到家里,你走路的时候,你就会问:一个人怎样才能身体、心灵、头脑如此统一,没有任何的扭曲、分别或分裂呢?你认为你怎样才能拥有这样的和谐?你看到了当中的真相,不是吗?你看到了其中的真相,即你的内心必须有彻底的和谐,你的头脑、心灵和身体必须有彻底的和谐。就像有一扇明亮的窗户,没有任何划痕,没有任何污点。于是,当你透过窗户望出去,就能看清事物而没有任何扭曲。你怎样才能有那样的状态?

谁看到了这个真相?谁看到了必须有彻底的和谐?我们说过,有和谐就有寂静。如果头脑、心灵和有机体处于完全的和谐当中,就会有寂静。但如果这三者之一变得扭曲了,那就会有噪声。谁看到了这个事实?你把它看作一个观念,看作一个理论,看作你"应该有"的东西吗?你要是这么看,那都是头脑的造作。你会说:告诉我必须修炼什么体系才能达到这个目标,我会放弃,我会守戒,这一切都是头脑的活动。但当你看到了其中的真相——真相,而不是"应该怎样"——当你把那看作事实,那就是智慧看到了。因此智慧就会起作用并造就那样的状态。

思想跟时间有关,智慧跟时间无关。智慧是不可衡量的——不是科学家的智慧,不是技术专家的智慧,也不是家庭主妇、知识广博者的智慧。那些人全都局限于思想和知识的领域。只有心彻底静止时——它可以静止的,你不需要修炼或控制,它可以彻底静止下来——那时就会有和谐,就会有广阔的空间和寂静。唯有那时才存在不可衡量的境界。

提问者： 我听你的演讲已经听了五十年。你说过我们必须时时刻刻都在死去。现在这个说法在我看来比以前更真实。

克： 我明白，先生。你必须听讲者说五十年，最后才明白他说的东西吗？这需要时间吗？还是你立即就看到了某些事情的美，因此它就在了？为什么你和其他人要在这些事情上花时间？为什么你们需要很多年才能明白一件非常简单的事？它是非常简单的，我保证。它只有在解释时才变得复杂，但事实本身是非常简单的。为什么我们不能立即看到其中的简单、真理和美？那样的话，整个生命现象就改变了。为什么？是因为我们深受制约吗？如果你深受制约，你就无法立即看到那个制约了吗？还是你必须像剥洋葱一样一层又一层剥开制约？是因为我们懒惰、无聊、冷漠，被我们自己的问题困住了？如果你被一个问题困住了，这个问题并不是跟其他问题无关的，它们息息相关。如果你有一个问题，不管是性方面的问题、人际关系的问题，还是孤独的问题，不管什么问题，你要彻底结束它。可是你做不到，所以你才需要花五十年听人演讲！你会说看这些山峰要花五十年吗？

问： 我想了解一下哈达瑜伽。我认识很多练习它的人，但他们流露出的状态显然表明他们活在幻想中。

克： 有人跟我讲过哈达瑜伽，它的复杂体系早在三千年前就创立了。告诉我的那个人非常仔细地研究过它的来龙去脉。那时候，大地的统治者必须保持头脑和思维的清晰，所以他们咀嚼来自喜马拉雅山的某种叶子提神。随着时间的流逝，那种植物灭绝了，所以他们不得不发明一种方法以保持人体系统中的各个腺体的健康和活力。于是他们发明了瑜伽体操来保持身体的健康，好让头脑保持活跃、清晰。练习某种体操，比如阿桑那斯等，确实能保持腺体的健康、活跃。他们还发现正确的呼吸也有帮助——不是有助于开悟，而是有助于保持头脑，让脑细胞得到足够的氧气供应，可以好好运作。然后所有的剥削者就跑过来了，他们宣扬：如果你练习这些瑜伽动作，就能拥有祥和寂静的心。他们的寂静是思想的寂静，也就是腐败和死亡。他们说：这么做你就会唤醒各个中心，你就会体验到开悟。我们的心当然非常急切，非常贪婪，想要更多体验，想要比别人更好，更漂亮，想要有更棒的身体，于是我们就一头栽进了那个陷阱。讲者做各种体操，每天大概两个小时。不要模仿他，你根本不知道是怎么回事！只要人有幻想，即思想的造作，不管做什么，心永远不会安静、祥和，永远不会拥有一种巨大的内在的美和满足。

问：在这种和谐、合一的状态中，如果头脑以技术方式严格运作，那会有观察者和被观察者之分吗？

克：我明白你问的是什么。你怎么想？如果有完全的和谐——真正的，不是幻想的和谐——如果身体、心灵和头脑完全和谐、合一，如果有那样的智慧，即和谐，如果那样的智慧利用思想，会不会有观察者和被观察者之分呢？显然不会。没有和谐的时候才会有分裂，然后思想就臆造出"我"和"非我"之分、观察者和被观察者之分。这太简单了。

问：你在第二次演讲中说，不管我们是醒是睡都应该保持觉察。

克：你睡着的时候跟你醒着的时候一样在觉察吗？明白这个问题吗？就是说，白天的时候我们或浅或深都会觉察到头脑内部发生的一切。我们会觉察到思想的所有活动，分别、冲突、痛苦、孤独、要求快乐、追求野心、贪婪、焦虑，我们觉察到这一切。如果你在白天能如此清醒地觉察，晚上的时候那样的觉察会以做梦的形式继续吗？还是没有梦只有觉察了？

请注意听：你我在白天的时候觉察到思想的所有活动了吗？诚实点儿，简单点儿：你没有。你的觉察是一段一段的。我的觉察维持了两分钟，接下来就是一大片空白，接着又觉察几分钟，或半小时后，我发现忘了觉察自己，然后恢复觉察。我们的觉察是断开的，我们从来没有持续不断地觉察，但我们认为应该始终保持觉察。那么，首先，觉察和觉察之间存在巨大的间隔，不是吗？白天的时候，一会儿在觉察，一会儿又不在觉察了，一会儿又在觉察了，如此循环往复。哪个重要？持续不断地觉察？还是一小会儿一小会儿地觉察？我们不在觉察的大段时间要怎么办？这三个问题，你觉得哪个重要？我知道哪个对我重要。我不会花心思觉察一小会儿，或想要持续不断地觉察。我只关心我什么时候不在觉察，什么时候漫不经心。我说我很感兴趣的是我为什么会漫不经心，以及我会怎么处理那种漫不经心、那种不知不觉。那就是我的问题，而不是持续觉察。刻意持续觉察会让你发疯的，除非你真的非常非常深地进入了觉察。因此我关心的问题是：为什么我漫不经心？漫不经心的时候是怎样的？

我知道我觉察的时候是怎样的。我觉察的时候什么事情也没发生。我是活生生的，在活动、在生活，是生气勃勃的，那种状态当中什么也不会发生，因为某些事情没机会发生。如果我漫不经心、不知不觉，事情就来了。于是我就说了一些不真实的事情，于是我就紧张、焦虑、受困、陷入绝望。那么为什么会这样？明白我的意思吗？你正在那么做吗？还是你想要完全地觉察，你在尝试、在练习时刻不失地觉察？

我看到自己不在觉察，我想看看那种不在觉察的状态是怎样的？觉察到自己不在觉察就是觉察。我在觉察的时候我知道，有觉察的时候，那是截然不同的；我不在觉察的时候我也知道，我变得紧张，手在抽搐，干出种种蠢事。如果能注意到那种不知不觉，整个事情就结束了。如果不在觉察的时候我能觉察到自己不在觉察，不觉察的状态随后就结束了，因为那时我就不必挣扎，也不必说"我必须时刻保持觉察，请告诉我觉察的方法，我必须练习等"——变得越来越愚蠢。所以你看，如果不在觉察的时候我知道我不在觉察，那么整个活动就改变了。

睡着的时候你是怎样的？睡着的时候你在觉察吗？如果白天的时候你的觉察是片段的，那么睡着的时候你显然也会那样。如果你不但觉察，而且还觉察自己的漫不经心，一种完全不同的活动就会产生，于是你睡着的时候就会有彻底平静的觉察。心会觉察自己。我不会全部探究清楚，这不是神秘的事，不是非同寻常的事。你看，如果心在白天的时候处在深度觉察的状态，那种深度觉察就会带来睡着时绝对平静的头脑。你白天的时候观察、觉察，要么一段一段地觉察，要么在觉察自己的漫不经心，于是随着你白天的经历，等到睡觉时脑子已经确立了秩序。脑子需要秩序，就算是某种神经质的信仰、民族主义等当中的秩序，但它在那些东西当中找到的秩序必然会导致混乱。但如果你在白天的时候觉察，并觉察自己的不觉察，等一天结束的时候就会有秩序，晚上的时候脑子就不必再挣扎着实现秩序，因此脑子就开始放松下来，变得平静。第二天早上，脑子就是极有活力的，而不是一个僵死的、腐败的、麻木的东西。

萨能

1971年8月1日

第八章

智慧的种子

瑞士萨能的五次对话

意识的分裂

> 我现在面临着这个事实,即观察者与被观察者之分,或者不管我采取什么行动,都是意识内容的一部分。

克里希那穆提: 每天早上我们能不能通过这些对话解决一个问题,彻底探究它,从而真正了解这个问题?这是我们之间友好的对话,每天早上我们选一个问题并一起深入探讨,看看我们能否解决它。对话跟辩论不同,不是通过观点或讨论来寻找真相,那种方式涉及推理、逻辑、争论,不会带我们走多远的。今天早上,我们来选一个问题并彻底探究,不偏离问题,而是一步步探究,深入细节,不下断语,不提供观点,因为一提供观点,它就会成为你的观点、你的论点,就会跟别人的论点针锋相对;也不引入思想体系,不引用别人的话,而是选一个对我们每个人都至关重要的问题,并一起解决,可以吗?我觉得,那是有价值的。我们这样讨论好吗?

提问者一: 我们可以探讨秩序吗?

提问者二: 我发现尽管你说了这么多,可我的内在还是很空虚。急于逃离这种空虚使我无法观察,我总是在逃避。

提问者三: 不知道我们一起使用的这个方法,是不是真的能让我们实现根本而持久的转变。因为这个方法是意识层面的,而把我们联结在一起的力量却在无意识层面。我们怎样才能真的从无意识条件反射的制约和动机中解脱呢?比如,如果可以举例的话,我知道不少人追随你多年了,他们不再从民族主义的角度评判问题,但他们评判嬉皮士,这是一回事。

提问者四: 对于觉察,我有一点理解上的困难。在当下经历某件事的时候,我的心是知道的,它给这件事贴上标签,于是我和这经验就分离了。我觉察到的时候,被观察者和观察者是分开的。

提问者五: 全然地看待生活是怎样的?

提问者六: 你说过"我就是世界,世界就是我",那个主张有什么简单的理由吗?

克: 今天早上我们选其中的哪个问题,好让你我在离开帐篷后已有了真正的了解呢?

提问者: 你把生活看成善的还是恶的?

克: 实际上你怎么看待生活呢?不要假装,也不要陷入理论,假设多少会导致不诚实。你把生活看成一个整体,还是零碎的、四分五裂的各种片段?可以把这整个生命运动看成一个统一的过程吗?我在某种制约我的文化中长大,在意识层面或无意识层面,我能检查物质世界的以及非物质世界的上帝和魔鬼吗?我能思考这整个生命活动吗?还是我割裂了它?如果你割裂了生活,就会引发混乱。那么,实际上你怎么看待生活呢?

问: 我发现,在大部分讨论中,你都是从混乱开始讨论,而不是从秩序的观点出发。

克: 我不假设秩序,我从混乱开始。我们身陷混乱,这一点清清楚楚。这个世界战争肆虐、民族分裂、男男女女彼此争斗。我们彼此争战、内心争战,那就是混乱。那就是事实。假设秩序是荒谬的——这世界没有秩序可言!

问: 自然界难道没有秩序吗?

克: 大自然中也许有秩序,但这不是我要探究的问题。我们的问题是:你我能把存在的整个现象看成一个统一的生命运动,而不作意识和无意识之分吗?

问: 但那就是秩序了。

克: 我们正在讨论,我不知道它会把我们带向哪里。我们想通过对话搞清楚,我们的心是否能把生活看成一个整体,看成一个统一的运动,并明白它因此是没有矛盾的。

问: 但所谓无意识不就是我看不到它吗?

克: 我们必须慢慢探究。假设我不能把生活看成一个整体。我觉察到了自己在分裂地看待生活吗?我们从这里开始。你意识到了吗?你知道自己割裂了生活吗?

提问者一: 没有。

提问者二: "生活是一个整体",这不是个抽象概念吗?

克: 如果我们假设生活是一个统一的过程,把它当成一个观点,那它就是一个概念;如果我们认识到自己生活在四分五裂中,并且问自己这样的分裂能否改变,那我们就有可能搞清楚另一个整体的问题。

问: 在我看来,在我能开始改变之前,必须首先搞清楚我是怎样的。我不喜欢嬉皮士，那就是我！如果先成为真实的我，或许我就能改变了。

克： 注意，先生，我们不是在讨论改变的问题。今天早上我们想探究的问题是：我怎样看待生活？

问： 如果我是分裂的，我就无法把生活看成一个整体。

克： 没错。我们是分裂的吗？我们就从这个问题开始。

问： 就像你以前说的，作为艺术家、科学家、牧师，他们的分裂也许不在意识层面。分裂发生在无意识里。

克： 首先，完全确定你已经抛弃了肤浅的东西，确定你不再陷于各种宗教以及国家主义处理生活的支离破碎的方法。要完全确定你已经彻底抛弃了那一套，这是最难做到的事情之一。不过，让我们往深层探究。

问： 如果这些分裂果真存在于意识层面，抛弃它们的不就是其中的一部分吗？

克： 我们会谈到那个问题的。通过探究意识，看清它是多么分裂，我们自然会碰到另一个问题。然后它们就会合二为一，因为我们已经把生活分为意识和无意识，隐秘的部分和公开的部分。这是精神分析学和心理学上的观点。我个人认为，这种区分并不存在。我不区分意识和无意识，但对大部分人来说，显然存在这种区分。

那么，你们要怎样检查无意识？你们说，存在意识和无意识之分，你们说，表面上我们可能摆脱了文化带来的种种分别。你要怎样检查无意识及其所有部分？

提问者一： 我们是不是最好先检查是否有一个意识，有一个无意识，搞清楚它们是否存在？

提问者二： 无意识的定义是怎样的？

克： 显然，所谓无意识就是我们不知道的东西。我们觉得我们知道表层的意识，但不知道无意识是什么。听听那位先生说的：我们作了这样的区分，但事实如此吗？

问： 如果无意识不是事实，萨能谈话后，我们就自由了！

克： 意识和无意识。我不说存在这种区分，不过我们假设如此。你了解你的意识吗——你思考些什么，怎么思考，为什么思考？你意识到你正在做什么，没在做什么吗？你以为自己了解意识，但你可能并不真正了解它。哪个是事实？你真的了解意识吗？你了解意识的内容吗？

问： 根据定义，意识不就是我们所了解的东西吗？

克： 你可能了解一件事，却可能不了解另一件。你可能了解意识内容的一部分，但对另一部分可能一无所知。所以，你了解你的意识的内容吗？

问： 如果我们了解，世界就不会这么乱了。

克： 当然。

问： 但我们并不了解。

克： 这就是我的意思。我们以为自己知道。我们以为自己了解意识的运作，因为有一连串的习惯：去办公室上班，做这做那。我们以为自己了解头脑表层的内容，但我对此表示怀疑，同样，我也非常怀疑无意识到底能不能被意识探究。如果我不了解意识的内容，又怎么能检查无意识及其内容？所以，处理这个问题一定有完全不同的方法。

提问者一： 我们怎么知道存在无意识？

提问者二： 通过它的外在表现。

克： 你说，通过它的外在表现。就是说，意识层面，你可能做着某件事，但无意识层面的动机可能跟意识层面的动力完全不同。

问： 负面的行为。

克： 当然。让我们设法了解彼此。如果意识内容无法被完全了解，那么，那个表层意识，对本身就缺乏了解，又怎么能检查无意识及其全部的隐秘内容呢？你们只有一种检查方法，那就是：有意识地观察无意识。要明白这个问题影响重大。

问： 对任何内部的意识表现，同时还有相对的外部表现而言，难道不对吗？

克： 当然。我们可以这么问吗：我了解自己的意识内容吗？我觉察到它了吗？我了解它吗？我曾抛开偏见、抛开任何公式观察过吗？

问： 我认为问题在更深处。你知道的、觉察到的东西，就是你的意识；一切你没有觉察到的、不知道的东西，就是你的无意识。

克： 我了解，那就是他刚刚说的意思。请你花几分钟思考一下另一个人说的话，就是：如果我不知道自己的表层意识内容，那个对自身的表层内容都没有完全了解的意识，能检查无意识吗？你现在就在这么做，不是吗？你试图有意识地观察无意识。没有吗？

提问者一： 那是不可能的。我们做不到。

提问者二： 意识和无意识之间没有界限。

克： 那你会怎么办？不要陷于理论中。注意，我在一个极其传统的婆罗门背景中长大，那个传统麻木不仁。从早到晚，你被告知要做什么，不要做什么，要思考什么。从出生那一刻起，你就被制约了。每一天，寺庙、父母、环境、婆罗门的文化都在有意识地制约你。接着你进入另一种制约，再进入另一种制约。生活中的制约一个接着一个。这一切都由社会以及文明有意无意地加之于你。你要怎么分清楚这个制约和那个制约？它们全都密不可分了。我可能很快就舍弃了婆罗门的传统，也可能没有，也可能以为自己舍弃了却仍然身陷其中。我怎么了解这全部内容呢？

问： 我就是内容。

克： 当然。意识就是其内容！请看清这一点。我的意识是由婆罗门的传统、通神学会的传统、世界导师以及诸如此类的一切建构而成的。全部的意识内容就是那些东西。我能把这全部内容看成一个整体吗？还是我得分裂地看待它？等等，首先要看到这个问题的难度。存在那么深层的内容吗，我都不知道？我能永远只了解那些表层内容吗？这就是问题。心有这么些内容，我要怎么解除它的制约呢？

问： 你以婆罗门的制约为例子，这个例子仍然是分裂地看问题。但你跟父亲、母亲、某些极度焦虑的人,以及某些挫败你的人的关系可能更为重要。如果你问"我怎么解除心的制约,或怎么解除自己的制约",那我会问:我怎样改变?

克: 这是一回事,先生。

问: 比如,我相信首先你得成为真实的你。

克: 你是什么?你就是那一切制约。你觉察到你所有的制约了吗?在我们谈改变之前,必须首先问自己:我觉察到我的制约了吗?不只是表层制约,还有内心深处的制约。如那位先生所指出的那样,我可能陷于基督教的传统或婆罗门的传统,但同时我还生活在一个家庭中,可能有一个蛮不讲理或焦虑的母亲。幸运的是,讲话的这个人生长在一个十三个孩子拥挤一堂的大家庭,没有人关心!

问: 听你演讲,我感到我正在解除自己的制约。

克: 那就对了,听就好,那就是我想要的目的。我们继续!

问: 关注就一定能解除心的制约。

克: 不,夫人。你这是推测。我们来跟上刚才那个问题吧。我就是我的所有内容:内容就是我的意识,内容就是经验、知识、传统、教养、焦虑的父亲、蛮不讲理或唠叨的母亲。这一切就是内容,即"我"。那么,我觉察到这些内容了吗?不要耸耸肩说"不知道",不然你就没法继续探讨了。如果你们没有觉察到——可以指出的话,恐怕你们确实没有觉察到——那我们怎么继续?

问：心觉察到它是受制约的。它看到了制约。

克：我明白。注意，我可以看到自己身上的一部分制约，我可以看到自己身为基督徒或穆斯林所受到的制约，但是还有其他部分的制约，可能我并没有看到。各个部分组成了"我"，组成了我的意识内容，我能有意识地研究这各个部分吗？我能有意识地检视这一切吗？

问：但我们跟这一切并不是分开的啊。

克：我明白。我怎样检视意识的各部分内容？还是这是个完全错误的过程？

问：一定错了。

克：我们要来搞清楚，不要说"一定"。

问：我不明白人怎么能把其中的所有部分都设想到。事情似乎是这样的，如果我们能把注意力投向实际正在看的周围引人注目的事情上，不作评断，也不在应该怎样检视的问题上先入为主，那么甚至潜意识里的东西我们也开始看到了。

克：我明白你的意思。不过你还没回答我的问题，就是：你能检视自己意识的内容吗？你就是那内容的一部分。如果你无法了解自己的意识内容，怎么能说"我是对的，我是错的，我讨厌这个那个，这是好的，那是坏的，嬉皮士不错，嬉皮士不好"？你根本没资格评断。所以，你能了解自己意识的内容吗？

问：怎样是觉察制约？显然，这件事很重要。

克：那就让我们多谈一点儿。我们认识到了我们的意识就是其内容吗？理解我的说法吗？内容构成了意识。所以，意识与其内容不是分开的；内容就是意识。这一点绝对清楚了吗？那么，接下来怎么办？事实是，内容构成了你的意识，共产主义者的身份、基督徒的身份、佛教徒的身份、父母的影响、文明的压力，不管什么，这一切就是内容。你觉得"那是事实"吗？从这个问题开始。不要偏离。那接下来怎么办？

问： 我试图按亲眼所见行事，我看到这个惯常的过程本质上是四分五裂的。如果这一点看清楚了，我就不会重蹈覆辙。

克： 你没有抓住我的要点。

问： 我们什么也做不了——无事可做。

克： 等等，不要偏离问题。

问： 这个过程一定能导向世界的秩序。

克： 对了。世界的秩序或混乱，就是我的意识内容，它一片混乱。因此，我说"我就是世界，世界就是我"。那个"我"由意识的不同部分构成，世界也是如此。事实是，我的意识内容就是意识本身。我怎样从那里开始，接着弄清楚各种内容，检查它们，抛弃一部分，保留一部分？谁是那个正在检查的实体？那个实体，看起来是独立的，却是我的意识的一部分，它是养育我的文化造成的。第二个事实是：如果有一个检查各部分意识内容的实体，那么那个检查者就是意识内容的一部分，因为心理上的各种理由，比如安全感、平安、保护，这个检查者把自身从意识内容中抽离出来,这种行为同样是文化的一部分。所以,在检查中,我发现我在玩花招,我在欺骗自己。你们看到这一点了吗?

检查者、观察者把自身从意识内容中抽离出来,分析、拒绝或保留,这种分裂同样是意识内容造成的。我非常清楚地看到这一点了吗?如果看清楚了,那怎么办?我面临这个问题。我受到极大的制约,其中一部分制约就是渴望安全。小孩子需要安全;为了正常运作,脑子也需要绝对的安全。但那个需要安全的脑子,可能在某些神经质的信仰或某些神经质的行为中找到安全。所以它在传统中找到了安全并抓住不放。它在观察者和被观察者的这种分裂中找到了安全,因为那就是传统的一部分,因为如果拒绝观察者,我就会迷失!

那么,我现在面临着这个事实,即观察者与被观察者之分,或者不管我采取什么行动,都是意识内容的一部分。你们清楚这一点了吗?那接下来怎么办?我们不是在问意识或无意识的问题,因为那个问题就包含在这个问题中。我们说,意识只在某个层面上观察,但是还存在深层的动机、深层的意图、深层的动力,那一切都是我的意识内容,而我的意识即世界的意识。

那么我该怎么办?我的心认识到,它必须从制约中解脱出来,否则我就是它的奴隶。我看到世界会有战争,会有敌对,会有分裂。所以有智慧的心说,无论如何它必须解除自身的制约。没有分析者和被分析者之分,要怎解除制约呢?我们知道内容就是意识,想要摆脱制约的任何努力仍然是那个内容的一部分。明白吗?那么,面临这个问题,要怎么办?

问: 要么接受世界现在的样子,要么完全拒绝——我们无法接受世界现在的样子。

克: 接受它的你是谁?为什么你要接受它或拒绝它?那是事实。天上有太阳。你接受它还是拒绝它?它就在那里!你面临这个问题,如果你拒绝它,那个在拒绝的人是谁?那个人就是他所拒绝的意识的一部分,他拒绝,只是因为那部分没有满足他。如果他接受,他会接受满足自己的那部分。

问: 但事情比那更困难。因为如果你只是被印度教徒的身份制约,你甚至可能都不知道。回到你之前说的神经质的模式:一个人可能深陷于一种神经质的模式却不自知。

克: 先生,那就是为什么我要让你看清一些东西的原因。

问: 我怎么能拒绝它?

克: 你无法拒绝任何东西。它就在那里!如果你发现你什么也做不了,会怎样办?

问: 你就停下来了。你感到所有这些意识并不真是那么回事,你可能是个怪物。感觉到你是这样的,你就停了下来,但那个过程会继续,你无能为力。

克: 不是的。只有当你还不了解意识内容时,过程才会继续——不管是不是神经质,是不是同性恋,那内容将所有情况都包含其中。如果我选择一部分并抓住不放,那就是神经质的本质特征。所以,我的任何行动,即我的意识内容的一部分,都无法解除制约,不能用那种方式解决。

那我该怎么办?理解了吗?我不会拒绝也不会接受,因为那是事实。

问: 不管你做什么只是加强了那种分裂。

克: 因此,你怎么办?

问: 你什么也做不了。

克: 等等,你的结论下得太快了。你不知道什么也不做是什么意思!

问: 我能引用弗洛伊德的话吗:你必须把无意识带进意识。

克: 弗洛伊德说什么我不感兴趣。

问: 我感兴趣。

克: 为什么?

问: 因为那是事实。事实上你可以看到它。

克: 你在引用弗洛伊德的话,还是你自己观察到了这一点?你说无意识跳出来行动或者无意识阻止了行动,那是你自己的经验吗?你仍然在用分裂的方式思考——意识和无意识。我现在根本没那么思考。

问: 分裂并不真正存在。

克: 可你还是说:无意识跳了出来。

问： 那不过是一个词——比如"意志"。

克： 哦，不是的，如果我们用"无意识"这个词，我们的意思一定是指没有意识到的东西。对我来说，那是一种分裂的说法。所以，如果你知道那么说是分裂的，为什么你还坚持？

问： 可我们的无意识确实在起作用！

克： 当然在起作用。有人说他是异性恋，但内心深处他可能是同性恋。我们总是自相矛盾，我们一直是伪君子。所以我说这一切都是意识的一部分：传统、弗洛伊德、坚持、不坚持、不喜欢嬉皮士、喜欢老古板——都一样。所以我要对你们说，全部内容都是我的意识。我不会选择一部分，不选另一部分；我不会因为一部分令我满意或因为我被那样制约就抓住它不放。

问： 但你说"宗教之心"时，你谈到……

克： 恐怕我是这么说的。

问： ……你也分裂了问题。

克： 哦，不是的。我说如果没有任何形式的分裂——不但没有表层的分裂，意识本身的内容也没有分裂，比如观察者和被观察者的分裂——如果没有任何类似的分裂，那就有宗教之心的品质了。那一点很清楚地阐述过了。

现在请你听就好。如果我们说内容构成了意识——不管是弗洛伊德的哲学还是你自己的特殊经验——一切都包含在意识里。印度的穷人从来没听说过弗洛伊德或者基督，但是在基督神话中长大的人说：那是事实。而那个贫穷的村夫，也有他的上帝，他也说：那是事实。两句话都是他们意识里的内容。很显然吧，先生？

问：不清楚。

克：你看，你拒绝放开你抓着不放的特殊部分。这就是我去印度时不得不斗争的东西，因为多少世纪以来，印度人都认为存在阿特曼和梵，也就是上帝，他们是在这种观念中长大的。他们根深蒂固地相信只有这两样东西融合为一，开悟才有可能。我觉得那全是胡说八道，都是思想虚构出来的。

那么，我已经得出这一点：我自己发现，内容中的任何活动仍然是内容的一部分。我知道得很透彻，犹如阳光一样清晰，那是绝对的事实。于是我对自己说：那么，心要怎样从自身的制约中解脱出来呢？

问：你必须超越制约。

克：不对，要"超越"就表明那仍然是意识的一部分。

问：但你倾听的时候可以超越自己。

克：是的，非常正确。

问：因为我感到你已经丢弃了你的制约，我会倾听你，真正地倾听。

克：我了解你的意思，先生，但你并不了解我，请不要说"你已经解除了制约"。你不知道那是怎么回事，所以请不要判断。

问：我们并不想摆脱自己的制约。

克：那就留着好了，活在你的制约中吧！活在混乱中,活在痛苦中吧!打仗吧!如果你喜欢,那就死守不放好了。这正是世上发生的事!阿拉伯人死守他们的制约,那就是他们要打以色列人的原因。而以色列人也死守他们的制约。世界就是这个样子。我有我的锚,我不会放开。那么知道了这一切,心要怎么办?

问: 我变得非常平静。我什么也不做。

克: 你们理解他的说法吗?他说:当我面对我完全被制约的事实,我变得安静。我可以对自己玩玩花招,说我正在解除自己的制约,那就是我的训练的一部分、意识内容的一部分。他说"我变得安静了",是这个意思吗?

问: 我不得不引入"我"这个词。

克: 没错。他真实的意思是,说"我"这个词只是一种方式。那么,如果你面对某些你无能为力的问题,会怎样?因为你的制约,迄今为止,你一直以为你可以对此做些什么,你可以改变,你可以处理,你可以扭转局面,但那仍然局限在同一个地方,只是从一个角落转移到另一个角落。如果你认识到那个领域内的任何活动都是受制约的,会怎样?如果阿拉伯人和以色列人说:注意,我是受制约的,你也是受制约的。然后会怎样?先生,继续说,会怎样?

问: 然后就可以生活了。

克: 我认识到自己是完全受制约的,我可以对自己玩的任何花招都是我的制约的一部分。从天主教徒变成印度教徒,从印度教徒变成共产主义者,然后又回到禅,从禅再到克里希那穆提，没完没了。(听众笑) 这些都是我的制约的一部分，是这整个意识内容的一部分。如果我认识到了这一点，会怎样？

问： 那个过程自己停下来了。

克： 你的过程停下来了吗？不要推理！

问： 那是事实。它自己停下来了。

克： 事情比这复杂多了。你太快了，没有跟着问题走。你想要一个结论。

问： 心看到了这一点，它已不是刚开始提问时的那颗心了。

克： 对了。慢慢来，先生。心开始探究自己的内容，结果发现了极度的分裂、矛盾、支离破碎、死硬、好斗，如此等等。这样的一颗心会怎样？

问： 它变得非常清晰。它赢得了空间，另一个境界的空间。

克： 好，先生，那我问你另一个问题：当你认识到这个事实，你日常生活的行为是怎样的——不只是危机时刻的表现？

问： 也许我们并没有认识到事实。

克： 这就是我的意思。要么你认识到了这个事实，然后那事实从根本上改变了你的意识结构，要么你就是还没有认识到。如果你没有认识到——显然没有——只是嘴上说"我明白了"，这毫无意义。当你面对这个事实，你日常生活的行为是怎样的？把两者联系起来，你就会知道答案了。就是说：我认识到印度教徒的身份制约了我，我认识到自己在一个特殊的环境下长大——世界导师、献身、蜡烛、礼拜，如此等等；必须面对世界、财产、金钱、地位、名望——我看到这一切都是意识内容的一部分，都是"我"的一部分，这份领悟跟我的日常生活有什么关系？除非我把它跟日常生活联系起来，否则它就只是停留在口头上、理论上，毫无意义。所以我必须把它跟日常生活联系起来。如果你无法回应它，你就是还没有认识到它，你只是在玩语言游戏。

问： 在我看来，每次你提出一个问题，每个试图找出答案的人都存在问题。我们应该认识到你的问题是无法回答的。

克： 当然不是这样的，先生。我问是因为不得不问。

问： 没错。提问的人一般都是在寻找答案。

克： 那就是我的意思。不管你受制于一种神经官能症还是其他什么，如果你认识到了这所有的制约，这种认识对你的日常行为会产生什么影响？

问： 自我的所有努力都停止了？

克： 你要去搞清楚。当你说"我明白了"，如果这种认识跟你的日常行为之间存在分裂，就会有冲突。冲突就是混乱，我们就活在混乱中，世界和你以及其他人都活在混乱中。那么，如果对真理有了真正的领悟，就像知道"火焰烫手，毒药致命"，那会怎样？如果你对这个事实有那样深刻实在的认识，那么在这样的认识中，你日常生活中的行为会怎样?

问: 这种认识促使我对日常生活保持觉察——觉察就是所需要的一切。

克: 哦,不是的,夫人。根本不是那样的。

问: 它必然完全改变我的生活方式。

克: 去搞清楚,先生。它当然会改变我的生活方式。但我不是要你领情,我只是在问你:你认识到了吗?就像你牙疼时对痛苦实实在在的认识——你采取了某些行动。你不会把它理论化,你会去最近的一家药店,或者找个牙医,你会有所行动。同样,如果心完全认识到你是受制约的,认识到你的意识就是其内容,并且认识到你采取的任何行动仍是那意识的一部分——试图摆脱它、接受它或拒绝它,仍是它的一部分——那么,对那个真理的认识要怎样影响你的生活?对那个事实蕴含的真理的认识会自己行动,明白吗?那个真理,具有高度的智慧,它会随时行动。

问: 但是,如果你仍然陷于自己的恐惧和欲望,你能认识到那个真理吗?

克: 不能。你试图用另一部分克服恐惧的那部分。用那种方式,你摆脱不了它的,所以必须用不同的方法处理你称之为恐惧的部分。方法就是:对恐惧绝对无为,什么也不做。你能做到吗?

火车呼啸而过时发出的噪声我无能为力,那我就倾听它。我对火车的轰鸣没有办法,因此我不抗拒它,我倾听，噪声盈耳但影响不了我。同样，如果我认识到自己的神经质，认识到自己执着于一种特别的信仰方式、特别的行为方式，认识到自己是同性恋或不管什么，认识到自己怀着巨大的偏见，我只是全身心地倾听。我不抗拒它，我完全、彻底地用心倾听。

我们一开始的问题是，我能否把全部的生命运动看成一个统一的过程。中东的杀戮、难民、战争，天主教徒、新教徒，科学家、艺术家、商人，私生活、公众生活，我的家庭、你的家庭——生活就是这无尽的分别，这种分别给世界和我自己带来了如此这般的混乱。我能把这一切看成奇妙的单一运动吗？我做不到，事实如此，我做不到，因为我自己内心就是四分五裂的，我的内心深受制约。那么接下来我关心的就是，不是搞清楚怎样过一种统一的生活，而是看看分裂究竟能不能结束。只有我认识到我的意识就是由这些分裂的部分构成的，分裂才能结束。我的意识就是那分裂。如果我说"必须融合，必须整合在一起"，那仍然是我对自己玩的花招的一部分。所以我认识到了。我认识到它是一个真理，就像火焰会烫手，你骗不了我，那是事实，我跟它在一起。我必须搞清楚它在我的日常生活中是怎样运作的——不要猜，不要玩，不要推理。因为我已看到其中的真理，那真理会行动。如果我没看到却假装看到，我就会把我的生活搞得一团糟。

萨能
1971年8月4日

智慧觉醒了吗

> 如果旧脑子明白了它永远无法了解自由，明白了它发现不了任何新东西，那份领悟正是智慧的种子，不是吗？那就是智慧。

克里希那穆提：我们讨论了意识和无意识，还有意识的内容。今天早上我们要继续讨论那个话题，还是你们想讨论其他问题？

提问者一：继续那个话题。

提问者二：我想进一步讨论智慧与思想的关系、寂静与死亡的关系。

提问者三：我不知道我们是否完成了昨天的讨论，是否真的彻底探索了我们生活中的动机问题。

克：不知道我们能不能通过思考智慧和思想的关系把意识的这个问题讨论得更深入，也许我们还能探究一下寂静及其与死亡的关系的问题。不过，在我们开始探究之前，还有几个跟我们昨天的讨论有关的问题。不知道你们自己有没有深入探究过：你了解了什么？其中有多少是真实的了解？

昨天我们说，大部分人都被文化、环境、食物、衣着、宗教等制约。制约就是意识的内容，意识就是制约。思想跟那制约有什么关系？存在制约时，还有智慧吗？

如果客观地检视并观察自己，不作任何谴责或判断，我们会发现身上的制约不仅在表层,也在极深处。有深层的制约存在,这可能是家庭、种族积累、一些并不明显却渗透极深的影响造成的。心究竟可不可能摆脱那一切?如果受到了制约,心能完全解除自身的制约吗?或者,心能防止自己——不是靠抗拒——总是受制约吗?这两件事与思想和智慧有关,也与寂静和死亡有关,是我们今天早上必须检查的问题。可以的话,我们将要探究的这个问题,会涉及整个领域。

心究竟为什么会受制约?它那么敏感,那么容易受伤吗?它娇柔、敏锐,总是在人际关系中受伤、受制约。有可能让那制约从此一冲而散吗?我们意识到心、脑子本身受到了制约,经过数千年的演化,脑子已是记忆的仓库。你可以自己观察,不需要阅读哲学书、心理学书——你们可能需要,但至少我不需要。脑子,经过了时间的演化——时间即过去、记忆、经验、知识的累积——会在表层或深层根据自身制约即刻地对任何挑战作出反应。我想这点是清清楚楚的。

这源于过去的反应可以延迟吗?以便挑战和反应之间能出现一个时间差?我以一个非常表层的制约为例:我们都在特定的文化、信仰或模式中长大,如果那些东西受到质疑,我们就会根据个人背景作出即刻的反应。你说我是个傻瓜,我就会立即反应说"你也是傻瓜",或者生你的气,或产生这个那个反应。那么,如果你说我是个傻瓜,在我反应之前,可不可以有个时间差,有个空间?那样一来,脑子就能充分安静,作出不同的反应。

提问者： 或者观察它自己的反应。

克： 脑子根据自身的制约、根据各种各样的刺激，无时无刻不在作出反应，它动个不停。脑子的活动就是时间的反应、记忆的反应，脑子里包含着整个过去。如果脑子能把持自己，不立即反应，那么新的反应就有了可能。

我们生活其中的文化、过往的种族遗传等，设定了种种陈规陋习，脑子就在这些陈规陋习中运作。对任何刺激，它无时无刻不在作出反应——判断、评价、相信、不相信、讨论、维护、否定，等等。脑子不能没有过去的知识，它必须有，否则就发挥不了作用。那么我要问，脑子——旧的那部分——能不能让自己安静下来，好让新的部分能运作起来？如果你恭维我，旧脑子就说："感觉真好。"但旧脑子能不能听你说，却不作反应呢？那么一来，新的活动也许就能产生了。新的活动只有在寂静时才能产生，只有头脑机制的运作不依循过去时才能产生。这一点清楚了吗？清楚是指在你自己身上观察到，否则没有意思。我不是在解释给自己听，我们是在一起探讨。

检查我们的所作所为，我发现旧脑子总是在根据它局限的知识、传统、种族遗传作出反应，而如果它在运作，就没有什么新东西能够产生。我想搞清楚旧脑子能不能静下来，那样的话，新的活动就能产生了。如果我在人际关系中观察，留心旧脑子的运作，如果脑子明白了那个真理，明白了自己必须安静才能产生新的运作，我就能知道脑子能不能安静下来了。

脑子不是在强迫自己安静。如果它强迫自己安静，那就还是过去的模式。那种情况存在着分裂、冲突、纪律等问题。但如果旧脑子明白或理解了那个真理——只要自己对任何刺激立即反应，就是在老路上绕圈子——如果旧脑子明白了这个真理，就会安静下来。带来安静的是那个真理，而不是安静的企图。

你看，这个问题非常有意思，我们发现某些心从未被制约过。可能你会说，你怎么知道？我知道，因为讲者本人就是这样的。你可能信，可能不信。实事求是就好。

我要问，为什么脑子总是在旧模式中运作？如果它不在旧模式中运作，就会根据内存设立跟旧模式相反的新模式。我们只用到脑子很小的一部分，那一小部分就是过去。脑子有一部分根本还没有发挥出作用，那部分是开放的、空灵的、崭新的。你对此有了解吗？不要同意。如果你完全意识到的话，你只知道旧脑子的运作。现在我要问，为了产生新的反应，旧脑子能不能面对刺激不为所动？下一个问题是：那个深受制约的脑子，怎样能稍稍控制一下呢？我可以接着说吗？

问： 当然可以。

克： 我们发现，在有需要时，在紧急情况下，在问题至关重要时，脑子确实控制住了——为的是开动一个新的、从未被触及的心灵、脑子。这种事时而发生，并不只是我的经验。任何淡泊名利的顶级科学家一定都问过这个问题，不然他们怎么发现新事物呢？如果旧脑子转个不停，就发现不了任何新东西。所以只有旧脑子安静下来，某些新东西才会被看到，在那个安静的状态下,某些新东西被发现了。这是事实。

好,不强迫脑子,那份宁静怎么来呢?脑子怎么自动静下来?旧脑子发现不了任何新东西,只有当它明白了这个真理并因而安静下来,才能发现新东西。那个真理让它静了下来,它并不渴望安静。这一点非常清楚了吗?接下来,那份安静能一直运作,而旧制约及其知识则只在必要时运作吗?明白我的问题了吗?

问: 你说"一直运作"?那不会引发冲突吗?

克: 先生,请听好。我想搞清楚这个问题,我在发问,我没有说"它必须安静"。我明白旧脑子必须运作,否则我就说不了英语,开不了车,也认不出你了。旧脑子必须发挥作用,但同时,只要它不安静,就发现不了任何新事物。明白了吗?

听众: 明白了。

克: 我问自己:在安静中运作的新脑子和旧脑子是什么关系?旧脑子就是思想,对吧?旧脑子就是累积的记忆,而根据这些记忆作出的任何反应都是思想。那思想必须运作,否则你什么也做不了。

问: 你这不是在划分吗?

克: 不,这不是划分。这就像一幢房子,它是一个整体,但里面有分开的房间。

我们有两个发现。一个是,那个旧脑子——我们暂且这么叫——是受制约的脑子,它历经无数年积累了知识。我们没有把脑子分为旧的和新的,只是想传达一个意思,就是在头脑的总体结构中，有一部分是旧的，这并不表示它与新的部分是分开的、不一样的。那我对自己说：我看到如果旧脑子运作的话，就发现不了任何新事物。只有旧脑子静下来时，新事物才能被发现。而旧脑子只有明白了这一真理，即新事物无法被旧脑子发现，它才能静下来。那么我们得到了这个事实：为了发现新事物，旧脑子必须自然而然静下来。

提问者一： 是新脑子发现的，还是旧脑子发现的？

提问者二： 哪个都不是。

克： 回答问题，先生们！我的脑子说："我真的不知道，我会去搞清楚。"你已经问过一个问题，就是：旧脑子识别出新脑子了吗？或者新脑子运用了旧脑子吗？

旧脑子静了下来，因为它已经彻底明白它永远也发现不了任何新事物。我们甚至不会用"发现"这个词。如果旧脑子转个不停，就没有新活动会产生。旧脑子看到了这一事实，于是静了下来。然后，新活动、新事情就发生了。那事情被旧脑子识别出来了吗？或者它为新脑子打开了使用它的大门吗？

注意，先生们，这真的非常重要，虽然你们没听懂，因为我想找的是全新的生活。我意识到旧生活的可怕、丑陋和残忍。我必须发现一个新的维度，与旧脑子无关的维度。旧脑子怎么活动都不可能发现不同的维度。意识到这一点，它就安静了下来。那寂静中产生了什么？让我们顺着这个方向继续探讨。如果旧脑子明白了自己无法发现新维度，会产生什么？

问： 未知？

克: 不是，不要编造。除非你体验到了，否则不要胡猜。

问: 有了空间。

克: 等一下。这位先生说，旧脑子安静时，就有了空间。我们来检查一下。你说的空间指什么意思？

问: 虚空。

克: 请不要编造，不要猜测，要观察。你的旧脑子安静了吗？

提问者一: 没有。

提问者二: 如果旧脑子安静了，你还能问那个问题吗？

克: 我在问你。问题可能错了，但我们必须搞清楚。

问: 脑子尚未启用的部分开动了。

克: 大家听他说些什么。旧脑子安静时，也许脑子尚未启用的新的部分开动了。就是说，我们只动用了脑子非常小的一部分，当那一小部分安静时，其余部分可能就活跃了。或者，它一直都活跃着，但我们并不知道，因为积累知识、传统、时间的那部分总是超级活跃，因而我们根本不知道还有另外一部分，它可能有它自己的活动。听得懂吗？

这真是非常有意思的问题。请稍微思考一下：不要说句"我不明白"，然后就丢开不管了。用心思考！你知道，我们过度地使用旧脑子，从来没细想过脑子的其他部分，没细想过那部分是怎么回事，它可能具有另一维度的品质。我说，如果旧脑子真的安静了，就能发现另一维度的品质。我的意思就是这样。懂了吗？如果旧脑子彻底安静了，不是被迫安静，而是自然而然明白它必须安静，于是就安静了，那么我们就能搞清楚发生了什么。

那么,我要研究一下——不是你们——因为你们的旧脑子不安静,同意吗?你们的旧脑子还不明白在任何刺激之下完全保持平静的必要,当然对身体的刺激除外。就是说,如果你拿针刺我的腿,它就会作出反应;但既然没人在拿针刺我的腿,旧脑子就可以安静。

我想要搞清楚新脑子的品质,那旧脑子无法识别的品质。因为任何没有经历过的东西,任何不是记忆的产物的东西,旧脑子都无法识别。这点清楚了吗?那么我要问:新脑子是什么?旧脑子对此一无所知,因此它只能说:我真的不知道。我们就从这里继续探讨——你们有些人理解了吗?旧脑子说:"我摸不着它,我真的不知道。"因为我摸不着它,认不出它,我就不会被它欺骗。我对这个新脑子的新维度一无所知。当旧脑子安静下来却识别不出时,它只能说:"我真的不知道。"旧脑子能守在不知的状态中吗?它说过,"我终其一生都在用知识和识别发挥作用"。涉及我不知道的东西,我要学习的东西,运作着的它就会说"我知道",但总是局限于认知的模式。现在它说"我真的不知道",因为某些新东西产生了。那个新东西无法被识别,因此我与之还没有关系。我会搞清楚的。

那么,不知的本质是什么?在不知的状态下存在恐惧吗?不知即死亡。懂吗,先生们?当旧脑子实实在在地说"我不知道"时,它就放开了一切已知。它完全放弃了想要知道的意图。所以,有一个领域是旧脑子无法运作的,因为它不知道。那么，那个领域是怎样的？可以描述吗？只有旧脑子识别出它，并为了交流而用语言表达时，它才能被描述。所以，有一个领域是旧脑子进不去的。这不是虚构，不是理论，这是事实。当旧脑子说"我真的对此一无所知"，意思就是它无意了解那个新东西。明白其中的区别了吗，先生们？

那么，我想用非语言的方式搞清楚这个问题，因为一旦使用语言，我就退回到旧脑子的领域。因此，对于某些新东西，有没有一种非语言的了解方式？我的意思是，不发明新的语言，也不打算描述它、抓住它、把握它。那么我只是在质疑，心在检视某些它根本不知道的东西。这可能吗？它看的时候总是在学习、在抗拒、在回避、在逃避或者在征服。它现在做的完全不是那一类事。明白了吗？如果这一点不了解，你就无法了解另一点。

那东西旧脑子无法了解，因此也不可能知道或获得关于它的知识，那是什么呢？有这么个东西吗？或者它只是旧脑子虚构的，因为想折腾些新花样？如果是因为旧脑子想折腾些新花样，它就还是旧脑子的一部分。现在我已作了彻底检查，旧脑子已了解了它的结构和本质，因此彻底静止了，不想知道了。这里就是困难所在。

存在某些真实的、不是想象、不是虚构、不是理论的东西吗？某些旧脑子无法了解、无法识别也不想了解的东西吗？有这样的东西？讲者认为这东西是存在的，但讲者怎么认为并没有价值，可能是在自欺，只有你们发现了它，只有在这个意义上，才是有价值的。所以，你必须搞清楚新脑子——如果你看到了新脑子的话——和旧脑子的关系，旧脑子在生活中必须客观、理性、非个人化地运作，也就是高效运作。旧脑子抓住了新脑子，就有了不同的生活？还是新脑子以旧脑子无法识别的方式运作，而那种运作就是新的生活？

注意！慢慢来，花点儿时间。这旧脑子，它的意识，已经存在了数千年，旧脑子的意识就是它的内容。我们可能已获知了它的内容，浅层的或深层的，那就是旧脑子包含的人类数个世纪的努力和演化所得的全部知识、全部经验。如果脑子在那个意识的领域运作，就永远发现不了任何新东西。这是绝对的事实，不是理论。我们对自由一无所知，对什么是爱，什么是死亡一无所知。除了嫉妒、羡慕、恐惧，即旧脑子的那些货色，我们一无所知。于是这个旧脑子，认识到自身不可突破的局限后，安静了下来，因为它已发现自己不自由。因为它发现了自己不自由，脑子新的部分就开动了。不知你们明白了没有？

注意！我一直在往南走，却以为自己正走向北方，忽然我发现自己搞错了。在发现的那一刻，就来了个彻底的大转弯——不是旧脑子转弯，而是整个儿转弯。这个弯不是转向北方，也不是转向南方，而是截然不同的方向。就是说，在发现的那一刻，出现了截然不同的活动，即自由。

问： 你能说说探索问题的强烈意图跟旧脑子渴求新脑子的欲望有什么区别吗？

克： 旧脑子对新脑子的欲望，还是旧脑子的东西。因此，渴求新脑子或渴求经验新脑子——你可称之为开悟、上帝或随便什么——那还是旧脑子的一部分。因此那种欲望是错的。

提问者一： 克里希那吉，你知不知道，你在讲的是最高深的哲学，而帐篷里的我们，彼此甚至还没有那么一丁点儿关系。

提问者二： 我们是谁？

克： 我们已经探讨过了——我们是猴子！注意，先生，我们这里谈的不是什么"最高深的哲学"，而是纯粹的东西。你跟他人没有关系，只要旧脑子在运作，你跟他人就没有关系，因为旧脑子是在意象、图像、过去的事件中打转的，如果过去的事情、意象、知识很强大，关系就会走向终点——显然如此。对于这一切，你切切实实认识到了吗？不是理论上的认识。如果我构建了一个关于你的意象——你是我的妻子、朋友、女朋友或不管什么——那个意象、那个知识，即过去，显然阻碍了关系。关系意味着当下即刻的直接联系，在同一层面上，有着同等的强度、同等的热情。如果我对你抱有一个意象，你对我抱有一个意象，就不可能存在同等的强度和热情。所以，你要看清楚自己是否对他人抱有意象。如果显然你抱有意象，那就要用功，下功夫去搞清楚，搞清楚你是否真想跟他人有关系，我对此抱有怀疑。我们都自私、封闭得厉害。如果你真想跟他人有关系，就必须了解这整个过去的结构——这就是我们一直在做的事。如果那个结构消失了，你就会有一种关系，它分分秒秒都是全新的。那新关系就是爱——不是旧脑子在鼓吹的爱！

那旧脑子抓不住、摸不透的新品质、新维度跟我的日常生活有什么关系？我发现了那个维度，我发现是因为我看到了旧脑子永远无法自由，无法发现真相。因而旧脑子说：我的整个结构跟时间有关，我只在涉及时间的事物中运作，比如机械、语言，诸如此类的事物，所以那部分必须彻底静止。那么这两者是什么关系？旧脑子跟自由、爱、未知有任何关系吗？如果它跟未知有关系，那未知就还是旧脑子的一部分，懂吗？但如果说未知跟旧脑子有关系，这就是另一个截然不同的命题了。不知道你们明不明白？

我的问题是：这两者是什么关系？谁想要关系？谁在要求这个关系？是旧脑子在要求吗？如果是旧脑子要求关系，这关系就还是旧脑子的一部分，那么它跟另一个就没有关系。不知你们有没有看到其中的美。旧脑子跟自由、跟爱、跟这个维度没有关系。但那新维度、那爱可以跟旧脑子有关系，反之则不然。明白了吗，先生们？

所以下一步就是：如果旧脑子跟新脑子没有关系，但新脑子在生活中一边运行一边建立关系，那么日常行为会怎样？心发现了新东西。在已知的领域，在旧脑子如鱼得水的领域，那新脑子要怎么运作？

问： 那是智慧进入之处吗？

克： 等一下，先生，也许你说对了。如果旧脑子明白了它永远无法了解自由，明白了它发现不了任何新东西，那份领悟正是智慧的种子，不是吗？那就是智慧："我做不到。"本来我以为我能做很多事，我确实可以，在某个方向上，但在另一个全新的方向上，我什么也做不了。显然，发现那一点就是智慧。

那智慧跟另一个新维度是什么关系？另一个新维度跟这含义非凡的智慧有关吗？我想搞清楚我们所指的"智慧"是什么意思；心必须不被语言所困。这些世纪以来，旧脑子显然以为自己可以拥有上帝，拥有自由，它可以为所欲为。忽然，它发现旧脑子的任何活动都还是旧脑子的一部分；因此智慧就是这份领悟，领悟到它只能在已知的领域发挥作用。我们说，发现那一点就是智慧。那么，什么是智慧？它跟生活有什么关系，跟旧脑子不了解的维度有什么关系？

你知道，智慧不是个人的，它不是辩论、信仰、意见或推理的产物。如果旧脑子发现了自己会犯错，发现了自己有能耐的地方和没能耐的地方，智慧就形成了。那么，那智慧跟这新维度是什么关系呢？我宁愿不用"关系"这个词。

这不同的维度只能通过智慧运作。没有那智慧，它是无法运作的。所以，在日常生活中，它只能在智慧起作用的地方运作。旧脑子活跃时，存在任何形式的信仰、存在对脑子任何一部分的执着时，智慧是无法起作用的。那都是缺乏智慧的表现。相信上帝的人、声称"只有一个救世主"的人，是不智的；声称"我属于这个团体"的人，也是不智的。如果你发现了旧脑子的局限，那份发现就是智慧，而只有那智慧起作用时，新维度才能通过它运作。就到此为止。明白了吗？

问： 我可以提另一个问题吗？我不完全赞同你的说法。你所说的智慧只涉及主要智慧，但我们还需要次要智慧，就是说，整合新旧脑子的能力。

克: 没智慧才会有这种事。我不会用"整合"这个词。那智慧不只是主要的,还是根本的,有它,新维度才能运作。

问: 但在你今天的讲话中,我总是听到"主要"这个词。我认为你说的"新",在某种意义上就是"主要"的意思。如果我玩扔硬币的游戏,我猜不出会出现硬币的哪一面,我们说这游戏就是一个随机事件。我想知道,你认为你所说的"全新"跟我刚解释的随机事件有什么联系?

克: 我明白你的意思。教授问随机、偶然跟某些全新的东西有什么关系。在我们的生活中,有些事似乎是偶然发生、随机出现的。那件事是新的、完全出乎意料的吗?还是一件没有检查到、没有意识到的隐秘之事?

我偶然与你相遇。那是完全偶然的事吗?还是某些没有意识到的未知把我们聚集到了一起?我们可能认为那是偶然,但根本不是。我遇见你,我并不知道你的存在,在相遇的过程中,我们之间发生了某些事。这样的相遇可能是众多我们没有意识到的其他事造成的,于是我们可能会说:"这是个随机事件,这是出乎意料的偶然,这是全新的。"事情可能并不是这样的。生活中究竟有没有偶然——没来由的事?或许生活中凡事都有它基本的深层的原因，我们可能不知道，于是就说"我们的相遇是偶然发生的，这是个随机事件"。产生了果，因就变化了；果又变成另一个因。有因有果，而此果又变成下一个果的因。所以，因果是一条环环相扣、连绵不断的链子。并不是同一个因同一个果，因果在不断经历着变化。每一个因、每一个果，改变着下一个因、下一个果。既然生活是这样的，还有任何出乎意料的、偶然的随机事件吗？你们说呢？

问：这随机理论就是建立在因果关系的基础上的。

克：因果关系？我并不认为生活是那样运行的。因变成果，果变成因——你可以在生活中观察到这一点。所以，我们绝不能说"因和果"就在那里！教授问的是未知——不是新维度意义上的未知——跟偶然事件的关系。

问：未知在相对论的世界之外。

克：你可以讨论这个问题。我对这些一无所知。我在谈的是人的关系，人类，而不是数学问题、随机事件以及数学秩序。那类事情对我们的日常生活似乎没什么影响。我们关心的是为日常生活带来改变，改变我们的行为方式。如果我们的行为建立在过去之上，就仍然会带来冲突和痛苦。我们就在谈这个。

萨能

1971年8月5日

恐惧

> 对于不知道的东西，思想能获得关于它的知识吗？所以会有恐惧。思想试图搞清楚未来，因为不知其内容，它就怕了。

提问者一： 我想讨论恐惧和死亡，讨论它们与智慧和思想的关系。

提问者二： 能探究一下"世界就是我，我就是世界"的说法吗？

提问者三： 我们能不能讨论一下（不要理论化），如果真的有可能摆脱已知事物，那么死后会发生什么？

克里希那穆提： 恐惧是个复杂的问题，我们必须探究它，不带任何预设的想法，而是真正深入探索恐惧的整个问题。首先，探究这个问题时，我们不把它当作集体恐惧处理，我们的讨论也不是摆脱恐惧的集体治疗。我们是要搞清楚恐惧的含义以及它的本质和结构，搞清楚深植于我们存在深处的恐惧能否被了解，以及心可不可能从恐惧中解脱出来。你们怎么应对这个问题？你们有任何身体上或心理上的恐惧吗？如果有心理上的恐惧，你们怎么处理？我们等下再谈身体上的恐惧。

假设我怕失去我的地位、我的名望：我依赖听众，依赖你们的支持，依赖你们的谈话带给我活力。随着年岁增长，我怕自己可能变成老糊涂，我怕我将面临一无所有。这种恐惧是怎么回事？或者我怕自己依赖你——或男或女——这种依赖使我对你产生执着，因而我怕失去你。或者我怕是因为我以前做了某些悔事或愧事，我不想你们知道，我怕你们知道那件事，我会内疚。或者我十分担心死亡，担心生活，担心别人的闲言碎语，担心别人怎么看我。我有强烈的不祥预感、焦虑感和自卑感。我忧虑着死亡，过着毫无意义的生活，借助人际关系在某个人身上寻求保障。或者由于焦虑，我在某种信仰、某种意识形态、上帝等之中寻求安全感。

　　我还怕这一生不能做想做的一切。我没能力也没智慧，却野心勃勃想达成什么，所以我也惧怕。当然，我还怕死，我怕孤独，怕不被人爱。所以我想跟另一个人建立关系，一种不存在这样的恐惧、焦虑、孤独感、分离感的关系。我还怕黑，怕电梯——这种神经质的恐惧数不胜数！

　　这恐惧是怎么回事？为什么你，为什么每个人，会怕？是因为不想受伤，还是因为我们想要彻底的安全，因为找不到这种身体上、情感上、心理上彻底的安全感和保护，于是变得对生活极度焦虑？所以我们有这种不确定感。那么，为什么会有恐惧？

　　我们的主要问题之一就是恐惧，不管我们有没有意识到，不管我们要逃开它，还是企图克服它、对抗它、增长勇气，诸如此类，恐惧仍然在那里。我问我自己，我问你们，心是不是那么脆弱，那么敏感，以致从儿时起就不想受伤，不想受伤就竖起高墙。我们非常害羞或咄咄逼人，在你攻击之前，我已准备用言辞或念头回击你。这辈子我受了那么多伤害，每个人都伤害我，每个人都践踏我。我不想再受伤。这是恐惧存在的原因之一吗？

你曾受伤，不是吗？由于那伤害，你使出浑身解数。我们抗拒很多事情，我们不想再受打扰。由于那份受伤的感觉，我们执着于某些东西，希望它们保护我们。因而我们变得好斗，我们坚守保护我们的东西，反抗一切攻击。

身为人类，我们坐在这里，想要解决这个恐惧的问题。你惧怕的是什么？是身体上的恐惧——怕肉体的痛苦，还是心理上的恐惧——怕危险，怕不确定，怕再受伤，还是怕找不到彻底的安全？还是怕被支配？然而我们已经被支配了。所以你惧怕的是什么？你觉察你的恐惧了吗？

提问者： 我恐惧未知。

克： 听听这个问题。为什么我们要怕未知？我们对它一无所知啊，又怕什么？请探究一下。

问： 往事留下了烙印，于是就有了怕它再次发生的恐惧。

克： 但这是怕放手已知之物，还是怕未知？明白吗？怕放手我苦心积累的种种——我的财产、我的妻子、我的名誉、我的书籍、我的家具、我的漂亮脸蛋、我的才能——放手我已知的一切，放手我经历的一切，是恐惧这些吗？还是恐惧未来，恐惧未知？

问： 我发现，通常我怕的是未来会怎样，而不是现在的事。

克: 我们要探究一下吗？

问: 不是那种怕明天有什么不测的恐惧，而是怕失去自己今天认可的东西、满足的东西。

克: 注意听，这位先生的问题是："我不惧怕昨天或今天，但我惧怕明天会怎么样、未来会怎么样。"可能是二十四小时后的明天，也可能是一年后的明天，但我惧怕的就是这个。

问: 可未来就是我们因为过去而怀有的一切期待的结果啊。

克: 我惧怕未来，我怎么处理这件事？不要跟我解释，我想要搞清楚怎么解决这恐惧。我惧怕未来可能发生的事：我可能生病，可能丢掉工作，可能发生一打的事，我可能发疯，可能失去我储存的一切。请探究一下。

问: 我认为我们恐惧的可能不是未来，而是未来的不确定性，无法预知的事。如果未来可预知，就不会有恐惧，我们知道什么事会发生。恐惧是一种身体防卫，防卫某些新的东西，防卫生活的整个不确定性。

克: "我怕未来，因为未来不确定。"我不知怎样处理这整个存在的不确定性，因而我怕。恐惧是未来的这种不确定性的象征，是这个意思吗？

问: 这只是一部分，还有其他恐惧。

克: 先生，我们在谈恐惧本身，等下我们会讨论到恐惧的各种形式。这位先生说："其实我什么都不怕，就怕未来。未来如此不确定，我不知怎样面对它。我既没有能力了解现在，也没有能力了解未来。"所以，这种不确定感表明了恐惧的存在。不管怎么解释,事实就是我惧怕明天。那么,我要怎么处理这件事?我要怎么摆脱那恐惧?

问: 检视自己怎么应对未来的不确定性,光这么做可能还不够。

克: 我惧怕明天,不知道会发生什么。整个未来都是不确定的,原子能大战可能会爆发,冰河时代可能会降临——我惧怕这一切。我要怎么处理这个问题?帮帮忙,不要理论化,不要用解释搪塞我。

提问者一: 就因为不确定,用得着滋生恐惧吗?

提问者二: 我们惧怕,因为我们在装模作样,在游戏人生,并且怕被揭露。

克: 你这不是在帮我!难道你不惧怕未来,先生?不要偏离这个问题。

问: 我应该怕的吧。

克: 好,那你要怎么处理?

问: 活在当下。

克: 我不懂你的意思。

提问者一: 认识到自己过去怕什么,为什么怕并提出来检查,这对我来说很有帮助,有助于我面对未来。

提问者二: 首先我们得了解我们所指的未来是什么意思。

克: 我正想搞清楚这个问题。

问: 我们要做的第一点就是不要害怕。

克: 哦,陈词滥调,那帮不了我什么!

问： 我们得认识到你无法帮我摆脱，恐惧总是在那里。我们必须了解恐惧会常伴在生活左右。

克： 先生，你没有满足我的需要。你只是抛出一串说辞，等于灰烬。我还是惧怕明天。

提问者一： 问题就在这里。你帮不了任何人。

提问者二： 难道你不能等到明天，顺其自然，看看到底会有什么事？

提问者三： 我知道身体的安全是必要的，但我想了解我对心理安全的需求。

克： 他就是这个意思，先生。在身体上，他可能有一些安全可言，但心理上，他惧怕明天。他有一点儿银行存款，一幢小房子，如此等等，他怕的不是这些，他怕的是未来会怎样。

提问者一： 有可能与自己的不确定感共存吗？

提问者二： 如果我们知道未来会怎样，就不会怕了。

提问者三： 坐在这里我不怕，可想到明天我就惧怕起来。

克： 思想搞的鬼。

问： 思想搞的鬼。如果我们现在是恐惧的，那就是事实。如果我们接受那个事实，完全活在当下，就忘记了未来。

克： 没错，我们来看看。我想搞清楚什么导致了对明天的恐惧。明天是什么？到底为什么会存在明天？明白吗？我会解答这个问题。

我想搞清楚思想是怎么出现的，恐惧是怎么出现的。我思虑明天，而过去带给我一种安全感。虽然过去可能也曾有许多不确定,不管怎么说我活下来了。至今为止,我很安全,但明天很不确定,我惧怕。所以,我会搞清楚是什么导致了这种对明天的恐惧。我的整个存在对明天的不确定、不安全的反应,就是恐惧。所以我想搞清楚,为什么想到未来恐惧就会冒出来。这表示,未来可能并没有什么问题,但我对未来的思虑使它变得不确定。我不知道未来,未来可能精彩,也可能要命;可能糟透了,也可能美极了,我不知道。思想无法确知未来。那么思想,一直在寻求确定,却忽然面临了这种不确定。所以为什么思想造成了恐惧?懂了吗?

问: 因为思想分裂了过去和未来,造成了它们之间的隔阂,结果恐惧乘虚而入。

克: 这位提问者说,"思想分裂了过去和未来",划分出可能发生的事。"实然"跟"可能"的分离就是这恐惧的一部分。如果我不挂念明天,就不会有恐惧,我不知道未来,甚至不在乎。因为我挂念未来——我不知道的未来、如此不确定的未来——我的整个反应,心理上以及身体上,就会疑惑。"上帝啊,未来会怎么样呢?"于是思想就滋生了恐惧。

问: 思想是唯一会造成恐惧的心理机能吗?还有其他一些无理性的机能,比如感情,那也可能造成恐惧。

克: 我现在就针对思想,其他因素也是有的。

提问者一: 存在对未知的恐惧、对明天的恐惧,这是基于对信仰或某些公式的执着。如果我明白了自己为什么执着于某个特定的习俗或信仰,恐惧就能被领悟。

提问者二： 对存在的恐惧呢？

克： 这一切都涉及了，不是吗？执着于信仰、公式，执着于为自己构建的某个意识形态，这些都是这恐惧的一部分。现在，我想通过了解什么是恐惧来搞清楚问题。

之前我跟你们说过，过去我做了愧事或什么心有余悸的事，我不想再让它发生。挂念过去的所作所为滋生了恐惧，不是吗？挂念未来会怎样也滋生了恐惧。所以，我看到——我不一定对——思想造成了恐惧，造成了对过去和未来的恐惧。规划理想，设计信仰，坚守那份信仰并指望其带来安全，因此而滋生的恐惧，也是思想造成的。全是思想在造作，不是吗？所以，我必须了解为什么思想挂念未来，为什么思想回想某些引起恐惧的事。为什么思想要这么做？

问： 把未来可能发生的种种不测都设想到是有帮助的，这样思想就可以有所打算，防患于未然。它试图靠设想保护自己。

克： 思想也帮你保护自己，保险啊，建房子啊，避开战争啊。思想培养了恐惧也保护了你，不是吗？我们谈的是思想造成恐惧，而不是它怎么保护你。我问的是思想为什么滋生恐惧，思想也滋生了快乐，不是吗？滋生性的快乐、昨天的落日带来的快乐，等等。所以，思想延续了快乐，也延续了恐惧。

问： 人类寻求快乐，思想辨别"这好，那坏"，人类就遵照思想的选择办事。人类趋利避害，恐惧似乎也因此紧随而来。

克： 显然整个过程就基于思想，不是吗？

问: 恐惧源于思想辨别的那一面。

克: 是的,但那仍然是思想,嘀咕着"这好,我要留下,那个不要"。思想的全部活动就是对快乐的需求,它在其中辨别说"这会给我快乐,那个不会",所以,恐惧、快乐的全部活动和需求以及这两者的延续,都有赖于思想,不是吗?

问: 可你怎么能摆脱这个啊?

克: 等等,我们先接着说这个事。

问: 思想就是恐惧。

克: 我们会搞清楚的。今天我是安全的。我知道我会有饭吃,有房住,但我不知道明天会怎样。昨天我享受了各种快乐,我希望明天还能重新享受。所以,思想不但维持了恐惧,也延续了我昨日的快乐。

那么我的问题是:我要怎样避免恐惧的延续,但让快乐继续?我想要快乐,越多越好,直至未来的分分秒秒;同时,我有恐惧,我想摆脱它们,我不想未来有恐惧。所以,思想在两个方向上工作。先生,这是你的工作,不是我的,检视问题!

问: 这带给思想某种能量。

克: 思想就是能量。

问: 这带给思想的是不同的能量。

克: 探究它,两个都是。

问: 它在积累记忆。

克: 快乐的记忆,我就抓住不放;痛苦的记忆,即恐惧,我就想抛开。但我不明白这一切的根源就是思想。

提问者一: 思想似乎拒绝让自己停下来,恐惧和快乐看起来有点相似。但那个不存在思想的境界让我迷惑。

提问者二： 全身心做你正在做的事，想想会带给你快乐的事。可能不会发生的事就不要想它。

克： 别说不要想那些不会发生的事。我怎么让自己不想？

问： 想正在发生的事，高兴的事！

克： 所以我强迫自己去想正在发生的事，而不去想不会发生的事？

问： 想正在发生的事。

克： 但我的心老在关注可能会发生的事。你没有这种时候吗？我们要非常简单、非常诚实。我们有意去想正在发生的事，但思想同样留意着可能发生的事。我没在想，它却冷不丁冒了出来！

问： 先生，"我现在的"感觉跟快乐、恐惧以及思想毫无关系。我只考虑我当下的状态。我没有恐惧。我当下的感受跟思想毫无关系。

克： 你说"我现在的"是什么意思？

问： 指当下坐在这里的感觉，其中并没有恐惧。

克： 问题不在这里，先生。

问： 首先，我们必须搞清楚是否存在确定这回事，然后就不会有恐惧了。

克： 怎么搞清楚？

问： 我看到思想的整个过程是个陷阱。

克： 探究它，每个人都没说到正题上。我来说说我觉得问题在哪里。

我惧怕明天,因为明天不确定。到目前为止,我的生活还算非常安定。虽然有些时候我也忧心忡忡,好歹都过来了。但是对明天的这种恐惧感,明天是如此不确定——核战争、可能引爆种种灾难的意外战争、失去钱财——对于未来,我惊恐不安。该怎么办?可以的话,我想摆脱恐惧,摆脱对过去、对未来的恐惧,摆脱表层、深层的恐惧。

不要跟我解释,不要跟我说"要这么做,别那么做"。我想搞清楚恐惧是怎么回事。我是怕黑还是怕不确定;我是怕执着,怕执着某个东西,还是怕执着某个人、某个观点。我想搞清楚它的根源,怎样避开它,而不是怎样压抑它。我想看清恐惧的结构。如果能了解它,事情就会不一样。所以我要研究恐惧是怎么回事。让我继续说一会儿,可以吗?

对我来说,恐惧是存在的,因为我一直挂念明天,就算你保证明天万无一失,我还是感到害怕。我为什么一直挂念明天?是因为过去太顺了,我学了不少知识,那成了我的安全护卫,但我对未来一无所知。如果我能了解未来,把它化为我的知识,那我就不怕了。我能把未来当作知识、经验一样来了解吗?那样一来,它就成了我的知识的一部分,就没什么好怕了。

我还看到,我想要许许多多的快乐,性的快乐、功成名就的快乐、成为大人物的快乐。我想重温那些曾经的快乐。等到厌倦了,我就想要更深、更广的快乐。我主要的动力就是快乐——全方位的快乐。所以,我要躲开恐惧,我要更多快乐。我们都想要这样。快乐跟恐惧不相干,还是它们是一个硬币的两面?我必须搞清楚,不是嘴上说说"是"或"不是"就完了。我必须用心探究,搞清楚快乐是否滋生了恐惧,恐惧是不是我欲求快乐的结果。明白我的问题吗?

问: 但快乐也可能是另一回事,它可能是一个学习的过程。

克: 不,那种快乐也是痛苦的。只不过为了得到更大的快乐,我可以克服痛苦。你在生活中没注意到我们是怎样渴求快乐的吗?

问: 注意到了。

克: 我说的就是那个意思。我们在追求快乐,一切都奠基于此。如果没有得到满足,我就心神不宁。所以我问自己,快乐和恐惧是否并不相伴相随。我从不质疑快乐,我从不问:"我应该有这么多快乐吗?它会把我带向何处?"相反,我想要更多,天堂的快乐、尘世的快乐、家庭的快乐、性的快乐——快乐在驱使着一切。而恐惧也在那里。请检视问题,不要守着自己的观点不放,看在老天的分上,移开你的目光!搞清楚问题!

跟上这个思路:我想确定明天,但只有在知识的领域,只有当我说"我知道"的时候,才存在确定这回事。除了过去,我还能知道什么呢?一旦说"我知道",它就成了过去。当我说"我知道我的妻子",我知道的是过去的她。过去确定,未来却不确定。所以,为了彻底安全,我想把未来拖入过去。我看到思想造作的地方就有恐惧产生。如果我不挂念明天,就不会有恐惧。

问: 在我看来,恐惧是某种本能。我觉得恐惧是能量,有某种力量在其中。

克: 你知道,我们每个人都有自己的见解。每个人都很有把握自己知道怎么处理恐惧。我们解释,给出理由,我们认为自己了解,可到头来我们还是怕。我想绕到这一切的后面,搞清楚恐惧到底为什么存在。是思想挂念未来的结果吗?因为未来很不确定,思想奠基于关于过去的记忆。思想就是记忆的反应,以知识和数个世纪的经验的形式累积起来,思想就源于那些东西。思想说:"知识就是我的安全。"你现在告诉我要摆脱不确定的明天,如果我知道明天是怎么回事,就不会有恐惧。我渴求的是知识带来的确定。我知道过去,我知道我十年前或两天前做的事。我可以分析它,了解它,与它共生共存。但我不知道明天,这让我害怕。不知道,表示没有相关的知识。对于不知道的东西,思想能获得关于它的知识吗?

所以会有恐惧。思想试图搞清楚未来,因为不知其内容,它就怕了。为什么思想挂念明天,挂念它一无所知的东西?它想要确定,但可能并没有确定这回事。请回答我的问题,而不是你自己的问题。

问: 生存系统需要考虑明天,这是根本的生存法则:需要某种预测。

克: 我谈到过了,先生。

问: 我们必须遵循这一生存法则。如你所言,由于想象投射了严重的恐惧,带来了心理上的困扰,但要阻止人类不去有逻辑地思虑则是不可能的。

克： 我可以指出的话，我们确实说过，思想在保护肉体生存上是必要的。那是我们生活的一部分，是我们一直在做的事。

问： 我不同意。我认为思想对于生存来说并不是必需的。动物有生存的本能，却没有困扰我们的恐惧。

克： 夫人，我们这是在混淆两回事。拜托，一开始我们就设法解释了这一点。

问： 她是对的。人类的思想取代了本能。

克： 我同意你的说法，我们必须知道这房子明天还在，肉体的生存和对未来的计划是必要的，不是吗？不那样，我们就没法生存了。

提问者一： 如果把这一切都看得那么清楚，恐惧就没机会了。

提问者二： 思想考虑当下的生存，也必然考虑明天的种种。

克： 天气很热，我必须计划买些凉快的裤子，这表示为明天打算。冬天，我不得不去印度。我应该计划将来的事。我们不是在否认这个，事实上正好相反，我们在谈论的是对不确定的恐惧。

问： 我们对自己没自信。

克： 我真不懂那是什么意思。你相信的那个"你自己"是谁？相信自己，你那么了不起吗？

问： 为什么不？

克： 你自己是什么？

问： 人类。

克： 人类是什么？善、恶、战争——我们经历了这一切。我们关注的是恐惧。我们必须运用思想生存下来。但是为了生存，思想把世界分为我的国家、你的国家、我的政府、你的政府、我的上帝、你的上帝、我的古鲁、你的古鲁——思想造成了这一切。虽然它打算好好生存，却因为把世界分割得支离破碎而毁灭了自己，而我就是其中的一部分。所以我必须了解思想的本质，在什么情况下它是必要的，在什么情况下它是魔鬼，在什么情况下它具有毁灭性，在什么情况下它造成了恐惧——这就是我的问题。

我说过，思想必须发挥作用，否则你就无法生存。但是它在生存的欲望中分裂了世界，因而变得具有毁灭性。我明白思想必须清晰客观地发挥作用，没有丝毫扭曲。那么我的问题是：为什么思想挂念明天？一方面，它必须考虑明天，但为什么思想挂念未来并滋生恐惧？

问： 为了安全。

克： 你知道，为了安全思想必须考虑明天，这显而易见。同时你也看到，思想因为考虑明天而制造了恐惧。为什么？

提问者一： 因为我们想继续。

提问者二： 因为我们厌倦了快乐。

克： 我们没有解决这个问题，因为我们拒绝丢开自己微不足道的见解、判断和结论。扔掉那些东西吧，重新思考。

对我来说，问题很简单。思想必然造成恐惧，因为思想永远找不到未来的安全。思想在时间中有安全，明天却不在时间的范畴。明天是存在于心当中的时间，心理上的明天可能根本就不存在。因为那份不确定，思想投射了它对明天的渴望：安全、我得到的东西、我达成的东西、我拥有的东西，如此等等。那一切同样毫不确定。那么思想能平静地面对未来吗？这就是我想问的重点。思想能平静吗，这表示：只在保护身体安全的必要时刻发挥作用。因此不划分国家，不各造各的上帝，不好战。让思想平静吧，那就不会有明天这种虚构的时间了。

因此，我现在必须了解生活是怎么回事。我不了解活在当下是怎么回事，我也不了解活在过去是怎么回事，于是我就想活在未来，我不知道未来是怎么回事，就如我不知道现在是怎么回事。所以我要问，今天我能活得充分彻底吗？只有了解思想的整个机制和功能，我才能那样生活，而寂静就在了解思想真相的过程当中。在心安静的情况下，没有未来，也没有时间。

萨能

1971年8月7日

恐惧、时间和意象

别再抱任何意象了！想清楚这个问题，应用到生活中，不要只是盲目接受，而是真正应用到生活中。质疑、应用并活出这个真理。然后我们就会发现，你有了一颗永不受伤的心，因为没什么可伤害的了。

提问者一： 你涉及的话题已经够多了，我们不巩固一下吗？我不是很清楚思想和恐惧的关系。能不能再讨论一下这个问题？

提问者二： 当思想遇到未知，它就束手无策了。那么，如果你抛开时间思考，如果时间没有了，恐惧也就没有了。

克里希那穆提： 你们想讨论这个吗？

听众： 是的。

克： 时间是什么？虽然今天早上天气不好，我还是要十点半到达这里，我准时到了。如果我没有准时到，大家就都要等我。我们的生活中存在通过钟表体现的时间——昨天、今天和明天。存在跨越某段距离要花费的时间——从这里到月球，从这里到蒙特勒，等等。存在跨越我的意象或我投射的关于我自己的意象和我"应该的样子"之间的距离，跨越"我真实的样子"和"我想要的样子"之间的距离，跨越恐惧和恐惧的终结之间的距离所需花费的时间。我们一定要了解这些。

问：你讲的时候能举些实例吗？

克：我不擅长举实例。我讲的东西非常简单。我并不是哲学家，不会虚构理论。

那么，我们的生活中存在昨天、今天、明天这样的时间，存在——至少我们认为存在——我真实的样子和我应该的样子之间的时间，恐惧的事实和恐惧的最终结束之间的时间。物理时间以及思想虚构的时间，两种都是时间，不是吗？"我是这样的"，而"我应该变成那样"，要跨越我真实的样子和我应该的样子之间的这段距离，我需要时间。这也是时间。要正确进行某项锻炼，要放松我的肌肉，那会花我几天的时间或几周的时间——做那些事需要时间。我可能要花三天或一周，那就是时间。

所以，如果谈论时间，我们要清楚我们在谈的是什么。存在体现在钟表上的物理时间，比如昨天、今天、明天；还存在另一种时间，我们认为结束恐惧所必须花费的时间。时间就是恐惧的一部分，不是吗？我害怕未来——不是怕未来会发生什么，而是怕未来这个概念，明天这个概念。所以，存在心理时间和物理时间。我们要谈的不是物理时间，不是通过钟表体现的时间。我们要谈的是"我现在很好，但我害怕未来，害怕明天"。我们姑且称之为心理时间。

我要问各位，到底有没有心理时间这回事，还是那不过是思想虚构出来的？"明天我会在桥附近的树下见你"——

那是物理时间。"我害怕明天,我不知道怎样处理对明天的恐惧"——那是心理时间,不是吗?

问: 如果我说"为什么这个美丽的东西必然要结束",那又是什么?

克: 那也是心理时间,不是吗?我感到跟某个美丽的东西有种特别的联系,我不想它结束。一个是它可能结束的想法,一个是我不愿它结束,害怕它结束。所以,那也是恐惧的结构之一。

另一个是,我已熟悉安全和确定,而明天不确定,我害怕那样——那就是心理时间,不是吗?我过着相对安全的生活,明天却飘摇不定得可怕。然后我的问题来了:我怎样才能不害怕?显然,这一切都涉及心理时间,不是吗?昨天,几千个昨天所积累的知识赋予脑子某种安全感,知识即经验、回想、记忆。在过去,脑子享有一些安全。明天却可能毫无安全,我可能被杀死。

知识如时间,带给脑子一种安全感。所以知识与时间有关。但我对明天一无所知,因此我害怕。如果我有关于明天的知识,我就不会害怕。所以知识滋生了恐惧,然而我必须有知识。明白吗?我要从这里到车站,必须有相关知识,我必须有相关知识才能说英语或法语或其他什么,我必须有相关知识才能执行各种操作。我以经验者的身份累积了关于自己的知识,然而,那个经验者却惧怕明天,因为他不知道明天。

问: 日日重复会怎么样?

克: 那是一回事,它是机械的。说到底,知识就是重复的。

我可能添加一点儿或拿走一点儿，但它仍是个累积的机制。

问： 那些经历过骇人的悲剧、目睹了拷问和屠杀的人呢？

克： 那跟我们谈的问题有什么关系？

问： 你知道，他们的恐惧挥之不去。

克： 我们谈的是思想和恐惧的关系。

问： 没错，可是一直有人告诉我他们的恐惧怎样挥之不去，无法摆脱，因为人类在他们眼里就是野兽。

克： 显然，这是一回事。就是说，我受过一条蛇或一个人的伤害。那个伤害在我的脑子里留下了深深的烙印，于是我怕蛇或怕人，即怕过去。我也怕明天。这是同一个问题，不是吗？只不过一个怕的是过去，一个怕的是未来。

问： 你说"关于过去的知识给人安全"，就是这句话让人费解。有些人发现关于过去的知识令他们不安。

克： 知识令人心安也令人不安，不是吗？过去我被人伤害——这是知识。那个经历根深蒂固，结果我就憎恶人类，我就惧怕他们。

问： 我说的不是心理上的知识而是生理上的痛苦。

克： 好，生理上的痛苦，那一样发生在过去。

问： 但你知道，如今有人在继续恶行。

克： 你把两件事混淆了。我们在谈论的是恐惧以及它与思想的关系。这世上一直不乏肉体折磨，人类惨无人道，我爱想这些事，想起来就异常激愤。我有一种道义感，但我无能为力，不是吗？对于另一个地方发生的事，身处这个帐篷的我一点儿也帮不上忙。不过对这件事我总爱神经质地激愤，我在心里说："人类干的事真是恐怖。"不是吗？实际上我能怎样呢？参加某个社团，阻止人类的这种暴行？在某些人面前示威？但暴行还会继续。我关心的是怎样改变人的心，好让它无论如何也不会对人类造成生理和心理折磨。不过，如果我神经兮兮的，就老爱想着"这个世界多可怕啊！"

好，我们回到正题。人类对我或对另一个人干下的事，让我心有余悸，那个知识就是脑子里的一个伤疤。就是说，关于过去的知识既令人心安也令人不安，让我觉得明天也可能受伤，于是我就害怕。为什么脑子留下了昨日伤害的记忆？为了保护自己未来不受伤？我们好好想想这个问题。那表示，我一直在带着那个伤害面对世界，伤害是那么深，以致我无法跟另一个人产生真正的关系。我抗拒所有的人类关系，就因为我可能会再次受伤。因此当中有恐惧。关于过去伤害的知识引发了对未来伤害的恐惧。所以，知识引发了恐惧——然而我必须有知识。

知识是靠时间积累而成的。科学知识、技术知识、语言知识等都需要时间积累。知识，即时间的产物，必须存在，否则我就什么也做不了，我就无法跟你交流。但是，我也看到，事关某个过去的伤害时，那知识说："小心未来别受伤。"所以我害怕未来。

那么，深受创伤的我怎样才能摆脱那个创伤，怎样才能不把那个知识投射到未来，不说"我害怕未来"呢？其中涉及两个问题，不是吗？有一个伤害和痛苦留下的疤痕，跟这个伤疤有关的知识令我害怕明天。心能摆脱那个伤疤吗？我们来检查一下。

我想我们大部分人肯定有某种心理上的伤痕。没有吗?当然有。我们谈的不是影响到脑子的生理性伤害,我们可以暂时不讨论这种情况。我们有心理伤痕。心、脑子怎样摆脱它们?必须摆脱它们吗?关于伤害的记忆难道不是为了防止未来受伤?你曾在很多方面出口伤我,我铭记在心。如果我忘了,第二天早上天真地跑去找你,结果你再次伤我,那我该怎么办?认真思考这个问题,先生们,大家继续。

问: 搞清楚自己为什么心理上容易受伤不是很重要吗?

克: 这个问题非常简单。我们都很敏感,受伤的理由一大串儿。我对自己抱有一个意象,我不想你伤害那个意象。我认为自己是个了不起的人物,你却过来插上一针,这就伤害了我;或者我非常自卑,遇到盛气凌人的你,我就受伤了;你聪明,我却不灵光,我就受伤了;你光彩照人,我普普通通,我就受伤了。受伤的知识,不仅是身体上的,还有心理上的,内心的,像记忆一样在脑子里留下了烙印。记忆就是知识。为什么我要从那知识中摆脱出来?如果我摆脱了,你会再次伤害我。因此那知识就起着防御作用,如一堵墙。如果你我之间有一堵墙,人类之间的关系会变得怎样?

问: 我们就见不到彼此了。

克: 完全正确。那我们怎么办?先生,继续探究!

问: 把墙拿掉。

克: 可你会伤害我。

问: 受伤的只是那个意象。

克： 不是这样的，先生。注意，我很天真地跑来找你。"天真"这个词的词根义就是不会受伤的。那么，我对你敞开心扉，非常友善，结果你说了一些话伤了我。这种事你们不是都有过吗？然后怎样？留下了烙印——那就是知识。那知识有什么问题？那知识就像你我之间的一堵墙。当然是这样！那么，我该怎么办？

问： 你得突破那堵墙。

克： 先检视问题，不要说什么"突破"，检视问题就好。你伤了我，那个知识留在记忆里。如果我不长记性，你还会再次伤我；如果我强化那受伤的知识，它就会成为我们之间的一堵墙。那你我之间就没有了关系。所以，关于过去的知识阻碍了你我之间的关系。我该怎么办？

问： 检查它。

克： 我检查过了，我花了十分钟检查了，我发现那种检查、那种分析完全没用。

问： 这是时间介入的地方？

克： 我花了十分钟——分析需要十分钟，那十分钟是浪费。

问： 如果没有时间……

克： 我已经花了时间。不要说没时间。

问： 可是如果没有时间……

克： 我不知道，那是个假设。我有十分钟可以看看为什么我受伤了，去检查那个伤害，看看有没有必要留下那个伤害作为知识。我问了自己：如果我抹去那个伤害，你不会又来伤我吗？并且我看到，只要留下伤害，你我之间就没有关系了。这一切大概花了十五分钟。可到头来我一无所获。所以，我发现分析毫无价值。我受了伤害，而记住那个伤害会阻碍所有的关系，那该怎么办？

问： 我们不得不接受受伤的事实。

克： 不，我既不是在接受也不是在拒绝，我在检视。我不接受也不拒绝任何东西。我的问题是："我为什么受伤？"受伤是怎么回事？

问： 知道自己是个傻瓜让我感到受伤。

克： 先生，说点儿实际的，不要想象，不要理论化。首先搞清楚受伤是怎么回事。当我说我受伤了，因为你叫我傻瓜，受伤是怎么回事？

问： 你的自尊。是个傻瓜的知识摆在眼前。

克： 不，夫人，不只是那样。请检视问题，问题远比你所说的深刻。你叫我傻瓜，我受伤了。我怎么会受伤？

问： 因为我对自己抱有的意象。

克： 这表示我在自己心中的意象可不是个傻瓜。当你叫我傻瓜、流氓，或不管什么，我受伤是因为我的意象。为什么我对自己抱有意象？只要我对自己抱有意象，就会受伤。

问： 为什么我要在乎别人对我抱有的意象——不管什么意象？

克： 别人对我抱有傻瓜的意象或对我抱有了不起的知识分子的意象，那是一回事，懂吗？那么，为什么我对自己抱有意象？

问： 因为我不喜欢自己真实的样子。

克： 不是的。首先，你为什么抱有意象？因为你不喜欢你自己真实的样子？你是什么？你曾抛开意象看过自己吗？我们简单一点儿。我对你抱有一个意象，我认为你非常聪明、睿智、清醒、有觉悟，这是了不起的意象。跟你一比，我就迟钝了。跟你一衡量，我发现自己显然差一截。那种比较让我感到自己很迟钝、很蠢。差劲、迟钝的感觉引起了其他很多问题。那么，到底为什么我拿自己跟你比？是因为我们从小到大都在比来比去吗？在学校读书时，我们通过打分、考试比来比去。妈妈说："要像哥哥一样聪明。"这种可怕的比较贯穿了我们一生。如果不比，那我是什么水平？我迟钝吗？我不知道。拿自己跟不迟钝的你比较时，我曾说自己迟钝，但要是不比会怎样？

问： 我成了我自己。

克： "你自己"是什么？看看我们绕的圈子，翻来覆去地说，却没有领悟。好，我再回过来问：为什么我对自己抱有意象——好的、坏的、高贵的、低贱的、丑陋的或迟钝的。为什么我对任何事抱有意象？

问： 这是意识运行的方式。一个意识清醒的人总是不假思索就陷入比较。

克： 先生，我在问：我为什么比较？比较意味着冲突和模仿，不是吗？

问： 但显然评价是必要的。

克： 请检视问题，比较意味着冲突和模仿，不是吗？这是其中一方面。跟你比时,我觉得自己很迟钝,因此我必须努力变得像你一样聪明。当中有冲突,并且我接着就模仿起你的样子。比较当中就包含了冲突和模仿,但我明白我必须比较这块布和那块布,比较这幢房子和那幢房子,衡量你是高是矮,衡量从这里到其他地方的距离。明白吗?但是,为什么我对自己抱有意象?如果我对自己抱有意象,就会受伤。

问: 没准那个意象根本就不存在。

克: 没错。继续探究下去。为什么我对自己抱有意象,认为自己是个人物或是个废物?

问: 我想要安全,这取决于那个意象带给我多大的安全感。

克: 你是说你在意象中寻求安全,是吗?那个意象是思想拼凑而成的。那么,你在思想构建的意象中寻找安全,思想在那个意象中寻求安全。思想创造了一个意象,因为它需要那个意象带来的安全,那么思想就是在自己身上寻求安全。就是说:思想在它构建的意象中寻求安全,那个意象就是思想的产物。思想就是记忆,即过去,所以思想构建了关于它自己的意象,不是吗?

问: 先生,请问教育要怎么办?因为即使是父母也开始比较自己的孩子,谈论着"这个孩子比较聪明"。

克: 我知道。父母是最危险的人类!(听众笑) 他们毁了自己的孩子,因为他们缺乏教育。

所以,意象是由思想构建的,而思想在寻求安全。所以思想虚构了意象，它在其中寻找安全，但那仍然是思想，而思想是记忆的反应、昨天的反应。发生了什么？关于昨天的知识制造了这个意象。我怎样才能不受伤？不受伤显然就意味着不抱有任何意象。那么，我怎样阻止意象？阻止关于未来的意象，关于我惧怕的东西的意象。思想就是时间，因为明天不确定，思想就是对明天这个意象的恐惧。心、脑子怎样才能不产生意象？怎样才能不受伤？一旦受伤，它就会抱有意象。受伤了，它就用另一个意象来保护自己。

所以我的问题是：除了身体方面，必须保护自己免受危险、污染的空气、战争等带来的伤害，这方面的保护是必要的。脑子可以丝毫不受伤吗？这表示，脑子要不抱任何意象。不受伤意味着没有防御，没有防御表示没有意象；不受伤意味着有活力、能量，那能量在我抱有意象时被消耗了；在我跟你比较，拿我的意象跟你的意象比较时，那能量被消耗了；在冲突中，在我努力向你的意象靠拢的过程中，那能量被消耗了；我投射了一个关于你的意象，当我在模仿那个意象时，能量被消耗了。所以能量就是这样消耗掉的。如果我充满能量，就不会受伤，只有用心关注，才有充沛的能量。不知道你们听明白了没有？我们来换个角度理解。

一个人观察到自己受伤了。他受伤基本上是因为他对自己抱有一个意象。各种各样的文化、教育、文明、传统、民族性、经济情况和社会不公构建了那个意象。那个意象就是过去，因此就是知识。思想——不管是我的思想还是集体的思想——都在脑子里铭刻了比较意象的意识。母亲、学校的老师和政治家都这么做,基督教的神话也这么做,整个文明都奠基在构建这个意象的基础上。它就在那里,就在脑子即思想里。现在,我们发现,我们领悟到,只要有意象,就必然受伤。

问: 意象就是那个创伤,不是吗?

克: 那么心能摆脱所有的意象从而永不受伤吗?这意味着摆脱关于过去的知识,它充当了意象。要说一门语言,关于过去的知识是必要的。但只要存在充当意象的知识,存在思想拼凑而成的意象,即"我"——这是最大的意象——只要我抱有"我"这个最大的意象,你完全有权利插针伤害它,并且你确实伤害了它!

所以,心能永不受伤吗?先生们,去亲自搞清楚这个问题,去过一种脑子永不受伤的生活!只有那时你才能拥有关系。但是,在人际关系中,如果你伤害我,我伤害你,关系就结束了。如果在你我之间的关系中存在伤害,那关系就结束了,然后我就跑去找另一份关系——跟你离婚,再跟另一个人结婚。然后,又一次受伤了。我们以为靠变换关系就能彻底不受伤害,但我们一直都在受伤。

问: 如果意象消失了,那关系是什么跟什么的关系呢?关系是一个相关的词,如果意象消失了,丈夫和妻子之间又是什么关系?

克: 你为什么问我?如果你的意象消失了,你就自己去搞清楚这个问题,不是你想问,我就该回答。如果你抱有的意象消失了,就去搞清楚这个问题,然后你就会知道你跟另一个人是什么关系。但如果我说"是爱",那不过是个理论,丢掉它吧,那毫无意义。但如果你说"我知道自己受伤了,我一生都在受伤",内心一连串的眼泪、一连串的焦虑,这些意象都在呢!你不知道吗?

我们的问题是:心到底能不能永不受伤?这个问题你必须联系自身,不要只是空口说说。追问下去,问自己:"我抱有意象吗?"显然你抱有意象,否则你我就不会坐在这里了。如果你抱有意象,就去检查它、探究它,看清楚分析的徒劳无益,因为那只会阻碍你行动。然而,如果你现在说:"我带着意象行动。"带着意象行动意味着带着构建意象的思想,思想就是知识。所以,脑子能不能在一个向度上知识渊博,在另一向度上却无知无识?这意味着彻底的寂静。明白吗,先生?彻底寂静,然后用那份寂静使用知识。你不会明白的。

问:既定关系的位置在哪里呢?有既定关系这回事吗?

克:去登记结婚吧!那样就合法地确立了关系,那接下来呢,我的天!接下来也不合法!所以那是你的痛苦。

回过来讲,思想跟恐惧有什么关系?我们说过,思想源自关于过去的知识,知识就是过去。在那知识中,思想找到了安全:我认识我的房子,我认识你,我是这个,我受制约或我不受制约,我在知识中确认我自己。但是,我不知道明天,我害怕明天。同时,我也害怕我拥有的关于过去的知识,因为我看到那当中同样有巨大的不安全。如果我活在过去,犹如大多数人那样,我就已经死了。活在过去的感觉令人窒息,我不知道怎样摆脱它,我惧怕过去,犹如惧怕明天。所以,我生也怕、死也怕。我该怎么处理我的种种恐惧?或者只有一种恐惧？除了生理恐惧以及心理造成的恐惧，其实只有一种恐惧，它表现出多种形式？

问： 是对虚无、对空虚的恐惧吗？

克： 是对不存在的恐惧吗？恐惧没有任何意象——存在就是意象，不是吗？我们联系一下自己的心，看看心实际上能不能摆脱恐惧，包括生理恐惧和更深层、更神经质的心理恐惧。我们联系切身实际，用心探究，因为我们明白，有任何形式的恐惧都是极其可怕的事。我们活在黑暗中，活在空虚中，隔绝，没有关系，一切变得丑陋。你不曾恐惧吗？不但恐惧过去，也恐惧未来；不只是意识层面的恐惧，还有无意识深处的恐惧。

当你检视这恐惧全部的现象，检视形形色色的恐惧，生理的、心理的，分门别类，当你看到恐惧的整个结构，它全部的根源在哪里？除非找到它的根源，否则我就会继续控制一部分，改变一部分。所以我必须找到它的根源。你们认为一切恐惧——不只是特定的一种恐惧——的根源是什么？请不要回答我。你自己清楚就行，恐惧的根源是什么，发现它，展开它，检视它。

问： 先生，我想说，作为练习，我们必须伤害彼此。我想伤害你，而你该伤害这些人；因为这里的情况——我感到整个气氛彬彬有礼——你不想伤害这些人。

克： 这位先生说，这里的气氛彬彬有礼，很无聊。我不想伤害你，你不想伤害我，这是一种礼貌，而这样探讨不出任何东西。是这个意思吗？我不介意你伤害我。

提问者一： 我想，关系不只是坐在这里听你讲。我认为如果我伤害你，你我之间就会产生关系，因为那样一来我就打破了意象的一部分。

提问者二： 胡说八道！你还想继续说吗？因为我们时间不多了。

克： 你知道，先生，他不是反对你，他在告诉你某些东西，他说，注意：我们已经探究了这一切。我们检查了意象——你有意象，我有意象，你伤害别人，我伤害别人，我们探究了这一切。这跟礼貌无关。

问： 但是你描述了意象，我们却并没有检查意象。

克： 你们应该检查的。你怎么知道没有呢？

问： 也许其他人检查了。

克： 你怎么知道？你看，我怎么知道你还没有消除你的意象？说你没有不过是我的臆测。我算什么人，可以告诉你做了什么或没做什么？这是你自己要清楚的事。我们回到刚才的问题。

我想搞清楚恐惧，不是种种恐惧的内容片段，而是我真的想搞清楚它的根源。是怕"不存在"？就是怕无法"成为"，懂吗？这就是说，"我正成为什么，我想变成什么"。我受伤了，我想摆脱创伤。我们的一生就是"成为"的过程。好斗就是为了这样的成为。"无法成为"是一种巨大的恐惧，"不存在"也是一种恐惧，不是吗？这是恐惧的根源吗？

问： 先生，我试图搞清楚恐惧的根源。我发现我无法思考恐惧，为了能简单感受一下恐惧，我的心就安静了下来,结果我内心深感紧张,但我就是无法超越那个坎儿。

克: 有什么好紧张的?我只不过想搞清楚问题而已。我为什么要为这种事紧张?因为,如果我紧张,又想超越它,我就会很急切,很贪心!先生,检视问题就好。我们认为,我们每个人都在成为什么,成为开悟的人,消除意象,不是吗?"你不听我的意象,我不听你的意象",这整个过程就是一种"成为"或"存在",懂吗?当"存在"受到威胁,即"无法成为",恐惧就来了,对吗?

要成为什么?我能变得更健康,我能把头发留得更长,这些都好理解,但在心理上,要成为什么?成为是怎么回事?改变意象?把一种意象变成另一种意象?显然正是这么回事。但是,如果我根本没有意象呢?我明白逻辑上不抱有意象的理由,我也明白意象阻碍关系的真相,不管是伤心的意象还是高兴的意象——显然,两种意象都阻碍关系。如果我对你抱有愉快的意象,你就是我的朋友;如果我对你抱有不快的意象,你就是我的敌人。那么,别再抱任何意象了!想清楚这个问题,应用到生活中,不要只是盲目接受,而是真正应用到生活中。质疑、应用并活出这个真理。然后我们就会发现——如果你确实应用到生活中,实实在在去做,你就有了一颗永不受伤的心,因为没什么可伤害的了。

萨能

1971年8月8日

智慧和宗教生活

联系着不可衡量的未知与已知的，就是智慧。这智慧跟佛教、跟禅、跟我或你都毫无关系，它跟权威或传统都绝无关系。那智慧你有了吗？

提问者一： 我们能不能讨论观察者和被观察者，以及它们跟意识的关系？

提问者二： 我们可以讨论一下过宗教生活的真正含义吗？

提问者三： 我们能探讨智慧与冥想吗？

克里希那穆提： 何谓宗教生活？谈这个问题时，我们会遇到观察者和被观察者、智慧和冥想以及诸如此类的问题。不知你们究竟有没有兴趣搞清楚宗教的含义。不是指这个词的既定含义，相信某个救世主，相信某种形式的上帝，相信某些仪式等——那不是宗教生活。你们很确定我们都看到那个事实了？你可能不属于任何相信上帝或不相信上帝的宗派、组织和团体。那种相信或不相信上帝，是另一种形式的恐惧：我们的心需要某种安全、某种确定。因为我们的生活是那么飘摇不定、那么混乱、那么没有意义，我们需要相信某个东西。我们希望有某个超然物外的力量存在，那么，我们能不能把这种希望也放到一边？要探究，显然必须把那一切都放到一边。

思想能想象一切——上帝或没有上帝、天使或没有天使——它能制造出种种神经质的感觉、想法和结论。人类理性地意识到了这一点，于是问：思想怎样才能安静下来，好让心能自由探究呢？思想能编织或想象出种种结论，能投射意象，从而让人类的心从中寻找安全。那安全、那意象，变成了幻觉——救世主、梵、阿特曼、历经磨炼后的体验，等等。所以问题是：思想能彻底静止吗？有人说，只有靠某个老师经过修炼和控制开创的系统，才能让思想静止下来。系统、修炼、遵从可以让心真正安静吗？遵循某个系统，日复一日地练习，不是让心变得机械了吗？心变得机械，你就可以像控制任何机器一样控制它了。但脑子并不安静，它被自己练习的那个系统塑造、制约。这样的脑子，因为它的机械性，可以被控制，并认为那种控制就是安静，就是静止。那显然不是。对于讲者说的话，请不要只是被动接受。必须有一个彻底安静的心，我们都看到其必要了吗？因为当心安静时，它可以看到和听到更多，可以看到事情真实的样子——不是虚构，不是想象。

那么，不强制，不压迫，不修炼，心能彻底静止吗？修炼就是立志、抗拒、压制、遵从，适应一个既定的模式。如果那么做，你就是在强迫心在重重冲突中遵循系统设定的模式。于是，修炼这个词的通常含义就没有了。修炼这个词的意思是学习，不是遵从，不是压制，不是控制，而是学习。

不让意志、欲望和思想插手，不让它们制造任何扭曲，脑子和心的整个结构能彻底安静吗？这就是问题所在，人们一听就说"这不可能"。因此他们走上另一个方向，利用控制和修炼，玩尽种种把戏。禅修时，他们静坐、专注、观想，如果睡过去了，就会被敲醒。这种惊人的修炼是机械的，因此可以控制，这么做是因为希望获得某种真实的经验。

人类在寻找某种超验经验时说过这样的话：为了迎接从未经验过的东西，心必须彻底安静。他从未亲尝它的滋味，因而心必须静止。他们说让心静止只有一种方法：就是强迫。但如果运用意志来实现心的安静，就会有扭曲。扭曲的心看不到"实然"。我们可以这么做吗？就是说，不磨炼意志，不借助任何修炼或系统迫使心变得机械化，其中包括瑜伽的种种花招——那完全错了。那些教练把身体锻炼这件事变成纯粹骗钱的勾当。

那么，明白了这一切，心能彻底静止下来吗——心和脑子，因为脑子彻底安静是非常重要的。脑子是时间的结果。它和它的知识、经验等总是积极回应每一个刺激、每一个印象、每一个影响。那样的脑子也能安静吗？

提问者：它为什么要安静？它有很多不同的功用。

克：在知识领域，它必须活跃，因为那就是它的功用所在。如果我不知道眼镜蛇含有剧毒，我就可能去玩它，被它毒死。眼镜蛇有毒,这个知识可以保护自己,因此知识必须存在——在技术上,在各个方面。我们已获得那些知识,我们并不是在阻止知识,我们没有说"千万别求知",正好相反,你必须获取大千世界的知识、事实真相的知识,但那些知识必须客观冷静地使用。

所以,脑子必须安静。它只要有任何动静,就是为了安全,因为它只在安全时运作,不管那是神经质的安全,还是理性的或非理性的安全。为了能在知识中运作得充分、彻底、有效、理性、正常,为了不从"我的国家,为了我的人民,为了我的家庭,为了我自己"这样的观点为出发点思考问题,脑子就必须有敏锐的品质。但是,为了让心彻底安静,也必须有那份敏锐的品质——这就是问题所在。我解释、描述了问题,但它与事实毫无关系。事实在于听到这一切,你是否已把所有组织化的信仰、所有想要更多经验的欲望放到了一边。因为你要是欲求更多的经验,那么欲望即意志就会起作用。

所以,事实是,如果你有志于追求宗教生活,是一种真正的宗教生活——没有迷幻药或类似的东西,你就必须这么做,不再寻觅或求取什么经验。如果你寻求经验——超验或不管你喜欢怎么叫——是因为你厌倦了日常生活的经验,你想获得超越日常生活的经验。当你经验到所谓超验的或不同层次的经验时,其中存在经验者和被经验者,有一个观察者在经验,被观察者就是那经验,所以就会有分裂,有冲突:你想要越来越多的经验。那些也必须彻底放到一边，因为当你在探究时，经验是没有用武之地的。

我们清楚地看到，头脑、心灵、整个系统、整个有机体必须安静，这是绝对必要的。你知道，如果你想听听音乐之类的东西，你的身体、你的心就会静下来——你正在听。如果你正在听什么人讲话，你的身体就会安静下来。当你想了解什么，心灵、头脑、身体、整个有机体自然会安静下来。瞧你们全都静静地坐着！你们并没有强迫自己，因为你们有兴趣搞清楚问题。那个兴趣正是让心灵、头脑、身体安静下来的火焰。

那么，冥想跟安静的心有什么关系呢？冥想这个词意指衡量，这是它的词根义。只有思想可以衡量，思想就是衡量。请注意，这是要了解的重点。我们真的不该再使用"冥想"这个词了。思想建立在衡量之上，培养思想就是在技术世界和日常生活中衡量的行为。没有衡量可能也就没有现代文明了。要登陆月球，必须有无限的衡量能力。

虽然衡量是非常重要、明显必要的，但思想——它是可衡量的，它就是衡量——怎么会无法进入？我们反过来说，当心灵、整个有机体包括脑子彻底安静时，思想的衡量就停止了。那么我们可以探究一下，有没有一个不可衡量的东西。可衡量的是思想，只要思想在运作，就无法了解那不可衡量的。于是有人说：要控制、打压思想。整个东方世界过去都在探究那不可衡量的，他们不重视可衡量的。明白吗？

继续用"冥想"这个词。它跟静止的心有什么关系？思想能真正安静吗，这意味着身体、头脑和心灵的完全和谐？然而我们明白，思想是可衡量的，思想制造的一切知识是必要的。我们也明白，可衡量的思想永远也无法了解那不可衡量的。

所以，如果探究到了这一步，那么这不可衡量的品质跟日常生活有什么关系呢？你们都睡着了？你们都被讲者催眠了？

我们知道思想即衡量，我们知道思想给人类生活带来的所有伤害、痛苦、混乱，以及人与人之间的分裂。"你信，我不信，你的上帝不是我的上帝"——思想导致了世界的浩劫。思想就是知识，所以思想是必要的。看到那当中的真相，看到思想绝对探究不了那不可衡量的，就是看到思想绝对无法以经验者和被经验者的模式去经验它。所以，当思想彻底安静时，就出现了一种境界或一个维度，那不可衡量的就在其中运作。那它跟日常生活有什么关系？如果没有关系，那我就会过一种小心衡量的生活，根据思想来衡量我的道德、我的行为，然而那种生活一定非常局限。

那么，未知和已知有什么关系？那可衡量的和不可衡量的之间有什么关系？必然存在联系，那就是智慧。智慧跟思想毫无关系。你可能非常聪明，能言善辩，博学多闻。你可能历经沧桑，遍游世界，研究、探寻、检视，积累了大量知识，修习了禅或印度教的冥想功夫。但那一切都跟智慧毫无关系。只有头脑、心灵和身体真正和谐时，智慧才存在。

因此，听好了，先生们，身体必须高度敏感。不臃肿，不沉溺于饮食、性爱，以及所有让身体粗糙、迟钝、浊重的事情。你必须了解这些。仅仅看到那个事实就能让你减少饮食，使身体发挥出它的智慧。如果觉察身体——不是被迫的那种——身体就会变得非常敏感，就像一部精巧的仪器。心也一样，意思就是，心绝不会受伤，也绝不会伤害他人。不伤害他人，不被他人伤害，这就是心灵的单纯，是没有恐惧、不求快乐的心——不是说你不能享受生命的美、树木的美、容颜的美，不能欣赏孩子、流水、高山及绿色的草地，享受那一切有着巨大的喜悦。但如果那份喜悦成为思想追求的目标，就沦为了快乐。

心必须清空才能看得真切。所以，联系着不可衡量的未知与已知的，就是智慧，这智慧跟佛教、跟禅、跟我或你都毫无关系，它跟权威或传统都绝无关系。那智慧你有了吗？这就是唯一的要事。那智慧会在这个世界上合乎道德地运作。因而，道德就是秩序，就是美德。不是社会肯定的那种道德或美德，那一点儿都不道德。

所以，那智慧带来了秩序，也即美德，那是鲜活的东西，并不机械。因此，你绝不能练习善良，绝不能练习谦卑。如果有那智慧在，自然就会带来秩序以及秩序的美。这就是宗教生活，而不是那些瞎胡闹的事。

听讲者说了那么多，你们明白了吗？不是口头上或理智上明白，而是真正看到了当中的真相？如果你看到了其中的真相，就会行动。如果你明白了蛇是危险的动物，你就会行动；如果你看到了悬崖的危险，看到了其中的事实、真相，你就会行动；如果你看到了砒霜和毒药的真相，你就会行动。那么，你明白了吗？还是仍然活在概念的世界里？如果你活在概念、结论的世界里，那并不是真相，那不过是思想的投射。

那么真正的问题是：这三周以来，大家听这些讲话，我们谈到了人类生存的方方面面，谈到了苦难、痛苦和快乐，谈到性，谈到不道德、社会不公、民族分歧、战争，如此等等，你们看到其中的真相了吗？那智慧起作用了吗？而不是"我"在起作用。如果你说"我必须做我自己"，这就是当代人的口号，当代人的陈词滥调，你检查一下这句话，"我必须做我自己"，到底我自己是什么？不就是无数的高谈阔论，不就是无数的结论、传统、反应、记忆和一堆的过去吗？而你却说"我想做我自己"，这太幼稚了。

那么，听了这一切，那智慧觉醒了吗？如果智慧觉醒了，它就会起作用，你不必再追问"该怎么办"。这三周以来，在这里听讲的或许有一千人。如果他们能真正活出那个真理，知道接下来会怎样吗？我们就会改变世界，我们将成为大地之盐。

问： 不知道我理解得正不正确，要停止思想，心必须深刻地看清寻求安全的危害。你说的是这个意思吗?

克: 这是部分内容,先生。

问: 困难似乎在于,这部分我们没看到。那么心没看到,而心要看到什么必须安静下来——这看起来像个恶性循环。困难在于心必须看到那个真相。

克: 不是这样的,先生。首先,心为什么要安静,它为什么不继续喋喋不休?心喋喋不休时,你无法把任何事看得清楚,不是吗?你也无法听清楚任何人的话。如果你在看一座山,要看到它的美,你的心自然需要安静下来,你必须留心那一刻,留心去看。就是这样。也就是说,如果你听到思想就是衡量,思想割裂了人类,思想导致了战争,你就看到了其中的真相——不解释,不辩护——你只是看到了思想造成的种种事实。显然,要看到事实,你的心必须安静。所以,这根本不是什么恶性循环,先生。

问: 我可以问个问题吗?你经常讲到山的美以及欣赏美丽的云时心的安静。那么,看到恐怖的事物时,心能静下来吗?

克: 请仔细听好,去观察黑暗和光明,观察贫民窟和非贫民窟。你能观察那些吗?觉察时可以不作这样的分别吗?不分别贫穷和富有?不是说事实上没有这些分别,没有种种的不公不义,等等,而是指一种不分别的觉察。就是说,心观察山的美和街道的肮脏时,能不能没有偏好,或者能不能不倾向某一方,而反对另一方?那表示一种不作选择的觉察。你可以做到的。不是说贫穷应该继续——你总要做些什么，在政治上、社会上，等等。但是心可以摆脱分别，摆脱这种富与穷、美与丑以及种种对立面之间的标准划分。

问： 我想请教，你认为，思想和推测之间有区别吗？

克： 思想和推测之间怎么会有区别？谁在推测？不就是思想在推测吗？不就是思想在编织理论吗？存在上帝的理论、不存在上帝的理论、关于一个针尖上可以坐多少个天使等的理论？全是思想在推测，没有区别，它们是一回事。

问： 人可以客观地觉察一棵树、一汪泉水、一个人，但思想能观察自己的活动吗？思想可以觉察它自己吗？人可以觉察被觉察吗？

克： 好，思想注视自己，有这样一种觉察吗？

问： 我不喜欢"注视"这个词。

克： 好吧，觉察自己。稍等一下，先看问题。你们听懂那个问题了吗？你可以觉察树，觉察山，觉察你坐在那里，是有这样一种觉察。那有没有一种觉察是自己正在觉察的觉察呢？请看明白问题！你可以觉察树，觉察云，觉察你衬衫的颜色，你可以客观觉察。你也可以觉察你的思想在怎样运作，但觉察自己正在觉察，有这样的觉察吗？

如果你以观察者的身份去觉察一棵树，那是觉察吗？树在那里，你在觉察那棵树。那样一来，你就成了观察者,那树就成了被观察者。你说:"不是这样的。"以观察者和被观察者的模式觉察,存在着分裂。觉察云也同样,觉察你坐在那里而这个人坐在讲台上演讲、观察,也是同样。那种情况,同样存在着分裂。存在着观察者在注视你这个被观察者,当中就有分裂。我们可以觉察思想。我会一步一步说明。觉察思想时,同样存在着分裂,觉察的人把自己和思想一分为二了。

你问的问题是:觉察知道在觉察吗?或者它觉察自己时,没有观察者吗?当然不是,一旦没有观察者,就不会有对正在觉察的觉察。先生,显然关键就在这里!一旦我觉察到我在觉察,我就不是真正在觉察。好好体会这句话,好好体会两分钟!一旦我觉察到我是谦虚的,谦虚就不在了。一旦我觉察到我很快乐,快乐就不在了。

所以,如果我觉察到我在觉察,那就不是觉察,那当中存在观察者和被观察者之分。你现在问:有没有一种结束了观察者和被观察者之分的觉察?显然,真正的觉察就意味着观察者已经不在了。

问: 我们可以观察树而不存在观察者、不存在那个空间吗?

克: 去看树!你看树时,你和树之间有空间。等等,先生,我们一步一步来。你看那棵树时,你和树之间有距离,有空间,有分裂。如果存在对树抱有意象的观察者,认为它是橡树或松树,分裂就产生了。所以,知识、意象把观察者和被观察者即那棵树分开了。请看树。你能看那棵树却不抱意象吗?如果你能看那棵树却不抱意象,不说"那是棵橡树"或"那很美或不美",不掺入自己的好恶,那会怎么样?没有观察者而只有被观察者的时候会怎么样?继续,先生,告诉我会怎么样——我不会告诉你的!

提问者一: 就会融为一体。

提问者二: 合一。

克: 合一是同一个的意思。

问: 觉察。

克: 不要编造,不要猜测。

问: 我觉察那棵树时,我有种感觉……

克: 我来,先生。请一步步听好了。我刚才对你说:你通常看一棵树时,你和树之间存在分别,你是你,树是树。你是观察者,树是被观察。这是事实。你以及你的意象、你的成见、你的希望等就是观察者。因此,只要有观察者,你和树之间就一定有分别。如果观察者不在了,只剩下观察对象,那会怎么样?不要想象,去做!

提问者一: 静止了……思想不动了。

提问者二: 我们变成了树。

克: 你们变成了树——天哪,但愿不会!变成大象吧!(听众笑)请务必听好。去做。看那棵树,看看你是不是能观察它却不抱意象。那非常简单。但要看你自己却不抱意象,看你自己却没有观察者,那就难多了。因为你看到的东西可能令人不快或令人快乐,你想改变它,你想控制它,你想塑造它,你想对它做点儿什么。

那么,你看你自己的时候可以没有观察者吗,就像你看那棵树一样?这意味着要全心全意地看你自己。全心全意的时候,就没有意象。只有你的心在琢磨"我希望能有一个更好的'我'"或者"我会这么办那么办"时——如果你在看,才会看得漫不经心。

问: 如果我说我们始终处于觉察状态,我错了吗?是思想虚构了分裂。

克: 哦,不是的!那是思想的另一种推测,以为我们始终在觉察。我们只是偶尔处于觉察状态,接着就睡着了。那些我们睡着的时刻、我们漫不经心的时刻,才是觉察的重点,而不是我们觉察的时刻。

问: 你将智慧转化为人类生活时,表达出无尽的爱,我们觉察到了吗?

克: 这得你来回答,先生!

问: 当我觉察到我的意象,我的意象就消失了,本质上那不就是觉察吗?

克: 当我觉察到我的意象时,意象还存在吗?不存在了。

问: 所以,本质上那就是觉察。

克: 没错,觉察本质上没有任何选择。先生,这些东西当中重要的是什么,不是你们听到的东西,而是你学到的东西。学习不是积累知识。当你离开这里,对于觉察、爱、真相、恐惧以及如此等等会有种种看法。正是那些看法阻碍了你学习。但是,如果你稍有觉察,就是在学习了,然后通过日常生活中的学习,智慧就能发挥作用。

萨能

1971年8月10日

英国

ENGLAND

第九章

冥想的心
布洛克伍德的两次演讲

认识思想和意象的关系

> 人类的心要求从内疚、痛苦、混乱和无休止的战争及暴力中解脱出来,而思想却无法带来自由。它可以编织自由的概念,但那并不是自由。

克里希那穆提: 我认为一起谈论暴力是有价值的,这个问题变得日益严重,正在全世界泛滥,这确实是整个人类制约的一部分。人类不但受到一种文化表层的社会性制约,还受更深一层的制约,即集体的悲伤、暴力、毁灭性的绝望及其大部分人没有注意到的活动表现,人类能摆脱任何一层制约吗?它就像我们继承而来又生活其中的阴影。要从中解脱显然极其困难。

不管走到哪里,我们看到全世界的表层文化都没有渗透到人类的意识深处。然而,悲伤巨大的阴影——我不喜欢用"罪恶"这个词——毁灭性的暴力、对抗以及冲突却似乎深植于我们内心。我们能彻底摆脱这些吗?如果这极其重要,那要怎样着手开始?表面上我们可能有高度的文化修养,彬彬有礼,略有些冷漠,但在内心深处,我认为大部分人都没有意识到自己继承了人类巨大而复杂的冲突、痛苦和恐惧。如果我们有丝毫觉察,就会问:要让心成为截然不同的工具,有没有可能完全摆脱这一切?不知道你们到底有没有思考过这些。或者,因为表层制约的影响太大,我们只顾着跟它做斗争了。如果我们已突破了这层制约，不再跟它纠缠，那接下来就是那些深层制约了，其大部分内容我们还一无所知。怎样觉察那些制约呢？到底有没有可能彻底摆脱？

也许我们可以讨论一下，怎样觉察人类继承或养成的这些可怕制约。不管理由是什么，现实是我们极度暴力，身陷悲伤。恐惧的阴影笼罩着我们，显然这使我们的行为产生了巨大的伤害和混乱。我认为这显而易见。我们要怎样觉察到这一切？可能超越这些制约吗？

全世界的组织化宗教都制订了规则、戒律、态度和信条，但是，他们解决了人类的痛苦、根深蒂固的焦虑、内疚以及诸如此类的种种问题了吗？所以我们可以把所有的宗教信仰、希望和恐惧都放到一边。我们知道世界在发生什么，我们知道宗教组织的本质，我们知道宗教组织的领袖、古鲁、救世主及其种种神话的本质。如果你已抛开这一切，因为你已了解，你已看到其中的虚假和徒劳并从中解脱了，那么某些事实就会留下来：悲伤、暴力、恐惧和巨大的焦虑。

如果我已经意识到这一切，为了拥有焕然一新的脑子、焕然一新的行动、焕然一新的生活态度、焕然一新的生活方式，我该怎样从中解脱？我们越理智、越进一步探索、越理性地觉察这件事，就会越认真，并会要求心必须完全从混乱中解脱出来。人类一手打造了这场乱局，还没完没了地处处背负着它生活。我认为这才是基本的问题，而不是社会不公、贫穷、战争、暴力、民族分歧，等等。我感到，如果人类真正懂得了整个存在的问题，那些外部问题都可以得到解决。那时他们就会从不同的维度来处理所有的混乱和战争。

　　人类的心想找到那个维度。要解决所有的苦难，必须找到它。如果你是认真的，不是在玩语言游戏，不是在臆测，也不是沉溺于推理、概念和假设，而是真正面对自己以及人类的痛苦，你要怎样结束这一切？比起心理安全，人类更需要永久安全，比起物质安全，人类对心理安全的需要则更为强烈。因为需要心理安全，我们就把所有的想法和希望都寄托在某个老师、某个救世主、某个信仰上面。明白了这些，我要怎样了解并摆脱这无休止的努力、挣扎和痛苦呢？

　　我们怎样觉察这一切？这份觉察或感知意味着什么？我怎么知道自己身陷悲伤？不止我，全世界每个人都身陷悲伤，我是其中的一分子，我怎么知道有这悲伤？是嘴上认同或简单地接受一个我身陷悲伤的观点，还是真的觉察到了悲伤的事实？当我对自己说：世界悲伤汹涌，我是其中的一部分——因为我就是世界，世界就是我——我说的是事实。那不是概念，不是观点，不是情绪化的主张。我就是世界，世界就是我，那是一个绝对的事实。因为我们一手打造了这个世界，我们对此负有责任。我的所思所想、我的所作所为、我的恐惧、我的希望就是世界的恐惧和希望，我和世界无二无别。集体就是我，文化就是我，我就是文化，所以无二无别。不知你们看到了没有，体会到了没有？

　　明白了我就是世界，世界就必须有彻底的革命——不是通过炸弹来革命，那不会有任何结果——我认识到必须革命的恰是灵魂和心本身。只有那样，人类才能焕然一新地生活、思考和行动。怎样解放造成所有问题的心？心即思想。是思想导致了人与人之间的分裂，导致了战争，导致了宗教信仰的结构。思想也发展了技术，为日常生活的便利做出了贡献：电、铁路、让我们得以登陆月球的技术知识——是思想完成了这一切。累积了这么多信息、这么多知识的思想，怎样才能从悲伤和恐惧的整个结构和本质中解脱出来——却又怀着理性在知识的领域有效运作，不制造人与人之间的分裂和敌对？明白了吗？

那思想要怎样避免这样的分裂？因为有分裂就有冲突，外在内在都一样。我把问题讲清楚了吗？这是你们的问题、人类的问题。我们看到思想做了什么，灵巧、极度能干、累积了无法弃之不用的技术知识，思想必须得到运用，发挥作用。然而，思想还导致了暴力，思想不是爱。所以，我们必须清楚思想的作用，同时也看到思想确实滋生了世界的全部不幸。我们怎样能既了解思想的全部含义——它是可衡量的——又了解可衡量的思想根本无法立足的维度？首先，我们清楚思想对世界的利害了吗？思想怎样才能正常有效地运作，而不造成人与人之间的分裂？

人类的集体记忆以思想的形式反映出来，思想即过去。它也许投射未来，却仍然植根于过去，它的运作是从过去出发的。我们看到它的运作，我们说那是必要的。但思想为什么分裂人类？我为什么要被穆斯林的身份制约——这就是思想的结果——你为什么要被共产主义者的身份制约，这也是思想的结果？有些人认为只有暴力才能催生社会变革，另外一些人则说那不是解决办法。所以,思想总是制造分裂。哪里有分裂哪里就有冲突。那么,思想有什么功用?

我们知道思想只能在知识的领域运作,那么思想能不能创造或想出一个不同的维度,其中没有思想造成的分裂?就个人而言,我对这个问题很感兴趣,因为纵观全世界,思想创造了这样了不起的物质文明,同时也造成了这样巨大的不幸、混乱和悲伤。思想能不能完全在一个方向上运作,而在另一个方向上默不作声?那样它就不致造成分裂了。问了自己这样一个问题后,我希望你们再这样问自己:思想可以说"我超越不了技术世界、知识以及日常存在,我进不了那个没有分裂的维度"吗?思想可以那样抽离自己吗?或者我们完全问错了问题?思想能看到自身的局限从而带来不一样的智慧吗?如果思想能看到自身的局限,不就有一种不一样的智慧在起作用了吗?那么,超越思想之上的智慧不就觉醒了吗?

提问者: 如果思想看到了自身的局限,那一定不是思想。

克: 我不知道,先生。

问: 思想不是已想出一个毁灭自身的系统了吗?

克: 首先要看到问题的难度,不要找个简单的答案就算了,要看到其中丰富的含义。人类靠思想而活,我们每一天、每一分钟都在运用思想。我们必须有思想,没它就没法行动,就没法生活。你不可以毁灭思想。毁灭思想,那表示有一个高级思想在说"我必须毁灭我的低级思想"——那仍然局限于思想的领域。印度人就是这么做的。他们说：思想非常局限，存在一个高级思想，阿特曼、梵或其他高高在上的东西。保持思想寂静，另一个东西就会起作用。那种主张本身就是思想，不是吗？你们这里说"灵魂"，它仍然是思想的一部分。所以，思想制造了这个了不起的技术世界，思想用技术为人类带来了便利，也带来了毁灭。是思想发明了救世主、神话和上帝，是思想制造了暴力，是思想生成了嫉妒、焦虑和恐惧。

那么，是否存在一个无法被思想衡量的领域呢？那个领域能在思想的领域运作，却不造成思想的四分五裂。如果思想一直在运作，那么心就是在用知识即过去起作用。知识就是过去——我无法拥有关于明天的知识，而知识即思想。如果人类要永远在思想的领域打转，如果那是唯一的生存之道，心就永远无法自由，人类就必然永远活在悲伤、恐惧、分裂和冲突之中。认识到那一点，人类就说，必须有一个外在的力量——比如上帝——它将帮助我们克服思想的分裂。但上帝、阿特曼或其他形式的希望仍然是在这个世界找不到安全的思想所发明的东西，它发明、相信或投射了一个上帝的概念、一个安全的概念。我看到了这一点。如果思想是人类可以生存的唯一领域，那他们就在劫难逃了。这不是我编造的，这是实际在发生的事。

我把问题讲清楚了吗？人类的心要求从内疚、痛苦、混乱和无休止的战争及暴力中解脱出来，而思想却无法带来自由。它可以编织自由的概念，但并不是自由。所以，人类的心必须找到答案。只有心明白了思想的本质,看到了它的作用,并发现一个思想根本不起作用的不可衡量的境界时,它才能找到答案。这就是所谓冥想。人们冥想过,但他们的冥想再次助长了思想。他们说:"我必须安静地坐着,我必须控制思想。"明白了思想的局限,他们就说"我必须训练它,我必须控制它,不让它漫游"。他们极端地训练自己,但他们还没有明白另一个维度是怎么回事,因为思想是无法进入那个维度的。

真正认真的人们曾深入探究过。然而,思想已经成了他们的主要工具,因此他们从未解决这个问题。他们虚构了种种东西,做出推测。我们这群可怜的傻瓜们接受了这些推测,接受了种种哲学、老师,接受了那一整套东西。显然,必须有一种不同的冥想、不同的感知,那是看而不是评价。看思想的运作,看它内在和外在的活动而不引导它或以任何方式强迫它,只是全然地观察它,不作任何选择,那就是一种不同的感知。我们看,却总是引导,总是给出一个方向。我们说"这一定不是,这应该是,我要克服它",这些都是对行动、感觉或概念的陈旧反应。但没有任何方向、任何压力、任何扭曲的观察到底可不可能?如果我能如实看自己,不作任何谴责,不说"我会保留这个,我会抛弃那个",感知就有了不同的品质。它就成了一个鲜活的东西,而不是重复过去的模式。

那么,在倾听的时候,就像你们现在这样,你们看到了真相,你们明白了真正的感知必须没有任何引导,也没有任何说服、任何强迫。在那样的观察中，你会看到思想根本没有进入。这表示，在那样的感知、那样的观察中，有着全然的关注。没有关注就会有扭曲。如果你现在正在倾听这些话，如果你看到了其中的真相，它就会行动。

问： 先生，在那种境界中，我们看到自己完全无能为力并且超越了道德，而思想向来知道自己的力量。思想总是进入那些有兴趣、恐惧和焦虑的地方。

克： 先生，恐惧和焦虑不就是思想的结果吗？思想制造了恐惧！

问： 有时候恐惧是不期然而来的。

克： 或许是，但不管它是不是在意料之外，制造恐惧的就是思想，不是吗？思想还制造了巨大的悲伤。

问： 那小孩子的恐惧呢？

克： 小孩子的恐惧显然是因为缺乏安全感，不是吗？小孩子需要彻底的安全而父母却给不了，因为他们沉浸在自己渺小的自我中。他们吵架、他们野心勃勃，所以就无法给予孩子所需要的安全——也就是爱。

好，我们回到刚才的问题。思想制造了恐惧，这不容置疑。思想知道我们内心煎熬的孤独，思想说："我必须成功，我很渺小，我必须变得伟大。"思想造成了嫉妒、焦虑和内疚。思想就是那份内疚。而不是思想导致了内疚，思想就是内疚。我怎样才能抛开思想的任何干扰观察自己，观察自己所处的世界，那样一来，一种不同的行动、一种不会制造恐惧和悔恨以及诸如此类的情绪的行动就能从观察中催生。所以，我必须学会以不同以往的方式观察自己，观察世界以及自己的行为。必须学会一种观察，其中根本没有思想的干扰，因为一旦思想干扰进来，就会导致扭曲，就会产生偏见。感知是当下的，你无法感知明天。你此刻正在感知，如果思想一插手——思想就是过去的反应——就必然扭曲当下，这样推理是符合逻辑的。

问： 可显然要觉察就必须思考。

克： 等等，检视这句话！觉察是什么意思？我觉察到你坐在那里，而我高高坐在这里，我觉察到我坐在椅子里，等等。然后思想说："我比坐在下面的那些人要厉害一些，因为我在演讲。"思想赋予我威望，明白了吗？那是觉察还是思想活动的延续？没有思想的活动、没有树的意象时，你能看到树吗？意象就是嘀咕"那是棵橡树"的思想。

观察树的过程中发生了什么？观察者和树之间存在空间，存在距离，接着，植物学知识、对那棵树的好恶就跑了出来。我对树抱有一个意象，那个意象看着那棵树。存在不借助意象的感知吗？意象即思想，思想即关于那棵树的知识。借助意象的感知并不是对那棵树的直接感知。抛开意象看那棵树可能吗？那非常简单，但要抛开关于自己的任何意象来直面自己就复杂多了。我们能抛开任何意象观察自己吗？我充满关于自己的意象。我是这个，我不是那个；我应该这样，我不该那样；我一定要成为，我绝不能成为——明白吗？这些全是意象，而我就在透过其中的一个意象看自己，并不是透过全部的意象。

那么，什么是看？如果没有意象，那是什么在看？如果我对自己完全不抱有意象——这一点我们必须非常深入地探究——那还有什么可看？就完全没有什么可看了，我们被这一点吓到了。也就是说：我们什么也不是。但我们无法面对这一点，因此我们对自己抱有种种意象。

人类的心需要自由。自由是极其重要的，甚至政治上也需要自由，但你不想从所有的意象中解脱出来。因为各种社会、经济以及文化上的原因，思想造成了这些意象。这些意象是可衡量的：更伟大或更渺小。我们问：思想能没有扭曲地观察吗？它显然做不到。思想中存在着扭曲的因素，因为思想是过去的反应。存在没有思想干扰的观察吗？这意味着没有任何意象的干扰。你可以去搞清楚这个问题，不是简单接受或相信就可以了。你可以抛开任何意象看看你的妻子或丈夫，看看树，看看云或看看坐在你旁边的人。

问： 有没有下意识的可能没有被觉察到的意象呢？

克： 当然有。请听好我的问题：怎样觉察累积的许多下意识的意象？

问： 克里希那吉，只要我们试图觉察，就会制造出要被觉察的东西。

克： 这就是我的意思。你不能有觉察的意图，你不能下决心去觉察，觉察不是运用意志的结果。你要么看到，要么没看到，你要么在听我们正在讲的内容，要么没在听。但如果你带着意象听，你当然就没在听。

这个问题真的很有意思。我可以了解意识层面的意象，了解我拥有的表层知识，那很简单、很清晰。但我怎样觉察隐秘的深层意象呢？它对我们整个的生活方式有着巨大的影响。

问： 通过观察行为方式，观察这些意象是怎样形成的，有时在睡眠中形成，我们就能搞清楚问题。

克： 这表示：我开始通过我的行为来发现累积的下意识意象——逐个逐个地发现，明白吗？我对待你跟对待其他人不一样，因为你有权有势，你比其他人更有名望，因此你在我心中的意象就更伟大，我轻视其他人。所以，这意味着逐个检查意象。有没有一个核心的实体在制造这些意识表层和深层的意象呢？如果我能把那个东西找出来，就不必逐个检查意象或通过梦来发现意象了。

通过行为发现下意识的意象，那是一种分析，不是吗？分析能解决这些意象吗？这些意象是思想造成的，而分析就是思想。我指望思想毁灭思想造成的意象，那我就陷入了恶性循环。要怎么处理这种情况？梦揭示了你的意象吗？那不就是另一种形式的分析吗？你究竟为什么要做梦？梦就是我白天活动的继续，不是吗？我过着混乱不堪的生活——不安、痛苦、孤独、恐惧，拿自己跟其他更漂亮、更聪明的人比，那就是我清醒时所过的生活。等我睡着，那一切继续。我梦到我曾经历的一切，那就是我白天生活的继续。如果通过梦来揭示自己，那就是一种分析。因此我依赖梦揭示隐秘的意象，对梦的依赖导致了我清醒的时候越来越不清醒，不是吗？

问： 思想以及潜在的思想造成了意象，可在某个层面上，这些意象是有用的。

克： 我们说过，一些有用的意象必须起作用，我们必须有那些意象，而有些非常危险的意象，显然就必须彻底革除。这整个讨论就在谈这个。

问： 不就一个问题吗？不是思想在必要时能不能寂静的问题，而是可以只有寂静吗？

克： 先生，那个意思就是：有没有思想能在其中运作的寂静？

问： 那不是思想能不能运作的问题，而是可以只有寂静吗？

克： 思想能彻底寂静吗？谁在提出那个问题？思想在提出那个问题吗？

问： 显然。

克： 那么思想在问它自己能不能安静下来。

它怎么搞清楚这个问题？为了寂静，它能怎么办？它没办法，不是吗？思想能对自己说我必须安静吗？那可不是安静！那么，不是思想产物的寂静是什么？存在不是思想造成的寂静吗？这也就是问，没有人要求结束，思想能自己结束自己吗？当你倾听什么，看清楚什么时，不就是那样的吗？当你全身心关注时，在那份关注当中就有寂静，不是吗？全然的关注意味着你的身体、你的神经和一切的一切都在关注。在那份关注当中,观察者即思想就不存在了。

问: 只有面临巨大的危险时才会有那种状态。

克: 你是指在千钧一发的危急时刻吧。我们必须时时活在危机中吗?多可怕的观点,不是吗?为了安静,我必须活在一连串的危机当中,指望那样获得寂静。那太复杂了!

问: 我可以说寂静是从危机中产生的吗?

克: 它是怎么产生的?寂静了,我们还能运作吗,明不明白?请你问自己:首先,什么是寂静?它是怎么产生的?寂静了,还可以正常过日子吗?我不能宣称觉察始终都存在,我不知道,你也不知道。

问: 但它似乎就在那里,只是一直在变化罢了。

克: 我们只知道一件事:那就是思想运转不休。而思想运转时,就没有我们所指的寂静和觉察。觉察或感知,那是一种看的状态,其中没有任何意象。在我搞清楚可以没有任何意象地看之前,我不能声称什么。我不能声称觉察是有的,寂静是有的。在日常生活中,我可以观察自己的妻子、孩子以及周围的一切而没有意象的阴影吗?去搞清楚。在那份关注当中,就有寂静。那份关注就是寂静。那并不是练习的结果,否则就成了思想。

布洛克伍德公园
1971年9月4日

冥想的心和无解的问题

> 我们生活在一个衡量的世界，我们背负着那个世界，却想进入另一个根本不可衡量的世界。冥想就是看到实然并超越它。当头脑、身体和心灵真正安静和谐时，也就是当头脑、身体和心灵完全融合为一时，我们就会过着完全不同的生活。

克里希那穆提： 随着足迹踏遍世界，满目皆是惊人的贫穷以及人与人之间丑陋的关系，我心里越来越清楚，这个世界必须有彻底的革命，一种不同的文化必须形成。旧有的文化已经没有活力，可我们却紧抓不放。那些年轻人起来反叛，不幸的是，他们并没有找到转化人类本质即心灵的方法。除非有深刻的心理革命，否则只在外围修修补补是不会有多大影响的。这心理革命——我认为是唯一的革命——通过冥想就有实现的可能。

冥想就是能量的彻底释放，今天早上我们就要一起仔细谈谈这个主题。冥想这个词的词根义就是衡量。整个西方世界就建立在衡量之上，但在东方，他们说："衡量是幻境，是幻觉，因此我们必须找到那不可衡量的。"于是，这两个世界在文化、社会、智性以及宗教上分道扬镳了。

冥想是个相当复杂的问题，我们必须慢慢探究，从不同角度了解它。请你们始终记住，要形成一个不同的世界、不同的社会，心理革命是绝对必需的。不知道你们对此有多么强烈的体会。我们大部分人，身为中产阶级，对自己的小家、小收入已经心满意足，也许宁愿维持现状，不受打扰，但世事、技术、外部世界的种种正在产生巨变。而几个世纪以来，我们大部分人的内心世界却多多少少还是老样子。那革命只能发生在我们存在的核心，并且需要巨大的能量。冥想就是全部能量的释放，我们会详细讨论。

关于冥想是什么，它应该怎样，种种观点浩如烟海。我们或从东方引进理论，或按自己特定的宗教倾向进行解读，我们认为冥想是沉思，是接受，是祷告，是保持心的静止或开放——我们有各种奇谈怪论。特别是这些年，很多人从印度跑来，宣传起五花八门的冥想方法。

首先，怎样拥有这无摩擦的能量品质？我们知道机械能量，即机械摩擦，我们也知道我们内心的摩擦，它通过冲突、抗拒、控制等制造了能量。那么，有一种能量是机械摩擦引起的。有没有另一种完全没有摩擦的能量呢？一种彻底自由、不可衡量的能量？我认为冥想就是发现那样的能量。除非我们有充沛的能量，不但生理上能量充沛，心理上更要有充沛的能量，否则我们的行为永远不会圆满，它将没完没了地制造摩擦、冲突以及挣扎。我们看到各种各样的冥想——禅、从印度带来的瑜伽、各种僧侣的沉思团体，等等，所有这些方法都认为要控制，要接受一套系统，要练习诵念词句，即所谓咒语、真言，还要练习各种形式的呼吸法门、哈达瑜伽，等等。我猜你们都知道那一套。

那么，首先我们要通过探究把那些论调全部丢掉。不要接受他们说的那一套，要去探究，要看清楚其中的真假。作为初学者，你要不断重复词语、句子、祈祷文、一连串古鲁告诉你的咒语，花钱学习特殊的短语，每天秘密诵念。可能你们有些人已经修炼过那些，对此有不少了解。那就是所谓真言瑜伽，是从印度那边传过来的。那些人宣称："如果这么做，你就会开悟，你就会有安静的心。"其实那就是重复某些词语而已，真不知道你们为什么会付钱跟他们学那种东西。如果你不断重复一串词语，不管是"福哉玛利亚"，还是各种梵语真言，显然你的心就会变得相当迟钝，并且你会有一种特殊的和谐感、平静感，你以为那将有助于实现心的清明。你可以看看其中的荒谬，为什么要接受任何人对这类事的说法——包括我的呢？关于内在的生命活动，为什么要接受任何权威？表面上我们拒绝权威，如果你脑子清醒，政治上观察敏锐，你就会拒绝那些东西。然而，对于那些宣称"我知道，我已成就，我已领悟"的人，我们显然轻易接受了他们的权威。宣称自己知道的人，并不知道。一旦你说你知道，你就并不知道。你知道什么？某些你有过的经验、某种幻象、某种开悟？我不喜欢用"开悟"这个词。一旦你经验了它,你就认为你已达到了某种了不起的境界。然而,那已是过去,你只能知道那些已经结束并因而僵死的东西。如果那些人过来宣扬他们已经领悟,收你们很多钱,对你们指指点点,要你们"这么做,那么做",这显然非常荒唐。所以,我们可以把那些都丢掉。

我们还可以丢掉练习某个系统、某个方法的全部论调。为了达到开悟或极乐,为了获得安静的心,为了达到平静的境界,不管什么,如果你为了那些而去练习某个方法,一遍遍反复,这显然会让心变得机械。练习特定的系统,不但意味着压抑你自己的转变和理解,还意味着遵从和没完没了的冲突。我们的心喜欢遵循某个系统,因为那让它明确,那样生活很容易。那么,我们可以现在就丢掉所有的冥想系统吗?你们不会的,因为我们整个的习惯结构就建立在寻找方法的强烈需求上,那样的话,我们就可以追随了,就可以过我们单调、迟钝的常规生活了。我们要的就是不被打扰,所以我们接受权威。

我们必须自己搞清楚问题,而不是通过其他人。几个世纪以来,我们接受了牧师的权威、老师、救世主以及大师的权威。如果你真的想搞清楚冥想是什么,就必须把所有的权威都彻底抛到脑后——不是指法律的权威、警察的权威和法规、法律,等你自己的头脑清晰而有条理时,也许就会明白这一点。那么,冥想是什么?是对思想的控制吗?如果是,那谁是思想的控制者?就是思想本身,不是吗?人类的整个文化,包括东方和西方的,都建立在思想的控制和专注之上，在那个过程中，要保持思想的专一，并且贯彻始终。到底为什么要控制？控制意味着模仿、遵从，意味着接受某个模式作为权威，试图按那个模式生活。社会、文化、某个你认为博学的人、开悟的人等，制订了那个模式，我们试图按那个模式生活，压抑自己所有的感觉和想法，尽力遵循它。其中就有冲突，冲突本质上就是能量的浪费。

所以，许多人在冥想中鼓吹的专注是完全错误的。你们在被动接受吗？或者只是出于无聊随便听听？我们必须探究这个问题：没有任何形式的控制，思想能否在必要时发挥作用。思想能在必要的时候用知识指导行为，而其他时间却彻底静止吗？这是真正需要思考的问题。心里有那么多的思想活动，此起彼伏，变化不定，它试图在那混乱中寻找清晰，强迫自己去控制，去遵循某个想法，于是乱上加乱，越来越乱。我想知道，心能不能安静并只在必要时发挥作用。

控制，意味着冲突，是对能量巨大的浪费。这是要了解的重点，因为我体会到冥想必须是能量的释放，其中没有一丝一毫的摩擦。心怎么办得到？怎么能拥有那样的能量——一切摩擦都已终止的能量？在探究这个问题的过程中，我们必须彻底了解自身，必须有完全的自我认识——不是根据任何心理学家、哲学家、老师或特定文化所设定的模式来认识，而是透透彻彻地认识自己，意识层面和更深的层面都有清晰的认识，那可能吗？如果对自身有了彻底的了解，冲突就会结束，那就是冥想。

那么，我要怎样认识自己？我只能在关系中认识自己，只有在人际关系中才能观察自己，在隔绝中是不可能的。心一直在所有的活动中隔绝自己，在四周竖起围墙以免受到伤害，以免有任何的不舒服、不快乐或麻烦，它一直在自我中心的活动中隔绝自己。我想认识"我自己"，就如我想知道怎样从这里到达某个城镇。这就是说，要清清楚楚地观察我内心发生的一切——我的感觉、我的想法、我的动机、我的意识、我的无意识。这怎么可能？希腊人、印度人、佛教徒曾说：认识你自己，但显然这是最难做到的事情之一。今天早上，我们要搞清楚怎样检视自己。因为一旦你彻底认识了自己，一切摩擦都将不会产生，从中就有了这截然不同的能量品质。那么，要搞清楚怎样观察自己，就必须了解观察的含义。

我们观察客观事物的时候，比如树、云、外界的事物，不但存在观察者和被观察者之间的空间，即物理空间，还存在与时间有关的空间。我们看一棵树时，不但存在物理距离，还存在心理距离。存在你和那棵树之间的距离，存在知识的意象制造的距离：那是一棵橡树或榆树。你和树之间的那个意象把你们分开了。

但是，如果观察者的心里没有意象，也就是想象，那么观察者和被观察者之间就有了截然不同的关系。你曾看一棵树而丝毫不表达一己的好恶，不浮现任何的意象吗？你注意过接着会发生什么吗？接着，生平第一次，你如实看到了那棵树,看到了它的美,看到了它的颜色、高度和活力。一棵树甚或另一个人,是很容易观察的,但要那样观察自己,即观察的时候没有观察者,就困难多了。所以,我们必须搞清楚谁是那个观察者。

我想观察自己,我想尽可能地深入认识自己。那个在观察的观察者,其本质和结构是什么?那个观察者就是过去,不是吗?就是他收集储存的过去的知识,过去即文化,即制约。这就是那个说"这对,这错,这一定是,这一定不是,这好,这坏"的观察者。所以,观察者即过去,透过这些过去之眼,我们试图认识自己的真相。然后我们说"我不喜欢这样,我丑陋"或者"这个我会保持"。种种分别、种种谴责就来了。我能不用过去之眼看自己吗?我能在行为即关系中观察自己而没有任何过去的干扰吗?你们尝试过这样的观察吗?恐怕没有。

没有观察者的话,那就只有被观察者了。请看如下事实:我嫉妒,我暴饮暴食,我贪婪。通常的反应就是,"我一定不能暴饮暴食,我一定不能贪婪,我必须压抑",你知道接下来的事。在那种情况中,有一个观察者在设法控制他的贪婪或嫉妒。那么,如果抛开观察者觉察贪婪,那会怎样?我能观察贪婪而不将它命名为"贪婪"吗?我一旦将它命了名,就已在记忆中把它确定为贪婪,脑子里就开始嘀咕:我必须克服它,我必须控制。所以,可不可以观察贪婪而不嘀嘀咕咕,不辩解,不谴责呢?也就是说,我能观察所谓贪婪而不作任何反应吗?

这样观察就是一种纪律,不是吗?不强加任何特定的模式——那意味着遵从、压制,诸如此类——而是观察一系列行为却不谴责,不辩解,不命名,就只是观察。然后你就会看到,心不再浪费能量了。它于是觉察,并因而有能量处理正在观察的事情了。

提问者: 先生,我想问,那个"我"观察"我"而不命名为"我",跟观察过去而不命名为过去是一回事吗?

克: 是一回事,先生,完全正确。不过,一旦你了解整个机制,就不难了。一旦你看到其中的真相,接着那个真相、那个事实就会自己行动。在意识层面可以那么做,但还有大量无意识的反应、动机、意愿、倾向、压抑和恐惧,这一切要怎么处理呢?必须一层一层地分析累积在深处的隐秘内容,通过梦境把它们全部披露出来吗?怎样彻底暴露那一切,完善对自我的认识呢?

显然不能靠意识。我无法用意识探究无意识,探究隐秘部分,能吗?不要简单地说"不能",看清楚其中的困难,因为我不知道隐藏着什么,隐秘部分可能以梦境示现,但梦需要解读,那要花不少时间,不是吗?

问: 我认为在某些药物的作用下有可能认识我自己,其中没有冲突。

克: 药物真能揭露全部的意识内容吗?还是它只是因为化学作用而实现了某种头脑状态,而跟了解自我是截然不同的？我观察过很多印度人吸毒，我也观察过美国的大学生，还有一些其他人，他们都在吸食迷幻药。那些毒品确实影响了头脑，影响了脑细胞本身——它们毁了脑子。如果你跟那些吸毒的人谈过，你会发现他们无法推理，他们的思想无法连贯。我不是劝你别吸毒，这是由你自己决定的事，但你可以看看它给人造成的后果。他们没有责任感，他们以为他们可以为所欲为——多少医院充满了因毒品而精神失衡的患者。我们在谈的东西与化学无关。如果LSD或其他任何药物能带来没有冲突的头脑状态，与此同时还能让人保持完整的责任感，保持思想和行为的逻辑连贯，那就太美妙了。

我们问：怎样一眼就揭露所有隐秘的内容？不通过一系列梦境，不通过分析，那些都意味着时间以及能量的浪费。这个问题很重要，因为我想了解我自己——我自己就是我所有的过去、经验、伤害、焦虑、内疚和种种恐惧。我要怎样立即了解那一切？立即了解那一切给了我巨大的能量。要怎样做？那是天方夜谭吗？为了找到出路，我们必须问无解的问题。除非我们问最难解答的问题，否则我们会一直处理那些有解的问题，而有解的问题微不足道。所以，我问最难解答的问题，就是：揭露这意识的全部内容并了解它，完整地看到它，而不通过时间——不分析，不研究，不一层一层检视，心怎样能一眼就观察到全部内容？

如果你被问到这个问题，就像现在被问到一样，如果你真的在倾听那个问题,你会怎么反应?显然你会说"我做不到"。你确实不知道怎么办。那你在等别人告诉你吗?如果我对自己说"我不知道",那我是在等别人告诉我吗?我在期待一个答案吗?如果我在期待一个答案,那我就已经知道了,懂吗?我说"我不知道,我真的不知道",并不是在等任何人告诉我,我不期待任何人,因为没有人能回答,所以我确实不知道。那个说"我真的不知道"的心是怎样的状态?我不能在任何一本书里找到答案,我不能问任何人,我不能跑去找任何老师或牧师,我真的不知道。那个心说"我不知道"的时候,那是怎样的状态?千万别回答我。看问题!我们总说我们知道。我知道我的妻子,我知道机械,我知道这个,知道那个。我们从不说"我真的不知道"。我在问:老老实实说"我不知道"的心是怎样的状态?不要立即说出来。如果我真的认为我不知道,心就没有答案。它不期待从任何人那里获得任何东西。那不是等待,那不是期待。那么,它会怎样?它不就彻底独立了吗?那并不是孤立——孤立和独立是两回事。在那种独立的品质中,它不受影响,不作抗拒,它把自己从过去的一切中剥离了出来,它说"我真的不知道"。因此,心清空了自己,清空了全部内容。明白了吗?

我问了那个无解的问题并且说:"我不知道。"因此,心清空了一切,清空了所有的建议、所有的方法、所有的可能。于是,心完全活了起来,过去的一切一扫而空。过去即时间,即分析,即某些人的权威。通过拒绝内容,它揭露了自身的全部内容。现在明白了吗？我们说过，冥想只能始于全面的自我了解，自我了解就是冥想的开始。不了解自我，心就会自欺，就会按照自身的制约产生幻觉。如果你清楚自己的制约并从中解脱了，就不可能会有任何幻觉，这极其重要，因为我们是那么容易自欺。所以，当我探究自己，我看到，通过认识自己，意识正在清空自己的全部内容，清空不是拒绝什么，而是了解整体。这带来了巨大的能量，那是必需的能量，因为那能量彻底转变了我的所有行为。我的行为不再是自我中心的，因而也不再引发摩擦。

冥想是一种忘怀之道，完全忘怀人类对自己、对世界的所有想象。因而人就有了截然不同的心灵。冥想也意味着觉察，觉察世界，觉察自身的一言一行、一举一动，如实看万事万物，没有丝毫选择，没有丝毫扭曲。你一旦引入思想，扭曲就产生了。然而，思想必须发挥作用，但如果思想在观察时用意象干扰观察，那就会有扭曲和幻觉。所以，要观察内心和世界的实然而没有丝毫扭曲，就必须有一颗非常安静的心。我们知道必须有安静的心，于是各种的修炼体系就冒出来了，它们要帮你控制你的心，那些雕虫小技都会引发摩擦。如果你热切地想要观察，带着强度，心自然就会安静。你不必强迫它，你一旦强迫它，它就不安静了，它就僵死了。你们能看到这个真相吗，即要发现任何东西你就必须看？如果带着偏见，你就看不到。如果你看到了，你的心就会安静。

安静的心是怎样的？我们不仅在探究无摩擦的能量品质，而且在探究怎样实现我们内心的彻底转变。我们的自我就是世界，世界就是我们自己——世界的结果并非与我无关：我就是世界。这可不只是看法，而是事实，我就是世界，世界就是我。因此，我内心彻底的革命和转变必然会影响世界，因为我就是世界的一部分。

在探究冥想的过程中，我看到能量的浪费都是人际关系中的摩擦引起的。没有任何摩擦的人际关系可能吗？唯有了解爱，才可能有那样的关系，了解爱即否定非爱。嫉妒、野心、贪婪、自我中心的行为，显然都不是爱。在了解自我的过程中，如果你把一切非爱都弃之在旁，爱就在了。观察是瞬间的，即刻的，解释和描述则要花很长时间。

我发现在那样的观察中没有系统、没有权威、没有自我中心的活动，因此也就没有遵从、没有自我跟他人的比较。要观察这一切，心必须极其安静。如果你想听刚才在说的内容，你就必须用心留意，不是吗？如果你在想其他事情，你就没法听。如果这些话你听烦了，我可以起身走开，但去强迫你自己听就不可理喻了。如果你对这些确有兴趣，热切而强烈，你就会全心全意地听，要全心全意地听，心就必须安静，这个道理非常好懂。这一切即冥想，而单独静坐五分钟，盘着腿，调适着呼吸并非冥想，那是自我催眠。

我想搞清楚，彻底静止的心具有怎样的品质，它静止时发生了什么。我已作了观察，作了记录，有了领悟，我完成了那部分工作。但还有另一个疑问：头脑的状态、脑细胞本身的状态是怎样的？脑细胞储存起自我保护必需的有用记忆，记住哪些事物可能导致危险。你们难道没注意到？你们读过不少书吧？我个人没读过多少书，因此我能检视自己并搞清楚问题，观察自己，不是根据某些人的理论观察，就只是观察。我问自己这样的头脑具有怎样的品质？脑子发生了什么变化？脑子会记录，那是它的功能。脑子只有靠保护它的记忆才能发挥作用，否则就不行。脑子可能在某种神经质中找到安全，它已在国家主义中、在家庭的信仰中、在财产的拥有中找到了安全，那些都是各种形式的神经质。脑子必须感到安全才能正常运作，它可能选择在某些错误的、不真实的、虚幻的、神经质的事物中寻找安全。

当我彻底检查了自己，那一切就消失了。没有了神经质，没有了信仰，没有了国家主义，没有了伤害任何人的欲望，也没有了对所有伤害的回忆。那么一来，脑子就成了一个记录工具，思想在运作时不再把它当作"我"。所以，冥想不仅意味着身体的静止，还涉及脑子的安静。你观察过脑子的运作吗？为什么你想某些事情？为什么你对别人起反应，为什么你绝望地感到孤独，不被人爱，无依无靠，没有希望？知道那种排山倒海的孤独感吗？尽管你可能结婚了，有孩子，生活在一个团体中，但仍会有那种彻底空虚的感觉。看到那种感觉，你就试图逃避它，但假如你跟它待在一起，不逃避它，只是全身心看着它，不谴责，也不设法克服它，就只是观察，如实观察，那么一来，你就会看到你认为的孤独结束了。

那么，脑细胞记录着的充当"我"的思想——我的野心、我的贪婪、我的目标、我的成就——则结束了。于是，脑子和心变得极其安静，并且只在必要时发挥作用。于是，你的脑子、你的心就进入了一个截然不同的维度，一个无法描述的维度，因为描述并不是被描述的事物本身。我们今天早上所做的就是描述、解释，但语言并不是那个东西，当我们领悟了它，也就摆脱了语言。于是，安静的心就进入了不可衡量的境界。

我们全部的生活都建立在可衡量的思想之上。它衡量上帝，通过意象衡量自己和他人的关系。它试图按自己应该怎样的想法提升自己。所以，我们生活在一个衡量的世界，我们背负着那个世界，却想进入另一个根本不可衡量的世界。冥想就是看到实然并超越它——看到衡量并超越衡量。当头脑、身体和心灵真正安静和谐时，也就是当头脑、身体和心灵完全融合为一时，会怎样呢？那时候，我们就会过着完全不同的生活。

问： 什么是直觉？

克： 这个词我们要非常小心。因为如果我无意识地喜欢什么，我就说我直觉如此。你难道不知道我们借助那个词跟自己玩的所有把戏吗？你要是如实看到了事物，为什么还需要直觉？为什么你需要任何形式的预感、暗示？我们在谈的是了解自己。

问： 如果一个人觉察到自己的性欲，性欲似乎就消失了。我们能始终保持那份觉察，那份关注吗？

克： 注意这个问题所隐含的危险。"如果我觉察到我的性欲，它们似乎就消失了。"那么一来，觉察就沦为了技巧，用来促使我不喜欢的东西消失。我不喜欢生气，因此我会觉察它，没准它会消失掉。不过我很喜欢成就，我希望变成一个伟人，那我就不觉察那一点。我相信上帝，我崇拜国家，然而我不觉察所有隐含其中的危险，虽然它分裂、毁灭、折磨着人类。所以，我会觉察那些最令人不快的事物，却不觉察一切我希望保留的事物。觉察不是个技巧，它并不是用来帮我消灭我不想要的东西的。觉察意味着观察好恶、压抑等一切思维活动。如果你性情保守，你就不会谈论性，你会压抑它，但你在想着它——我们必须觉察那一切。

问： 先生，我们能通过了解我们的心在睡着的时候觉察吗？

克： 这个问题确实复杂。我怎样在睡着的时候觉察呢？睡着的时候存在对现状的觉察吗？白天的时候，我觉察到内心的所有活动、所有反应了吗？如果白天的时候我没有觉察，晚上睡着时我又怎么觉察呢？如果白天的时候你时时觉察，处处留心，关注自己饮食的多少，说了什么，想了什么以及种种动机，那么到了晚上还有什么需要觉察吗？请搞清楚这些问题。如果你没在觉察，除了脑子像唱片一样转个不停，那会怎么样？我白天过得很精神，觉知、察看，留意着我吃了什么，想了什么，感觉到什么以及怎样跟别人说话。嫉妒、羡慕、贪婪、暴力——我彻底觉察了那一切。这意味着我实现了头脑的秩序，但那并不是按计划行事。我曾经生活混乱，无知无觉，当我慢慢觉察起点点滴滴，就有了秩序。所以，当身体睡着时，发生了什么？一般情况下，脑子会试图在你睡着时建立秩序，因为意识清醒的时刻你生活混乱，而脑子是需要秩序的。不知道你们注意到了没有，脑子如果没有秩序就无法恰当、正常地运作。所以，如果白天的时候有秩序，在你睡着时，脑子就不会试图通过梦境和暗示等来建立秩序，它静了下来。它可能会记录，但它是安静的，于是心就有了更新的机会，有了不再斗争、不再挣扎的可能。心也因此变得极其年轻、新鲜和单纯，这表示它永不会伤害，也永不会受伤。

问：如果一个人有信息要传达，这个人和他的追随者的关系通常就是师生关系。老师一般具有影响力，而他的信息则是一个系统。为什么你不认为自己是老师，不认为你的信息是一个系统？

克：这个问题我已经说得很清楚了，不是吗？不要追随任何人，不要接受任何人做你的老师，除非你成为你自己的老师和门徒。

布洛克伍德公园

1971年9月12日

第十章

"我"是暴力的

布洛克伍德的一次小组讨论

暴力和"我"

> 心领悟到这个"我"就是痛苦的根源了吗?心——如果你们想用"智慧"这个词也可以——看到了暴力的整个版图,看到了一切错综复杂,观察到了这一切,这个心说:那就是一切罪恶的根源。于是现在心就问:可以无"我"地生活吗?

克里希那穆提: 我们探究任何问题、任何事情,最好探究得全面彻底,一次谈一个问题,而不是含糊不清地谈及很多事。如果能就某个切实的人类问题一起认真透彻地谈一谈,我认为是值得的。那我们谈点儿什么?

提问者一: 教育。

提问者二: 我们疏于觉察。

提问者三: 爱。

提问者四: 先生,有时候,因为紧张疲劳,心似乎失去了敏感。我想知道这种情况要怎么处理。

克: 我们谈暴力怎么样?在我看来,这个世界正暴力泛滥,我们能看到可能的后果吗?不用任何暴力手段,人类的头脑能真正解决社会以及内心的问题吗?

纵观世界,为了改变社会结构,每个角落都有叛乱和革命。显然结构必须得变,但是不借助暴力可以改变吗?因为暴力生暴力。一个政党可以造反夺取政权，成功之后，就会用暴力维护既得权力。这种事全世界到处都是，有目共睹。所以我们要问，有没有办法改变世界、改变我们的内心却不滋生暴力。我认为我们每个人都应该认真思考这个问题。你们想讨论吗？觉得怎么样？

提问者： 好的，我们就讨论暴力吧。

克： 不过我们要真正深入探究，而不是浮光掠影就算了。我们要记住，这番讨论还必须改变我们的生活方式。不知道你们想不想探究得那么深入。我的问题是，外部世界、社会结构、不公不义、四分五裂、骇人听闻的残暴、战争、叛乱，诸如此类的种种，能不能跟千古不变的内心挣扎一样得到改变。不借助暴力，不经历冲突、敌对，不建立反对另一个政党的新政党，外在和内心都不分裂，可以改变那一切吗？记住，分裂就是冲突和暴力的根源。怎样实现这样的改变呢，内心和外在都改变？我认为那就是我们必须面对的最紧要的事情。先生们，你们觉得呢？我们怎么来讨论？

问： 从小孩子的暴力开始谈怎么样？

克： 要从小孩子开始谈吗？从学生或从教育者即我们自己开始谈？大家一起来谈，不要全由我来说。

提问者一： 我们应该从教育者开始谈。

提问者二： 从我们自己开始。我每天都在我们自己身上看到暴力。

克： 你会从哪里入手解决这个问题？全世界各个地方都

在反抗，甚至俄国，那里的一些知识分子和作家正在反抗暴政。他们要求自由，要求停止战争。你会从哪里入手解决这个问题？结束在越南或中东的战争？从哪里入手了解这个问题？从外围还是核心？

问： 从内心，从我们的生活入手。

克： 你会从哪里开始？从自己，从自己家开始，还是从外面开始？

问： 为什么不内外一起开始？如果表面能有某种改变，也许就能解决某个表面问题。我不明白为什么不能那样，就像探究个人内心一样？

克： 我们关心的是表面的改变、表面的改良吗？因此——可能必须如此——把我们的能量、思想、感情和关注都投入到外在的、表面的改良上，还是我们要从一个截然不同的层面开始？但并不是对立的那一面。

问： 两者互相排斥吗？

克： 我没说它们互相排斥啊。我说了，它们并不对立。

问： 我看这不是非此即彼的情况。我们能很清楚地看到，一些外部措施能卓有成效地拯救许多生命。我看并没有矛盾。

克： 我同意。许多人都在致力于外部举措，无数人！我们把那排除在外了吗？我们完全只关心一己之事吗？还是对一己之事的关心正包含了另一面？这并不是排斥、反对或是回避一方，而是把重心放在另一方。

问： 好吧，先生，我不会坚持己见，不过听你演讲的人——包括我自己——似乎经常认为，要解决当前的问题，最重要的就是探究个人内心，而不是外在，比如，政治措施等，但政治措施在它的层面上也许能解决一些特定的问题，虽然不是根本问题。但我不明白为什么它们不能同步进行。

克： 先生，我完全同意。那我们处理的是根本问题吗？

问： 根本问题当然重要。

克： 那么从哪里开始？哪个是根本问题？

问： 个体。世界的混乱是个体混乱的延伸。

克： 显而易见，不是吗？我们需要改变，外在内在、表层深层都需要。这并不互相排斥：我必须吃饱才能思考！不割裂彼此的话，什么是根本问题呢？要从哪里入手处理？要专注解决哪个问题？

问： 什么导致了暴力？

克： 要讨论那个问题吗？

问： 为什么我们想改变？

克： 这个问题也不错。到底为什么要改变？

另一个问： 因为我们目前的状况看起来不会有任何结果。

克： 即使你目前的状况能有些结果，难道就不需要改变了吗？好，我们回到问题。

问： 我们目前的状况似乎没有多少进展的可能。我们都因为某些事情各有所困，反反复复。我们总是这样那样地困于生活，缺乏进展，所以就产生了暴力。

克： 我们要搞清楚暴力的原因吗？每个人都会有不同的

观点。在暴力的成因问题上，甚至专家们也没有达成共识，他们写了很多专著。我们要继续解释原因，还是如实看待暴力——把它视为人际关系的根本问题？要搞清楚应该让暴力继续下去还是改变它，转化它。暴力涉及什么根本问题？

问： 显然我们配了个类似动物的脑子，这就是主要原因。我认为我们天生暴力，除非能跳脱出来。那些政客们有一半时间都表现得像农场里啄来啄去的鸡。

克： 我知道！（听众笑）

问： 我们的内心，我们心理活动的模式是否本来就暴力，观察个体的内心状态有可能搞清楚这个问题吗？——这二元对立的活动是否本身就暴力？

克： 那么，先生，你认为怎样算是暴力呢？

提问者一： 我认为包含自我的活动、自私是暴力。

提问者二： 分裂。

提问者三： 对恐惧的反应。

克： 我们已经被教育得暴力了。我们的动物本性以及人类内心活动等是暴力的、分裂的，我们全都心知肚明。自我中心的行为、好斗、敌对、抗拒、坚持，这一切都导致了暴力。

问： 我们内心也有一部分是排斥暴力的，而另一部分却喜欢它，滋养它。

克： 没错。我们的一部分反对暴力，畏惧暴力。然后呢，我们谈到哪儿了？

问： 对探究暴力问题的渴望只是局部的。我的意思是，我们并不是全心全意想解决暴力问题。

克: 不是?

问: 不是。

克: 我们来搞清楚。有可能完全解决暴力问题吗?

提问者一: 反对暴力不也是一种暴力吗?我想它的破坏性会很大。

提问者二: 如果心带着制约,以暴力开始,必将以暴力告终。

克: 先生,那该怎么办?

问: 单纯地观察暴力,不割裂,不分化,是不是明智呢?

克: 那位先生提出:我们是不是真的想摆脱所有的暴力?回答这个问题!我们想摆脱吗?那意味着心里没有冲突,没有二元对立的活动,没有抗拒,没有敌对,没有攻击性,没有成为大人物的野心,不坚持己见而反对其他意见。那些行为都涉及某种暴力。不但有自我约束的暴力,还有为了符合某个模式、为了变得道德或不管什么而扭曲自我欲望的暴力。这一切都是形形色色的暴力。意志也是暴力。我们想要摆脱这一切吗?人,活在世上,能摆脱得了吗?

问: 在我们所谓生活过程中,张力似乎是必要的。看来我们得弄清张力和暴力的区别。记得有这么个故事,池塘里的鲱鱼已经奄奄一息,直到放进了一些狗鲨它们才活过来。什么时候生活中正常的张力停止了?什么时候暴力开始了?在这一点上我们作了区分吗?

克: 所以,在你看来张力是必要的?

问: 每件事都有两面。

克: 先生,我们来搞清楚。人类——在座的各位——想要摆脱所有的暴力吗?

> **提问者一:** 我觉得这个问题很难回答,因为我们内心矛盾重重。这会儿我会说我不想要暴力。可一小时后,换个地方,我的暴力又来了,故态复萌。人是非常多面的。

> **提问者二:** 有些人可能确实想留意内心的暴力,但这样的人当他面临外界暴力时会怎样反应呢?

克: 等等,先生,这是后面的问题。在座的各位,明白摆脱所有的暴力的重要性了吗?还是我们想保留一部分暴力?有可能彻底摆脱所有的暴力吗?——那意味着摆脱一切愤怒、怨气、种种焦虑以及对任何事的抗拒。

> **问:** 我认为,提出那个问题的你和一个说"我想摆脱所有暴力"的人,是不一样的。因为一个在平静地看着那个问题,而另一个则起而为之——那仍然是暴力的举动。

克: 对了!

> **问:** 我觉得,看着那个问题似乎比企图解决暴力更真实或更合理。对我来说,它们是两回事。

克: 然后,问题呢,先生?

问: 可以彻底摆脱暴力吗?

克： 就是这样。

问： 这跟企图摆脱暴力有很大的不同。

克： 的确如此！那我怎么办？可以摆脱吗？

提问者一： 观察日常生活的模式，我们发现，似乎没有某种形式的暴力的话，或者没有那位先生所说的张力的话，面对社会中经常围绕我们的压力和困难，我们就可能永远无法完成一件具体的工作。我们谈到，生气或恐惧的时候要从暴力中解脱，就好像掉进了陷阱，但我觉得也许我们的生活总要有些暴力的。很难想象，在这个世上生活、做某项工作等却不需要某种动力，我觉得那就是暴力。

提问者二： 张力和暴力不是有区别吗？似乎暴力是反抗和攻击，起着抑制作用，它试图阻止什么。而张力则推动你正在做的事。在我看来，我们必须得了解暴力和张力的区别。

克： 先生，我们可不可以继续那个问题：人类可能彻底摆脱暴力吗？至于我们所指的暴力是什么意思，多多少少我们已经了解过了。

提问者一： 我认为我们还不了解。如果暴力和能量之间没有区别，那我就不想摆脱暴力。

提问者二： 我们要是能时时看到自己的暴力，就不会有暴力了。

克: 不,先生,我们还没谈到那里。我们问的是,作为人类,我是否问过自己:没有暴力地生活可能吗?

问: 我们显然不知道。

克: 那我们就来探究,先生,我们来搞清楚这个问题。

另一个问: 搞清楚的唯一方法不就是去做吗?

克: 不只是做,还要调查它,探究它,观察它,觉察这整个抗拒的活动。知道了暴力的危险,看到了它对外部世界造成的影响、分裂、恐怖,等等,我问自己:我有可能摆脱所有的暴力吗?我真的不知道。所以,我会去探究,我想搞清楚,不是嘴上说说,而是由衷地想知道!人类在暴力中生活了几千年,我想搞清楚是否有可能没有暴力地生活。那么,我该从哪里开始?

问: 是不是该首先弄明白什么是暴力?

克: 我很清楚什么是暴力:生气、嫉妒、残忍、反抗、抗拒、野心,如此等等。我们没必要没完没了地定义暴力。

问: 我不认为野心真的是暴力。

克: 不是吗?

另一个问: 在暴力出现的时候,浮出表面的时候,有可能看到它是怎样在内心产生的吗?

克: 先生,我一定要等到生气了才觉察到生气,然后说"我暴力"吗?这就是你的提议,先生?

问: 我们很少能捕捉到导致生气的动向。

另一个问: 我们是不是该了解一下思想?——刹那

间的念头？

克： 先生，那个问题太宽泛了，我们不要去抓细枝末节，我们要观察核心。我，这个人类的肉身，这个人，是其中的什么导致了内心的暴力？什么是这暴力的根源？观察你自己的内心。

另一个问： 是因为我想要达成什么、获得什么、成为什么的欲望吗？我想看看我自己身上的暴力，我能放弃多少，同时还能生存在可以接受的限度里。那会是我的第一步。

克： 可以接受的限度里——那可能还有暴力。

问： 是的，可以想见应该还会有一定的暴力。

克： 我在问自己没有暴力地生活是否可能，我说：什么是其根源？如果我能明白这个问题，也许就能知道怎样活得没有暴力。它的根源是什么？

问： 革命的想法、分化的想法。

克： 你说这暴力的根源在于分化、分裂和"我"。头脑可以活得无"我"吗？我们继续探讨。

问： 是不是真的只要有一个目标或某种欲望，就埋下了暴力的种子呢？

克： 当然。这就是最重要的一点。我们必须一步一步探究。先生们，请继续！

问： 这不就提出了一个问题：可以没有任何目标地生活吗？

克： 没错。可以没有任何目标、没有任何原则、没有任何方向、没有任何目的地生活吗?

问: 生活就是目的。

克: 与此相对的就是随波逐流。因此我们一定要小心,不要跳到另一端思考:如果没有目标,那就随波逐流好了。所以,当我说"有目标是一种暴力"时,一定要非常小心,没有目标可能会随波逐流。

问: 先生,可这跟我们谈的没关系啊。不管我们随不随波逐流,并不是问题的关键。我们的问题是:可以没有暴力地生活吗?

克: 先生,我只是提醒你们,不要跳到另一端。那么,可以没有方向地生活吗?方向意味着抗拒,意味着不分心、不变形,意味着持续朝一个目标前进。为什么我需要一个目标,一个目的?那个目的、那个目标、那个原则、那个理想真实吗?还是那不过是内心虚构的一个东西?因为心受到制约,它恐惧,它在寻求安全,内在和外在的安全,于是就虚构了某个东西并追求它,希望得到安全?

另一个问: 有时候,人可能是受到了另一个东西的感召,那种感召似乎产生了动力。

克: 是的,有人是可能受到了感召,但那对我来说还不足以解答问题。我要搞清楚的是能不能没有暴力地生活,这是一件激情洋溢的事,可不是意识形态的幻想。我真的想搞清楚。

问: 问题是,我没有真正体会到这个问题。

克: 没有体会到?

问: 没有强烈到要把它问个水落石出。

克: 为什么不?为什么?整个存在就是这个问题!

问: 我认为这就是我们大部分人的问题所在。

克: 天啊!世界在燃烧、在毁灭,你却说:"对不起,我真的不感兴趣!"

提问者一: 如果暴力的问题让你感兴趣,我想你已经在助长燃烧并乐在其中了。我认为你要是内心没有暴力,就不会真有兴趣。

提问者二: 先生,"暴力"这个词是什么意思?你把对某些事物的热情、动力、活力也包括在内吗?你把那些也称为暴力?

克: 先生,这不是我把它称为什么的问题,你把它称为什么呢?

问: 我不知道……

克: 我不是全知全能的圣贤,我们来搞清楚吧。不要偏离这个问题。我可能活得毫无暴力吗?

问: 我们已经深陷泥潭。

克: 我们已经陷进去了。我们要继续留在那里吗?

问: 不要,但我们还有一个身体和自我要维护。那太难了。

克: 该怎么办?拜托,回答我的问题!对我来说,这个问题意义非凡。世界正在燃烧,不要说"我的身体很虚弱,这很难,这是不可能的,我一定要做素食主义者,我绝不能杀生"。我在问:可以做到吗?而要搞清楚这个问题，就必须搞清楚这暴力的根源。

问： 我认为根源在于分裂。如果我是分裂的，我就必定暴力。我感到我会被毁掉，因此我恐惧。

克： 因此我们就接受暴力了？

问： 不是的，但我们想消灭我们恐惧的那个东西。

克： 先生，你能这么表达吗？如果你能找到根源，这暴力的根源，如果那个根源能够消失，你也许就能过一种截然不同的生活了。所以，去找出暴力的根源，搞清楚它是否可以消失不是很值得吗？

问： 或许这个问题跟恐惧有关。

克： 我对恐惧没兴趣。我想结束暴力，因为我看到暴力滋生暴力。这暴力是个没完没了的过程。你知道世界在发生什么。所以我问自己：可以结束暴力吗？在我回答这个问题之前，我必须搞清楚这无数枝节背后的根源。

另一个问： 但这不是想想就能知道的事。

克： 我们会搞清楚的。我们要思考，也要看到思考力所不及的地方，然后走出来，但我们必须运用我们的智力、我们的思想。

问： 只要我想有所作为，多多少少都会有暴力。

克： 我明白。注意，我只是说：可以没有暴力地生活吗？要搞清楚这个问题，必须探究暴力的根源。

问： 我想表达的意思是，我们所知的整个生命结构，就是想要做这个，想要做那个——所有的事情都含有暴力。

克： 当然，先生。我同意。

问： 矛盾的是，我们可以考虑自保吗？

克： 你看，你提的问题完全不是主要的、根本的问题。

问： 先生，你一直在说根源，但生活在一个小镇上，大家关心的不过是眼下的日子。人类社会的暴力就像我们必须呼吸的空气，它就像笼罩一切的烟雾。关于它的根源，我的头脑没想过这个问题。我们看到动物式的暴力，我们知道人类的恐惧以及他们特定的行为方式，但我们只觉察到一系列的反应。

克： 先生，你说的那些我都了解。我现在问你：这一切的根源何在？

问： 自我。

克： 自我！那么，如果"我"就是一切的根源，那该怎么办？发现了这个"我"想要这样，想要那样，这个"我"想要一个目标，想要追求它，这个"我"抗拒，内心交战，如果那就是暴力的根源——对我来说就是根源——那我该怎么办？

问： 你无能为力。

克： 等等，先生！我听天由命了吗？我要生活在交战中，与暴力为伍了吗？

问： 先生，我觉得你要是说"我是暴力的"，那你并没有接触到问题的根源。

克: 是的,没有。说得很对。

问: 因为你可以继续说"我是暴力的",没完没了地说下去。

克: 同意。我看到这个"我"及其枝枝节节就是暴力的起因,就是这个"我"在分别:我和你,我们和他们,黑人和白人,阿拉伯人和以色列人,等等。

问: 理论上,你可以说:消除"我"。

克: 心怎样消除自身的结构?它就奠基在这个"我"之上。先生,好好检视这个问题。这个"我"是一切问题的根源,这个"我"认同一个国家、一个团体、一个意识形态或宗教幻想,这个"我"认同某个偏见,这个"我"说"我必须成功",一旦受挫,就会生气、痛苦。就是这个"我"在说"我必须达到我的目标,我必须成功",就是这个"我"在取舍想要的和不想要的,在说"我必须平静地生活",也是这个"我"在变得暴力。

问: 虽然它似乎是个实体,但对我来说,它更应该是某种行为或活动。那个词不是在误导我们吗?

克: 不,不是误导。那个词并不表示它是某些像树干一样的固体。它是变动的、鲜活的东西。今天它兴致高昂,第二天却垂头丧气了。今天它热情洋溢、满腔欲望,第二天却心灰意懒,嘴里叫着"让我清静一下"。它是一个持续变动、活跃的东西。这个活动之物怎样把自己转化为另一种活动,却不变得暴力呢?首先,我们要正确地理解问题。我们说过:它是变动的、鲜活的,而不是静止的、僵死的东西。它一直在加强自己又一直在削弱自己。这就是"我"。当这个"我"说"我必须摆脱'我'"，它是想要另一个"我"，那仍然是暴力的；这个说"我是个和平主义者，我生活平静"的"我"，这个寻找真理的"我"、这个说"我必须活得优雅，没有暴力"的"我"仍然是那个"我"，它是暴力的根源。

心要怎么处理这个鲜活的东西？心本身就是这个"我"。你们明白问题了吗？这个"我"试图摆脱自我的任何活动，说"我必须消失，我必须毁灭自我，我必须逐渐摆脱自我"，都仍是同一个"我"的活动，仍然是这个"我"，即暴力的根源。我们认识到这一点了吗？我们真的明白了吗？不是理论上明白，而是真的认识到其中的真理，认识到"我"在任何方向上的任何活动都是暴力的行为。我真的于情于理都明白了其中的真理，切实感受到它了吗？如果没有真实的领悟，心就会永远在语言的游戏里打转。

问：除了这个"我"，心就没有其他内容了？它们是等同的吗？

克：如果心没有被这个"我"占据，它就不是"我"了，但大部分人有意无意都被这个"我"占据了。

问：我们似乎可以放弃各种思想，而这个"我"是由思想拼凑而成的，为什么我们没法抛弃它？

克：不，先生，抛弃任何东西都是不可能的，除了吸烟这种事有可能。不要偏离这个问题好吗：我真的看到在这个"我"的行为中，不管消极还是积极，都存在一种暴力吗？它就是暴力。如果我没看到，为什么没看到？我的视力、我的感觉出了什么问题？是因为我害怕一旦看清就会有什么变故，还是我对这整件事毫无兴致？先生们，回答我！

问： 有时候人会失去控制，因此……

克： 不，先生。这不是失去控制的问题。不暴力——我想知道怎样不暴力！

另一个问： 我们无法集中能量，让心专注在主题上。

克： 不是的，先生。如果你说你没有能量，但那种能量的聚集还是"我"的一种形式，它说"我必须有更多的能量来处理这个问题"。这个"我"的任何活动，即思想，意识或无意识都仍然是"我"。我确实看清楚其中的真相了吗？

问： 这个"我"的背后有本质上跟思想无关的东西吗？

克： 仔细听这个问题，不要说"我们不知道或我们知道"。这个"我"的背后有任何跟我无关的东西吗？

问： 如果有，我们一思考它，它就又变成"我"的一部分了。

克： 谁在提出那个问题？当然是这个"我"！

问： 为什么不？思想是一个工具，为什么不用？

克： 不，你不能说"为什么不"。那仍然是这个"我"的活动。

问： 你问道：我们真的看到这个"我"的任何活动都

是暴力了吗？我认为我们看不到它的唯一原因就是，我们拒绝暴力。

克：哦，不是的。你要么看到了，要么没看到。问题并不在于什么东西阻碍你看到。我没有看到我对我的狗、对妻子、对丈夫的感情，因为这份感情的美就是我的一部分。我认为那是最美妙的境界。

问：先生，事实上你已经把生活定义为暴力、活动、变化。

克：就我们现在的生活状态而言，生活、生命就是一种暴力。

问：没有变化、没有作为的生活可能吗？

克：我们就在问这个问题。我们所过的生活是暴力的生活，是由这个"我"导致的。我们问：我们看到了这个"我"在任何方向上的活动，不管有意还是无意，都是一种暴力吗？如果看不到，为什么看不到？出了什么问题？

问：在我看来，看到这一点的就是这个"我"。

克：等等。是这个"我"看到的吗？

问：难道是智慧？

克：我不知道，你自己弄明白！是什么看到了"我"就是一切痛苦的根源？先生，请仔细看。谁看到的？

问：我没看到。我害怕放弃一切我熟悉的东西。

克：所以，你不想看到这个"我"要为这丑恶的乱世负责。因为你说：我不在乎世界毁灭，我只求有个安身的角落。那你就看不到这个"我"，这个一切痛苦的根源。

问： 除了思考某个对象的过程，你说还有另一个"我"吗？我思考某个东西、某个对象的时候，对我来说那就是"我"，那个过程之外并没有另一个"我"存在。

克： 当然。

问： 但你说它并不是那个看到问题关键的东西。

克： 不是。我们说过，这个"我"是鲜活的东西，是变动的。它一直在加强自己，削弱自己。这个"我"、这个变动的东西，就是一切暴力的根源。这个"我"如某个静止之物，不但发明了灵魂，发明了上帝、天堂、惩罚——它就是这一切。

我们问：心领悟到这个"我"就是痛苦的根源了吗？心——如果你们想用智慧这个词也可以——看到了暴力的整个版图，看到了一切错综复杂，观察到了这一切，这颗心说：那就是一切罪恶的根源。于是现在心就问：可以无"我"地生活吗？

问： 看到的过程，跟以某个方向朝某个东西运行的过程是不一样的。

克： 没错。看到的过程是截然不同的。它并不是一个过程。我不会用那个词。看到就是现在看到，它并不是一个看到的过程。看到就是行动。那么，心看到了暴力的整个版图及其根源了吗？是什么看到的？如果是这个"我"看到的，那么它会害怕生活的变化，于是这个"我"说"我必须保护自己，我必须抗拒，我害怕"。因此这个

"我"拒绝看到暴力的版图,但看到的并不是这个"我"。

问: 看到是无目的的,不是吗?

克: 看到这个版图并没有目的,就是看到了。

问: 但是,一旦我说我看到了……

克: 等等!在观察这整个版图的心跟这个看到了却害怕跟它决裂的"我"是完全不同的,我们认识到了吗?有两种不同的观察:"我"看到和看到。这个"我"看到了必然会害怕,必然会抗拒,必然会说"我该怎么生活,我该怎么办,我必须放弃这个吗,我必须坚持吗",等等。我们说过:这个"我"的任何活动都是暴力的。但是单纯地看到版图,那是完全不同的。这一点清楚了吗?那么,你们正在干什么?

问: 这个"我"正在看。

克: 你说这个"我"正在看,那么它就是恐惧的。

另一个问: 它当然恐惧。

克: 知道了"我"的任何活动都是在助长那份恐惧,你怎么办?

问: 我不知道。

克: 啊!"你不知道"是什么意思?

问: 对我来说,这个"我"就是我所知的一切。

克: 不,先生,我们已经说得很清楚了。听好,有两种看到。一种是没有方向、没有目的地看到版图,或者只是看到以及这个"我"的看到——这个"我"带着它的目的、它的动力、它的方向、它的抗拒。它看到并害怕做这个或做那个。

问: 你用"看到"这个词跟你平时说的觉察是一个意思吗?

克: 我用"看到"这个词就是为了换个说法,没其他的。

问: 先生,你告诉我说,你可以无"我"地看,但我从未体验过那样的境界。

克: 现在就做,先生!我解释给你看!一种是"我"看着这暴力的整个版图,它心生害怕和抗拒;另一种看到跟"我"无关,就只是观察,没有目标,没有目的,它说"我只是看到了"。

但这很简单,不是吗?我看到你有一件绿衬衫,我不说"我喜欢"或"我不喜欢",我只是看到了。但一旦我说"我喜欢",那就已是这个"我"在说"我喜欢"了,然后诸如此类的一切就接踵而至了。这样够清楚了吧——至少在语言表达上。

问: 我们能不能探究一下,为什么无"我"地看会那么难,那么少有。

克: 我认为不难。不要说难,一说难你就被局限了,你就阻碍了自己。

问: 我们能不能把这个意思概括为一种情况是无目的地看,另一种是有目的的。

克: 是的,就这个意思。我能没有方向地看吗?如果我看的时候有一个方向,那就是这个"我"在看。这有什么难的,请问?

另一个问: 通常我们有个错觉,认为看就要有一个方向。

克: 显然,有方向地看并不是看。

问: 看和看到是有差别的。如果你在看,你就涉及其中。

克: 不要搞复杂了。我们问:没有任何方向,心看到了整个版图吗?

问: 那版图是从两个方向选出来的。

克: 不是的。看就好。这个"我"的整个结构就是暴力,结构即我的生活方式、我的思考方式、我的感觉方式,我对万事万物的整个反应就是一种暴力,即这个"我"。那全部属于时间的范畴。"看到"没有时间——你正看到它。一旦我在时间中看,就会有恐惧。

问: 有看到和被看到的东西。一旦你看到了什么,是旧头脑看到的吗?

克: 是的。现在务必搞清楚,先生,你是怎么看到的?你看的时候有没有目的?你用时间之眼在看吗?意思就是,你在说"那太难了,太复杂了,我该怎么办"吗?或者你抛开了时间?

如果你说"抛开时间我就看不到",那么下一个问题就是:"为什么?困难在哪里?"是因为生理上的瞎,还是因为心理上对如实看待万事万物不感兴趣?是因为我们从未直接看过任何东西?是因为我们总是在回避、在逃避?因此,如果我们在逃避,那就看到这个事实,而不是费力去搞清楚怎样不逃避。

布洛克伍德公园

1970年6月6日

第十一章

智慧的觉醒

与大卫·博姆教授[1]的谈话

---

1 大卫·博姆，伦敦大学比尔贝克学院理论物理学教授，著有《现代物理学的因果律和或然率》《量子力学》《特殊相对论》。

论智慧

> 智慧洞察事情的谬误。思想如果摆脱了这些谬误,它就不再是原来的思想。然后它就开始与智慧携手同行。

大卫·博姆教授: 谈到智慧,除了词义,我也常喜欢查一查词的来源。智慧 (intelligence) 这个词很有意思,它来源于inter和legere,意指"领会言外之意"。所以在我看来,可以说思想就如一本书的信息,而智慧则是对其意义的领会。我觉得这给智慧下了一个相当不错的定义。

克里希那穆提: 领会言外之意。

博: 是的,即理解真实的意思。字典里还提供了另一个相关义项:心的警觉 (mental alertness)。

克: 对,心的警觉。

博: 这跟一般人以为的智慧很不一样。考虑到你表达过的很多教诲,我猜你可能会说智慧不是思想。你说思想发生在旧脑子里,它是个物理过程,电气化学般的过程。科学已经充分证明,所有思想本质上都是一个物理化学过程。那么,我们或许可以说智慧遵循的是不同的法则,它跟时间的法则毫无关系。

克: 智慧。

博: 是的,智慧领会思想的"言外之意",看到它的真义。我们开始这个问题之前,还有另外一点要谈:如果你说思想是物质的,那么精神或智慧或不管怎么称呼,它似乎是不同的,它遵循不同的法则。你觉得物质和智慧之间真有区别吗?

克: 有区别。你说思想是物质?我们换种说法吧。

博: 物质?我更愿称之为物质过程。

克: 好的,思想是一个物质过程,那它跟智慧有什么关系?智慧是思想的产物吗?

博: 我想我们可以理所当然地认为它不是。

克: 为什么理所当然地这么认为?

博: 很简单,因为思想是机械的。

克: 思想是机械的,没错。

博: 但智慧不机械。

克: 所以思想是可衡量的,智慧则不然。这智慧是怎么存在的?如果思想跟智慧无关,那么,思想的结束就是智慧的觉醒吗?或者,那智慧,独立于思想,跟时间无关,因而是永恒的存在?

博: 这涉及许多有难度的问题。

克: 我知道。

博: 我想这么来思考这个问题,就是我们可以联系现存的任何科学观点。

克: 可以。

博： 这么做也许合适，也许不合适。那么，你说智慧可能一直都在那里。

克： 我在问——它一直都在吗？

博： 它可能一直都在，也可能不是，或者可能有些东西妨碍了智慧？

克： 你知道，印度教徒有个理论，认为智慧或梵一直都存在，但是被幻觉、物质、愚蠢以及思想制造的一切有害之物遮蔽了。不知你能不能探究到那一层。

博： 没错，但我们并没有真的看到智慧永存啊。

克： 他们说剥离一切遮蔽之物，那东西就在那里，所以他们就假定它是永存的。

博： "永远"这个词比较难讨论。

克： 是的。

博： 因为"永远"意味着时间。

克： 没错。

博： 麻烦就在这里。时间即思想，我喜欢说思想跟时间的法则有关，或者也许正好相反，时间跟思想的法则有关。用另外的话说，就是思想发明了时间，而事实上思想就是时间。我是这么看的，思想也许刹那间就横扫古今，它一直在瞬息万变，却总是注意不到自己的物质变化。就是说，变化是出自物质原因。

克： 嗯。

博： 而不是出自理性。

克： 不是。

博: 那些原因跟整体上的东西无关，但跟脑子里的某些物质活动有关。于是……

克: ……它们取决于环境以及诸如此类的东西。

博: 所以，思想随时在变化，它的意思不再连贯，它矛盾，它随心所欲地变。

克: 嗯，我明白。

博: 然后你就开始想，一切都在变，万物流转，你认识到"我置身于时间的洪流"。如果延展时间，它变得广阔无涯，过去的过去，无穷溯源，还有未来的未来，于是你开始说时间就是万物的本质，时间征服一切。起先小孩子可能以为"我是永恒的"，慢慢地他就开始明白他活在时间里。我们得到的常识就是，时间是存在的本质。我认为这不但是常识也是科学观点。很难放弃这样一个观点，因为那是种强大的制约。它比观察者和被观察者的制约还要强大。

克: 没错，的确如此。我们的意思是不是思想跟时间有关，思想是可衡量的，思想可以变化、更改、扩展？而智慧则是性质完全不同的东西？

博: 是的，不同的法则、不同的性质。关于思想跟时间相关这一点，我有个很有意思的印象。如果我们思考过去和未来，我们把过去想成将要成形的未来。但你可以看到，那是不可能的，那不过是个念头。然而，我们有个印象，就是过去和未来共存于现在，有一种不一样的运动，整个模式是在运动的。

克: 整个模式是在运动的。

博: 但我说不清它是怎么运动的。在某种意义上,它是朝着过去和未来之间的方位垂直行进的。于是我就开始想,那整个过程——那个运动——可能是发生在另一个时间范畴里的。

克: 的确,的确。

博: 但那又让你陷入了矛盾。

克: 是啊。智慧在时间之外吗?它因此跟思想无关,因为思想是时间的运动?

博: 但思想一定跟它有关。

克: 有关吗?我是在发问。我认为无关。

博: 无关?我们会区分有智慧的思想和无智慧的思想,这么看来,两者似乎是有关的。

克: 是的,但那需要智慧——识别无智慧的思想。

博: 但如果智慧领会了思想,那两者是什么关系?

克: 我们慢慢推进……

博: 思想会回应智慧吗?思想难道不会变吗?

克: 我们简单一点。思想就是时间,就是时间当中的运动。思想是可衡量的,思想在时间的领域运作,所有的运行、变动、转化都在时间的领域中。那么,智慧在时间的领域中吗?

博: 我们已经看到,从某种意义上讲,它不可能在时间的领域中,但事情还不清楚。首先可以确定的是,思想是机械的。

克： 思想是机械的，这一点很清楚。

博： 其次，在某种意义上，存在一种方向不同的运动。

克： 思想是机械的。因为机械，所以它可以朝各个方向运行，如此等等。智慧是机械的吗？我们这么来问吧。

博： 我想问机械是什么意思？

克： 好吧，就是重复的、可衡量的、比较的。

博： 我想还有依赖的。

克： 依赖的，是的。

博： 智慧——我们说清楚一点——本质上智慧不可以依赖条件。然而，从某种意义上说，如果脑子不健全，智慧就无法运作。

克： 当然。

博： 这么说的话，智慧似乎依赖于脑子。

克： 或是脑子的安静？

博： 没错，它依赖于脑子的安静。

克： 而不是脑子的活跃。

博： 智慧和脑子之间还有一些联系。很多年前我们讨论过这个问题，我提出一个观点，在物理学上，你可以用两种方式使用计量工具，可以正用，可以反用。比如，你可以利用工具上指针的摆动来测量电流，或者你可以把同一个工具用在所谓惠斯登电桥上，你在上面查到的读数是零读数。零读数表示整个系统的两端在一定程度上是和谐的、平衡的。所以，如果你反过来用工具，那么工具的不动反而表示它运作正常。那我们能不能说，或许脑子正用思想形成对世界的意象……

克：……那就是思想的功能——功能之一。

博： 思想的其他功能是负面的，它的活动就表示不和谐。

克： 是的，不和谐。我们就从这一点继续推进吧。智慧依赖脑子——我们谈到这儿了吗？我们用"依赖"这个词，指的是什么意思？

博： 有几种可能的意思。一种是简单的机械依赖，但还有另一种依赖：一方离开了另一方就无法存在。如果我说"我依赖食物生存"，那并不表示我思考的一切都取决于我吃的东西。

克： 是的，的确如此。

博： 所以，我的看法是，智慧的存在虽然依赖于这个可能显得不和谐的脑子，但脑子跟智慧的内容毫无关系。

克： 那么，如果脑子不和谐，智慧可以运作吗？

博： 这是个问题。

克： 我们在说的就是这个。如果脑子受伤了，它就无法运作。

博： 如果智慧无法运作，那还存在智慧吗？这么看起来，智慧的存在是需要脑子的。

克： 但脑子只是个工具罢了。

博： 和谐不和谐就通过它来显示。

克： 但它并不是智慧的创造者。

博： 不是。

克： 我们慢慢探究。

博： 脑子创造不了智慧，但它是帮助智慧运作的工具。事实就是这样。

克： 就是这样。如果脑子在时间的领域内运作，起起落落，正向反向，智慧能在那时间的运动中起作用吗？还是要让智慧运行，那工具就必须安静？

博： 必须安静。我的说法可能稍有不同。工具的安静就是智慧的运行。

克： 是的，没错。这两者紧密联系，不可分割。

博： 它们完全是一回事。工具不安静就是智慧失灵。

克： 没错。

博： 不过，何不回到整个科学和哲学思考界喜欢提的问题上呢？我认为会有帮助的。我们会这么问：在某种意义上，智慧是否是独立于物质的存在？你知道，有些人认为精神和物质是相对独立的存在。这是一个问题。这个问题可能联系不大，但为了帮助心安静下来，我认为应该对这个问题加以思考。思考无法得到清楚解答的问题是头脑的干扰之一。

克： 但你知道，先生，你说"帮助心安静下来"，但思想会帮助智慧觉醒吗？那句话就是这个意思，不是吗？思想和物质以及思想的运用、思想的运动，或者思想对自己说："为了帮助智慧觉醒，我会安静的。"思想的任何运动都是时间，任何运动都是，因为它是可衡量的，它在这个领域内运作，正向运作或反向运作，运作得和谐或不和谐。发现思想可能会无意识地或不知不觉地说"为了这样那样,我会安静的",那么,那还是在时间的领域内打转。

博: 是的。它还是在计划。

克: 为了得到智慧,它在计划。那么,这智慧怎样产生呢——不是怎样——它何时觉醒呢?

博: 这个问题又落入时间的范畴了。

克: 这就是我不想用"何时,怎样"这些词的原因。

博: 也许可以说,思想的止息就是它觉醒的条件。

克: 对。

博: 但那跟觉醒是一回事,它并不只是条件。你甚至不能问智慧觉醒是否有条件。谈到条件就落入思想了。

克: 是的。我们来达成一个共识,思想在任何方向上的任何运动,垂直的、水平的,有为、无为,都仍然是时间范畴内的——思想的任何运动都是。

博: 是的。

克: 那么,那运动和智慧有什么关系?智慧不是运动,跟时间无关,也不是思想的产物。这两者的交集在哪里?

博: 它们没有交集,但仍有联系。

克: 那就是我们想要搞清楚的。首先,到底有没有关系?有人认为有关系,有人希望有关系,有人投射出关系。到底有没有关系?

博: 这得看你说的关系是什么意思。

克: 关系就是:接触、认识、联系之感。

博: 关系这个词可能还有其他意思。

克： 还有什么其他意思？

博： 比如，不是有平行线吗？两条线平行、和谐。就是说，两样东西可能并不相交，却因为单纯的和谐而有了联系。

克： 和谐的意思就是两者在同一方向上运动吗？

博： 它可能还意指以某种方式保持相同的秩序。

克： 相同的秩序——相同的方向、相同的深度、相同的强度——这一切都是和谐。但思想可能和谐吗？我指的是运动的思想，而不是静止的思想。

博： 我明白。有一种提炼出来的静止的思想，比如说几何学里的思想，那可能有某种程度的和谐，但实际运动着的思想常常是矛盾的。

克： 因此，本质上它没有和谐可言，但智慧的内在是和谐的。

博： 我想我明白混乱的根源了。我们有静止的思想产物，那看起来具有某种相对的和谐，但那和谐其实是智慧的产物，至少我这么看。在数学里，思想的产物可能具有某种相对的和谐，虽然一个数学家的思想，其实际的运转并不一定和谐，通常是不和谐的。所以，体现在数学中的和谐其实是智慧的产物，不是吗？

克： 请继续，先生。

博： 那并不是绝对的和谐，因为每一种数学理念都被证明具有一定的局限。这就是为什么我只说那是相对的和谐。

克： 是的。那么，在思想的运作中存在和谐吗？如果有，它跟智慧就有关系。如果没有和谐而只有矛盾以及类似的种种，那思想跟智慧就没有关系。

博： 那么，你会说我们可以完全不需要思想吗？

克： 正好相反，我会说智慧运用思想。

博： 好吧。但不和谐的东西，它要怎么用？

克： 用它来表达、交流，用这矛盾的、不和谐的思想来制造世上的物品。

博： 但是，在借助思想达成的事情当中，在我们刚刚说到的事情当中，仍然必须有某种其他意义上的和谐吧？

克： 这个问题我们慢慢来。我们能不能首先从正反两方面诉诸语言，来界定什么是智慧，什么不是智慧？或者这是不可能的，因为语言就是思想、时间、衡量等？

博： 我们无法把它诉诸语言。我们尽量把它指出来。我们能不能说思想可以起到智慧指针的作用？那么一来，它的矛盾就没关系了。

克： 对，对。

博： 因为我们利用的不是它的内容或它的意思，而是把它当作指针，指向超越时间范畴的领域。

克： 所以思想是指针。内容就是智慧。

博： 它指出的内容就是智慧。

克： 嗯。我们可以换个完全不同的说法吗？我们能不能说思想是荒芜的？

博： 是的，如果它单独运转的话。

克： 思想是机械的，诸如此类。思想是指针，但没有智慧的话，这个指针就毫无价值。

博： 我们能不能说，智慧领会这个指针？如果这指针没人看得懂，那这指针就不能被称作指针。

克： 确实如此。所以，智慧是必要的。没有它，思想毫无意义。

博： 思想如果不智，就会胡乱指挥，我们现在能这样说吗？

克： 是的，指挥不当。

博： 不当、无意义，等等。那么，有了智慧，它就开始指挥得不一样。但这样一来，似乎思想和智慧就合为一体，共同运作了。

克： 是的。那么我们可以问：涉及智慧的行动是怎样的？对吧？

博： 是的。

克： 涉及智慧的行动是怎样的，在那个行动的过程中，思想是必要的吗？

博： 是的。嗯，思想是必要的，这思想显然指向物质。不过它似乎指向两个方向——也指向了智慧。有一个问题常常冒出来：我们可不可以说智慧和物质大同小异，还是它们是不同的？它们真的互不相关吗？

克： 我认为它们互不相关，它们截然不同。

博： 它们截然不同，但它们确实互不相关吗？

克：你说的"互不相关"这个词是指什么意思？没有联系、无关、没有共同的源头？

博：是的。它们有共同的源头吗？

克：问题就在这里。思想、物质和智慧，它们有共同的源头吗？(停顿很久) 我认为有。

博：否则显然就不可能有和谐了。

克：但你知道，思想征服了世界。明白吗？征服。

博：支配世界。

克：思想、智力支配了世界，因此智慧在这里没有地位。一个处于支配地位，另一个就必然被支配了。

博：不知道是不是切题，人们会问，怎么会这样呢？

克：很简单。

博：怎么说？

克：思想必须有安全，它所有的活动都是在寻求安全。

博：对。

克：但智慧不寻求安全，它没有安全，智慧没有安全观念。智慧本身就是安全，而不是"它寻求安全"。

博：是的，但智慧怎么会允许自己被支配呢？

克：哦，明摆着的。为了快乐啊、舒适啊、身体的安全啊，首先是物质的安全——关系的安全，行为的安全……

博：但那安全不过是幻觉啊。

克：那安全当然是幻觉。

博：你可以说思想摆脱了掌控，不再让自己规规矩矩，不再听任智慧的指挥，或者至少不跟智慧保持和谐，然后开始自行其是。

克： 自行其是。

博： 寻求安全和快乐等。

克： 前几天我们一起探讨的时候说过，整个西方世界奠基在衡量之上，而东方世界则试图超越这一点，但他们用思想去超越。

博： 想方设法。

克： 运用思想，想方设法超越衡量，因此他们被思想束缚了。安全、物质安全是必要的，因此物质存在、物质享乐、物质幸福变得极为重要了。

博： 是的，我也稍稍思考过这个问题。如果你退化回动物，就会有对快乐和安全的本能反应，那应该没有错。但如果思想介入进来，它就会惑乱本能，引出种种诱惑，使你想要更多的快乐、更多的安全。于是，本能就没有足够的智慧来处理思想的复杂了。所以说思想出了问题，因为它激起了本能，而本能欲求无度。

克： 所以思想真的制造了一个充满幻觉、混乱、污浊难闻的世界，它放逐了智慧。

博： 我们之前说过，它使脑子变得非常混乱喧闹，而智慧是脑子的寂静。因此喧闹的脑子就没有智慧。

克： 喧闹的脑子当然没有智慧！

博： 那么，这多多少少解释了事情的根源。

克： 我们想要搞清楚思想和智慧在行为中有什么关系。

世间万物要么有为,要么无为。那跟智慧有什么关系?思想确实引发了混乱的行为、分裂的行为。

博: 如果它没有智慧指导的话。

克: 我们现在的生活都没有智慧的指导。

博: 刚刚解释过原因了。

克: 是片段的行动,而不是整体的行动。整体的行动就是智慧。

博: 智慧也必须领会思想的行动。

克: 是的,我们讲到过。

博: 你觉得如果智慧领会了思想的行动,思想的运转就会变得不同吗?

克: 是的,显然如此。就是说,如果思想为了安全制造出国家主义,然后你看到了它的谬误,看清谬误即智慧。那么,思想就能创造出一个不同的世界,一个没有国家主义的世界。

博: 是的。

克: 也没有分裂、战争、冲突,如此等等。

博: 很清楚了。智慧洞察事情的谬误。思想如果摆脱了这些谬误,它就不再是原来的思想。然后它就开始与智慧携手同行。

克: 没错。

博: 也就是说,它开始听智慧行事。

克: 因此思想就有了恰如其分的位置。

博: 这真有意思。因为思想从未真正被智慧控制或支配,思想总是自行其是。但在智慧之光的照耀下，谬误被发现，于是思想就与智慧平行了，两者和谐共存了。

克： 没错。

博： 但从来没有什么东西在促使思想怎样啊。这或许可以说明智慧和思想有着共同的源头或主旨，它们是呼唤人类关注更伟大的整体的两种方式。

克： 是的。我们可以看到，在政治上、宗教上、心理上，思想怎样造成了一个极其矛盾、分裂的世界，而智慧，即这混乱的产物，却开始为这混乱带来秩序。此智慧非彼智慧，不是那个看到了一切谬误的智慧。不知道我说清楚了没有。你知道，一个人就算混乱也可以绝顶聪慧。

博： 是的，在某些方面。

克： 世界的现状就是这样。

博： 不过此刻要理解这一点，我觉得相当难。你可以说，在某些有限的领域，智慧似乎能起作用，但出了那些领域就不行了。

克： 说到底，我们关心的是生活而不是理论。我们关心有智慧的生活。智慧，跟时间无关，跟衡量无关，不是思想的产物，不是思想活动，跟思想的法则无关。现在，有个人想过不同的生活。他被思想支配，他的思想总是在衡量、比较、冲突中打转。他问："我要变得智慧，我怎样才能摆脱这一切？'我'怎样才能成为智慧的工具？"

博： 显然不可能。

克：对了！

博：因为这时间中的思想就是无智慧的本质。

克：但我们一直在以那种方式思考。

博：是的。思想衡量智慧，投射出某种幻想并企图达到那种状态。

克：因此我会说，智慧要觉醒，思想就必须彻底静止。思想不能动丝毫念头，然后智慧才能觉醒。

博：这一点在某个层面上是清楚的。我们认为思想实际上是机械的，对这一点，在某个层面上是可以理解的——但整个机制依然继续。

克：照旧继续，是的……

博：……就由于本能、快乐、恐惧等。快乐、恐惧、欲望使思想继续走在老路上，智慧必须开始了解并处理这个问题了。

克：是的。

博：你知道其间总是存在陷阱。因为我们抱有片面的概念或意象。

克：所以，作为人类，我会只关注这个核心问题。我知道我的生活是多么混乱、矛盾和不和谐。为了让智慧能在我的生活中起作用，为了让生活没有不和谐，为了让智慧提示我，为我指明方向，可以改变那种状况吗？可能这就是为什么宗教人士不用智慧这个词，而用上帝这个词的原因。

博：那个词有什么优点？

克：我不知道有什么优点。

博: 但为什么用那样一个词?

克: 来自最原始的恐惧、本性中的恐惧,慢慢地就发展出一个最高的父的概念。

博: 但那还是思想在独自运转啊,并没有智慧。

克: 当然。我只是想到了这回事。他们说信任上帝、信仰上帝,上帝就会通过你运作。

博: 上帝可能是智慧的象征——但人们一般不把它当作象征。

克: 当然不会,那是个令人畏惧的意象。

博: 是的。你可以说,如果上帝意指不可衡量的、超越思想的东西……

克: ……它是无法命名、不可衡量的,因此不要落入意象。

博: 然后它就会在可衡量的事物中运作。

克: 是的。我想表达的是,对这份智慧的欲望在时间的长河中创造了上帝这个意象。我们希望通过上帝、基督、克里希那或不管其他什么意象,希望通过信仰它们——那仍然是思想在运转——我们的生活能有和谐。

博: 因为这种意象是那么绝对,以致引发了压倒一切的欲望、冲动。就是说,它压倒了理性,甚至一切。

克: 你听到主教长和主教们那天在说什么吗?他们说只有基督是重要的,其他都不重要。

博: 但这是一回事,快乐借此压倒了理性。

克: 恐惧和快乐。

博: 它们压倒了一切,无法建立平衡。

克： 是的，我想说的就是：你看，这整个世界就这样被制约着。

博： 是的，但问题在于你提示过的一点：被这样制约着的世界，其本质是什么？如果把这个世界当作独立于思想的存在，我们就掉入了同一个陷阱。

克： 当然，当然。

博： 也就是说，整个受制约的世界就是这种思想方式的结果，它是这种思考方式的原因也是其结果。

克： 没错。

博： 这种思考方式是不和谐的、混乱的、不智的……

克： 我曾旁听在布莱克浦召开的工党大会，他们真是巧舌如簧！他们有些人一本正经、故弄玄虚，他们站在工党和保守党的立场上说话。他们不说"让我们全都团结起来，看看什么才是对人类最有利的"。

博： 他们没那个能耐。

克： 没错，不过他们在运用他们的智慧！

博： 只是在那个有限的框框内罢了。那就是我们一直的困扰，人类借助有限的智慧发展了技术及其他，却在为极其不智的目的服务。

克： 是的，问题就在这里。

博： 几千年以来，一直都是那样。那么一个很自然的反应就来了：问题实在太大、太广了。

克： 但其实和谐非常简单，相当简单。它简单到可以在最复杂的领域里运作。

克： 我们回到前面。我们说到思想和智慧有着共同的源头……

博： 是的，我们讲到那儿了。

克： 那个源头是什么？通常我们都把它归结为某些哲学概念，或者说那个源头是上帝——我只是暂用一下这个词——或者梵。那个源头是共同的，它把自己分为了物质和智慧，但那不过是个口头说法，只是个观念，它仍然属于思想。你无法借助思想找到它。

博： 问题来了：如果你找到了它，那"你"是什么？

克： "你"不存在了。如果你问源头是什么，"你"就无法存在了。"你"是时间、运转、环境制约——你是这一切。

博： 在那个问题里，一切分别都抛开了。

克： 当然。这就是关键，不是吗？

博： 时间没有了……

克： 但我们还是会说"我不会运用思想"。"我"如果介入，就意味着分别。所以明白了这整个问题——我们在谈的全部内容，我就把"我"完全收起来了。

博： 但这听起来有点矛盾。

克： 我知道。我不可以把它收起来，就是这样。那么，那个源头是什么？它可以被命名吗？比如，犹太人的宗教信念是它是不可命名的：你无法命名它，无法谈论它，无法触及它，你只能看。印度教徒和其他教派的人也不同形式地表达过相同的意思。基督徒把自己困在了基督这个词、这个意象里了，他们从未寻找过它的源头。

博：这是个复杂的问题。可能是因为他们想尽量综合数种哲学，希伯来的、希腊的以及东方的。

克：我想知道那个源头是什么？思想能找到它吗？虽然思想脱胎于那个源头，智慧也是——就像方向不同的两条河流。

博：你觉得物质大概也脱胎于那个源头吗？

克：当然。

博：我指的是整个宇宙。不过那样一来，那个源头就在宇宙之外了。

克：当然。我们可不可以说，思想是能量，智慧也是。

博：物质也是。

克：思想、物质、机械是能量，智慧也是能量。思想是混乱的、被污染的，它一直在分化自己、分裂自己。

博：是的，它很复杂。

克：但另一个不是。它没有被污染。它不能把自己分为"我的智慧"和"你的智慧"。它就是智慧，它不可分割。那么它源自一个分裂自己的能量源头。

博：那个源头为什么分裂自己？

克：出于物质上的原因，为了舒适……

博：为了维持物质存在。所以，为了有利于维持物质存在，智慧的一部分就这样被改变了。

克：是的。

博：它以某种方式发展变化了。

克：并且以那种方式继续着。两者都是能量，但能量只有一个。

博： 是的，它们是形式不同的能量。这有不少类似的情况，虽然是在比较局限的领域内。在物理学上，你可以说，光通常是非常复杂的波动，但激光的光就不一样了，我们可以让它以非常简单和谐的方式整体运行。

克： 是的。我读过有关激光的东西。他们要拿它去做骇人听闻的事。

博： 是的，用它来破坏。思想也许可以弄出某些好东西，但那好东西经常被用于粗暴的破坏。

克： 那么，只有一个能量，它就是源头。

博： 可不可以说能量是某种运动？

克： 不，它就是能量。一旦成了运动，它就发生了质变，进入了思想领域。

博： 我们得澄清一下能量的概念。这个词我也查过。你知道，它建立在做功的概念上。能量的意思是"在内部做功"。

克： 在内部做功，是的。

博： 但你说有能量在做功，却没有运动。

克： 是的。我昨天在思考这个问题——不是思考——我发现那个源头就在那里，没有被污染，静止不动，没有被思想触及，它就在那里。这两者就脱胎于它。到底为什么要生出它们？

博： 一个是为了生存的需要。

克：就是为了这个。在生存的过程中，这个全然、完整的东西被否定了，被闲置一边。我想弄明白的就是这个，先生。我想搞清楚，生活在这个充满混乱和痛苦的世界，人类的心能不能接触到那个源头，在其中这两者是无二无别的吗？然后，由于接触了那个没有分裂的源头，它运转的时候就没有分裂的意识了。不知道我有没有说清楚？

博：但人类的心怎么会接触不到那个源头？为什么它接触不到那个源头？

克：因为我们被思想、被思想的小聪明、被思想的活动损耗了。他们的那些上帝、冥想，全都属于那种损耗。

博：是的。我觉得这句话带出了生死问题。这关系到生存，因为那些也是阻碍之一。

克：思想以及它的安全领域、它对安全的需求创造出死亡，把它当成了与自身有别的东西。

博：是的，那可能就是关键。

克：它就是关键。

博：我想可以这么看这件事：思想把自己打造成生存的工具，因而……

克：……因而它在基督身上或在这个那个身上创造永生的神话。

博：思想没法深思自己的死亡。所以，它要是试图思考这个问题，就总是不着边际、观点空泛，思想看待死亡似乎就是这样的。如果任何人试图想象自己的死，他想象的不过就是活着的他看着死去的自己。在各种宗教观念里,常常会把这个问题搞得很复杂。这似乎给思想增添了错觉,以为自己能恰当地思考死亡了。

克: 它做不到的。那意味着结束自己。

博: 很有意思。假设我们把死亡理解为我们看到的外在肉体的死亡,理解为有机体死去、能量散失,那么思想也就没戏了。

克: 身体确实是能量的工具。

博: 那我们就这么来说,死亡就是能量不再充盈身体,而身体也不再完整。关于思想的死亡,也可以这么说。能量也有渠道像进入肉体一样进入思想,是这样吗?

克: 没错。

博: 你和另一些人常常说到这句话:"心对全部的思想死去。"这种说法乍一听让人很迷惑,一般都认为应该死去的是思想啊。

克: 的确,的确。

博: 可你却说死去的是心,或者说能量对思想死去。我揣摩这话的意思,得出一个最接近的理解是,如果思想在运转,心或智慧就要为此耗费一定程度的能量。如果思想不再有意义,那么能量就离开了,思想就如死去的有机体。

克: 没错。

博: 对心来说,很难接受这个事实。思想跟有机体作对比似乎非常牵强，因为思想不是实体，而有机体却具体而实在。所以，有机体的死亡显得远比思想的死亡更慑人。这一点并没有厘清。你觉不觉得思想的死亡跟有机体的死亡本质无二？

克：当然。

博：虽然可以说程度轻一点儿，但本质是一样的。

克：我们说过，两者都有能量。思想的运转跟这能量有关，思想不能看着自己死去。

博：它无法想象，无法设想自己的死亡。

克：于是就逃避死亡。

博：是的，它用幻想麻痹自己。

克：当然是幻想。它幻想永生，幻想超越死亡的境界，这是它延续自身的欲望投射。

博：这只是一方面，可能还开始打起延续有机体的主意了。

克：是的，没错，还不止如此。

博：不止如此，还渴望自身永存。错就在这里，这就是它出问题的地方。它以为自己可以无限扩张，不止扩张，还以为自己就是有机体的本质。一开始，思想还只是在有机体内运作，慢慢地，它就开始表现出有机体本质的样子。

克：没错。

博：接着思想就开始渴望自己能永生了。

克：但思想自己知道，知道得很清楚：它永生不了。

博: 然而,它只是表面知道而已。我的意思是,它把那当作表面的事实。

克: 所以它在图像、意象中创造永生。

克: 作为门外汉,听完这些讨论后,我对自己说:"这是绝对真实的,那么清晰、理性、符合逻辑,我们的身心都有了非常清晰的洞察。"那么,观此一切,我的问题是:这最初的源头,心能保持它的纯净吗?这没有被思想的腐败染指的能量,心能保持它初始的清明吗?不知道我是不是传达清楚了?

博: 问题很清楚。

克: 心能做到吗?心能发现那个源头吗?

博: 心是什么?

克: 我们现在所说的心或有机体、思想、携带着所有记忆的脑子、经验等,都是跟时间有关的。头脑说"我能达到吗",它不能。于是我就对自己说:"因为它不能,所以我要安静下来。"你知道,就是那些花招。

博: 是的。

克: 我会学习怎样安静。为了安静,我会学习怎样冥想。心要摆脱时间,摆脱思想的机械作用,我知道这很重要,我会控制它,征服它,收起思想,但这一切造作仍然是思想在打转。显而易见。那要怎么办?人类活得不和谐,他必须探究这个问题。我们就在做这件事。随着我们开始探究,或者在探究的过程中,我们来到了这个源头。这是洞察、是领悟吗?这个领悟跟思想毫无关系吗?领悟是思想的结果吗?领悟得出的结论是思想，但领悟本身并非思想。由此我得出了关键点。那么，领悟是怎么回事？我能邀请它、培养它吗？

博： 邀请、培养，怎样都不行。不过领悟需要某种能量。

克： 对了。邀请、培养都不行。如果培养它，它就成了欲望；如果说我要做这做那，也是一回事。所以，领悟并非思想的产物。它不在时间的法则内。那么，要怎样邂逅领悟？（停顿）我们已经邂逅了它，因为我们否定了一切。

博： 是的，它就在那里。要怎样邂逅任何东西，这个问题永远解答不了。

克： 不。我认为答案相当清楚，先生。看到整体，你就会邂逅它。所以，领悟就是对整体的洞察。一个片段看不到这一点，但那个"我"看到了片段，那个看到片段的"我"也看到了整体，而能看到整体的心，是未被思想染指的。因此就有了洞察，有了领悟。

博： 也许这一点我们可以研究得更慢些。我们看到了所有的片段，我们能说看到这些片段的实际能量、行为是整体的吗？

克： 是的，是的。

博： 我们从未成功地看到过整体，因为……

克： ……因为我们被教化了，如此等等。

博： 但我的意思是，无论如何我们不会像看到某个实物一样看到整体。确切地说，整体就是看一切片段的自由。

克： 没错，看的自由。如果有片段，就不存在自由。

博： 就会造成矛盾。

克： 当然。

博： 但整体并非始于片段。整体一旦起作用，片段就不存在了。所以，矛盾源于假设片段是真实的，假设它们是不靠思想独立存在的。然后，我假设你会说，我的思想中同时存在着片段和我，我必须设法做点儿什么——那就会形成矛盾。这些片段在某种意义上并不存在，整体就始于这份领悟。我是这么看这个问题的。它们并不是实体，它们很脆弱。

克： 是的，它们很脆弱。

博： 所以它们不会妨碍整体。

克： 的确。

博： 你知道，常常造成困扰的事情之一是，如果你借助思想来表达，似乎就显得你把片段当真了，仿佛它们是物质实体。然后你就得看清楚它们，尽管如此，只要片段在那里，就没有整体，你就看不到它们。不过，那一切都归于同一个东西、同一个源头。

克： 先生，我想真正认真的人一定问过这个问题。他们提出了问题并试图借助思想找到答案。

博： 是的，那么做很自然。

克： 他们从不明白自己被思想束缚了。

博： 那一直是个困扰。大家都陷入了这个困扰：他似乎是在检视一切，检视他的问题，嘴里说着："这些是我的问题，我正在检视。"但那种检视只是思考，我们却把它跟检视混为一谈了。这是出现的困扰之一。你要是说，不要思考，要检视，那个人却觉得他已经在检视了。

克：的确如此。所以，你知道，这个问题出现后，他们就说："好吧，那我就必须控制思想、征服思想，必须让我的心安静，让它变得完整，然后我就能看到局部，看到所有的片段，然后我就会触及那个源头。"从头到尾还是思想在运转。

博：是的，这说明头脑的很大一部分对思想的运转没有意识，我们不知道它在继续。我们可能有意识地说，我们已经认识到这一切必须改变，必须有所不同。

克：但它还是在无意识地继续。所以，既然知道了我意识层面的脑子会抵制你，那你能跟我的无意识谈吗？因为你在告诉我极具革命性的东西，你在告诉我的东西会掀翻我小心打造的整个房子，我不会听你的，明白吗？我本能的反应就是把你推开。你发现了。你说："那好，听着，老朋友，别费心听就是。我会跟你的无意识谈。我会跟你的无意识谈，让它看到不管它怎样折腾都仍是在时间的领域里打转。"那么你的意识就绝不会开动了。如果它开动了，就必然要么抗拒，要么说"我会接受的"，因而造成自身内部的冲突。所以，你能跟我的无意识谈吗？

博：对方会一直问怎么谈呢。

克：不会，不会。你可以跟朋友说："不要抗拒，不要多想，我会跟你谈的。我们两个在彼此交流，但不是在用意识倾听。"

博：嗯。

克：我认为我们现在的交流就是这样的。你跟我说话的时候——我注意到——我没怎么用心听你的话。我在倾听你。你解释以及说其他什么的时候,我打开心扉倾听的是你,而不是你说的话。我对自己说,好吧,什么也别管,我就用心倾听你,不是听你的遣词造句,而是听话中的意思,听你想要传达给我的内在感受。

博：我明白。

克：改变我的就是那种倾听,而不是这些语言表述。所以,你能跟我谈我的愚蠢、我的幻觉、我的特殊偏好,而不让意识跳出来干预说"请别来插手,别管我"吗?他们已经在广告中尝试了潜意识宣传,你会因此买下那块特别的肥皂!我们做的可不是这种事,那很无聊。我的意思是:不要用你意识的耳朵听,要用你那双能听到更深处的耳朵来听。今天早上我就是那样听你的,因为我跟你一样,对那个源头极感兴趣。明白吗,先生?我真对那个东西感兴趣。这一切都很好理解,很容易懂——但要一起抵达它,一起感受它!明白吗?我认为这就是打破已形成的制约、习惯以及意象的方法。听起来荒唐，但你懂我的意思吧？比如说我有个制约：你可以一次又一次指出来，论证说理，证明其错误和愚蠢，但我照旧我行我素。我抗拒，我说在这个世界我就该怎样怎样，如此等等。但你看到了真相，你明白只要心受了制约，就必然有冲突。所以，你穿过或推开我的抗拒，让无意识来听你，因为无意识更灵活、更敏捷。它可能害怕，但它比意识更快明白恐惧的危害。举个例子，我有次在加州的高山上散步，我正看着鸟儿和树林，留心着四周，我听到了响尾蛇的声音，猛地跳了起来。是无意识让身体跳了起来，跳起来的时候，我看到了那条响尾蛇就在约一米远的地方，它本来很容易就能咬到我。如果是意识层面的脑子起作用的话，就需要几秒钟的时间。

博： 要进入无意识，你的行为必须不会引起意识的直接注意。

克： 是的。那就是慈悲，就是爱。如果你跟我清醒的意识谈，它顽固、机灵、难以捉摸、难以相处。你穿过那些，用你的眼神，用你的慈悲，用你所有的感情穿过它。起作用的就是那个东西，而不是其他。

布洛克伍德公园
1972年10月7日